延寿县行政区划图

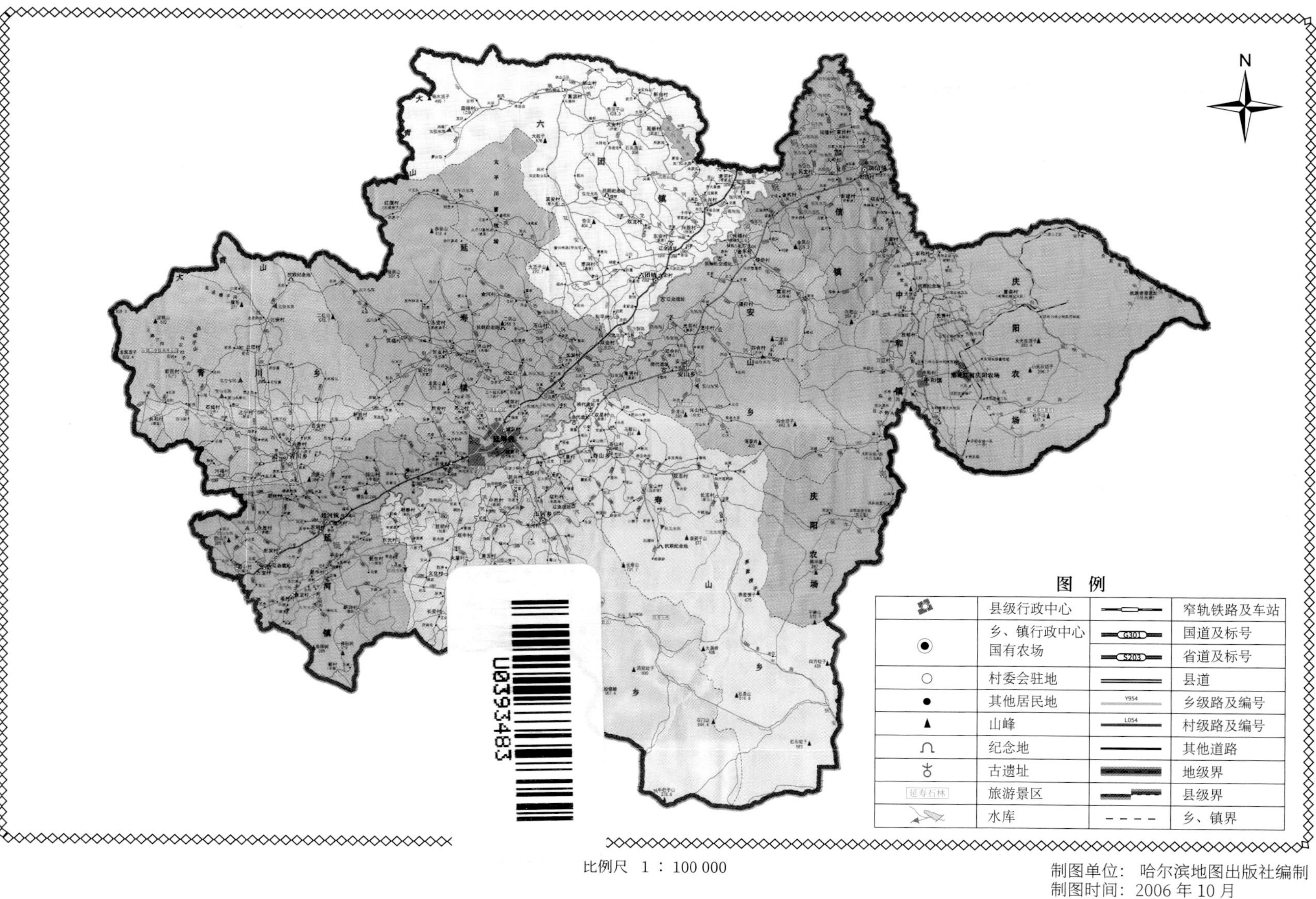

比例尺 1 : 100 000

制图单位：哈尔滨地图出版社编制
制图时间：2006 年 10 月

延寿县土壤图

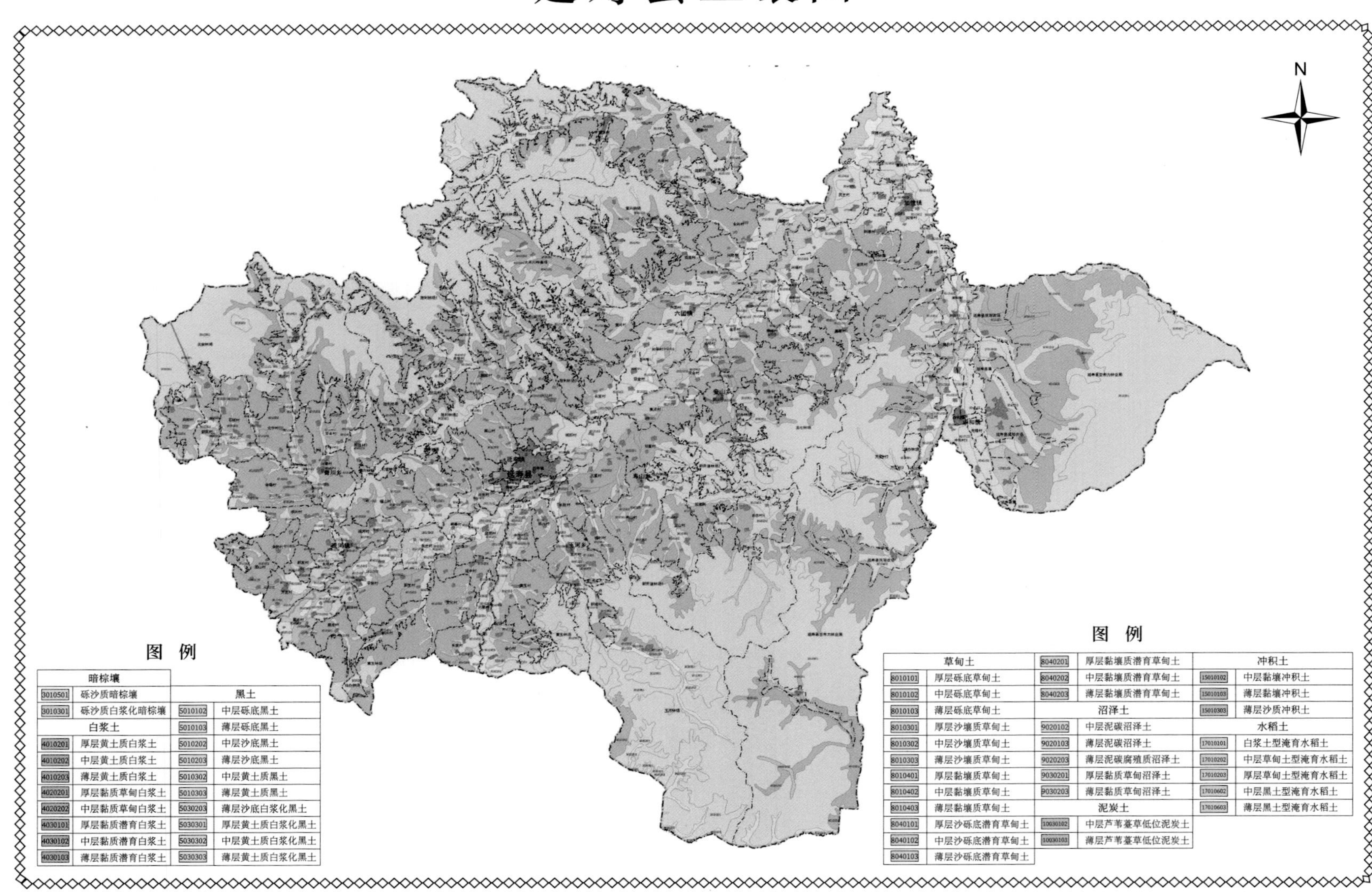

制图软件：ARCGIS 10.5
本图采用：CGCS2000 坐标

制图单位：哈尔滨万图信息技术开发有限公司
制图时间：2018 年 6 月

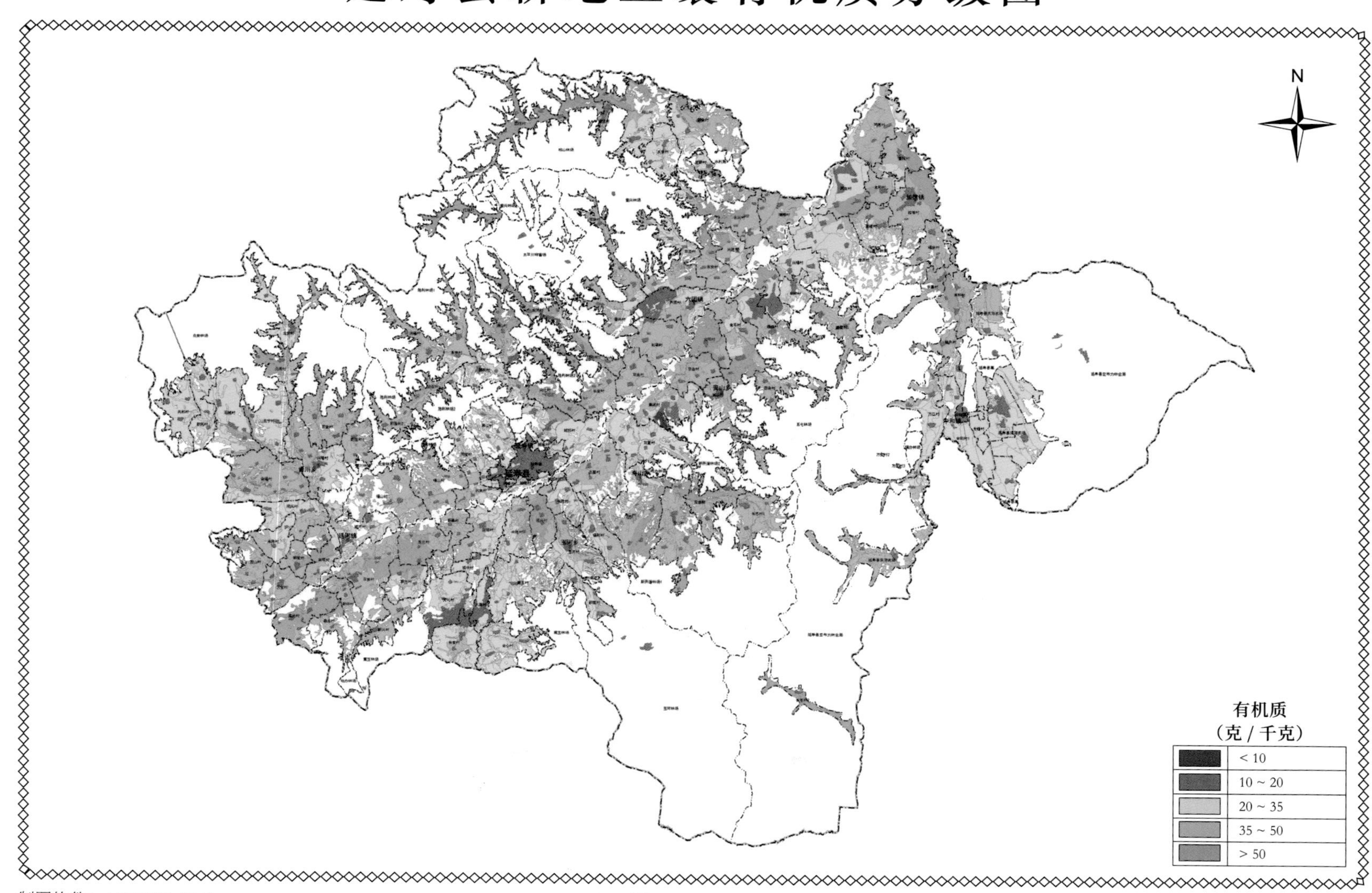
延寿县耕地土壤有机质分级图
N
有机质
（克 / 千克）
< 10
10 ~ 20
20 ~ 35
35 ~ 50
> 50
0 2 050 4 100 8 200
米
比例尺 1 ： 90 000
制图软件： ARCGIS 10.5
本图采用： CGCS2000 坐标
制图单位： 哈尔滨万图信息技术开发有限公司
制图时间： 2018 年 6 月

延寿县耕地质量变更评价等级图

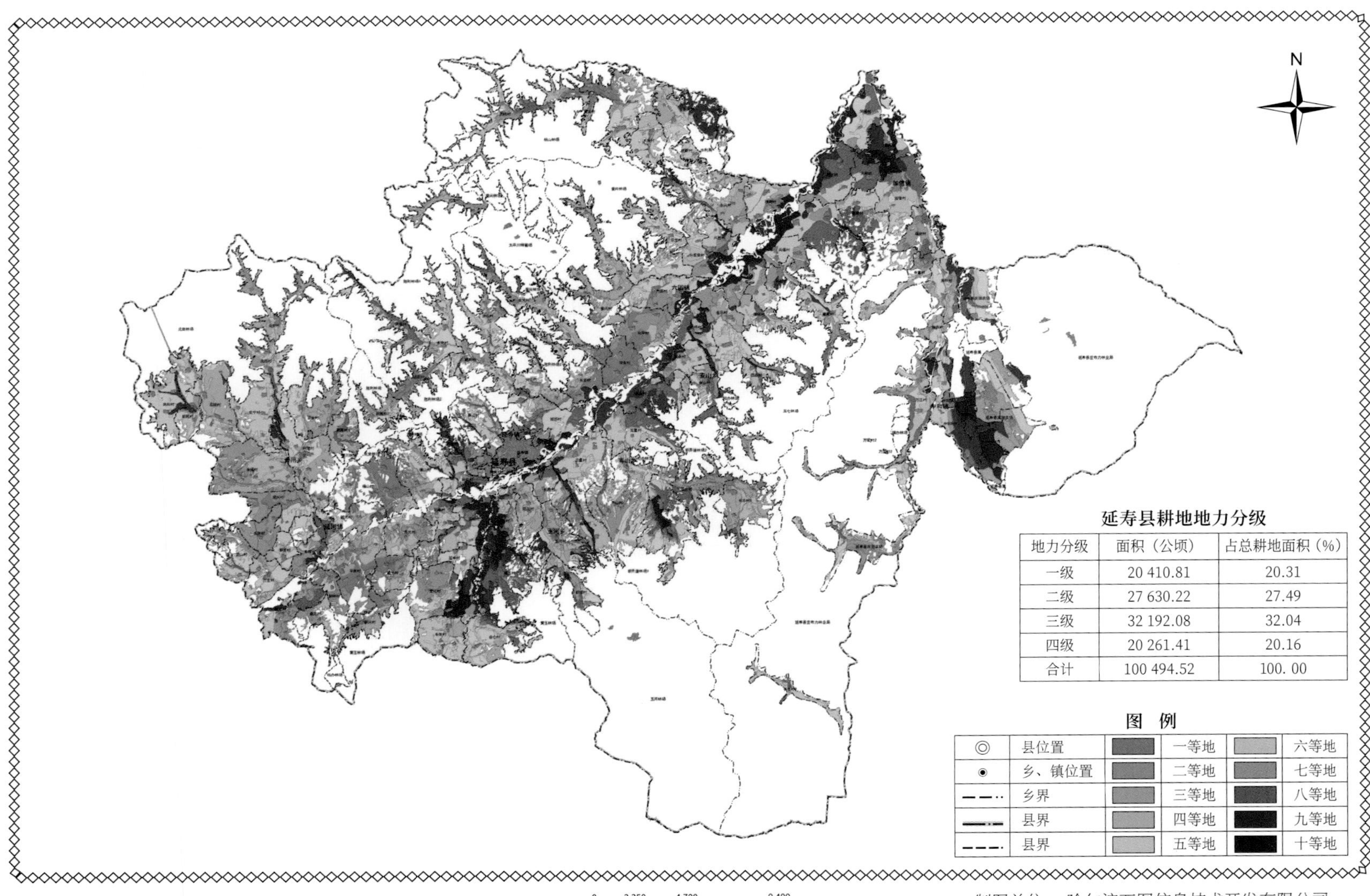

延寿县耕地地力分级

地力分级	面积（公顷）	占总耕地面积（%）
一级	20 410.81	20.31
二级	27 630.22	27.49
三级	32 192.08	32.04
四级	20 261.41	20.16
合计	100 494.52	100. 00

制图软件：ARCGIS 10.5
本图采用：CGCS2000 坐标

制图单位：哈尔滨万图信息技术开发有限公司
制图时间：2018 年 6 月

延寿县耕地土壤 pH 分级图

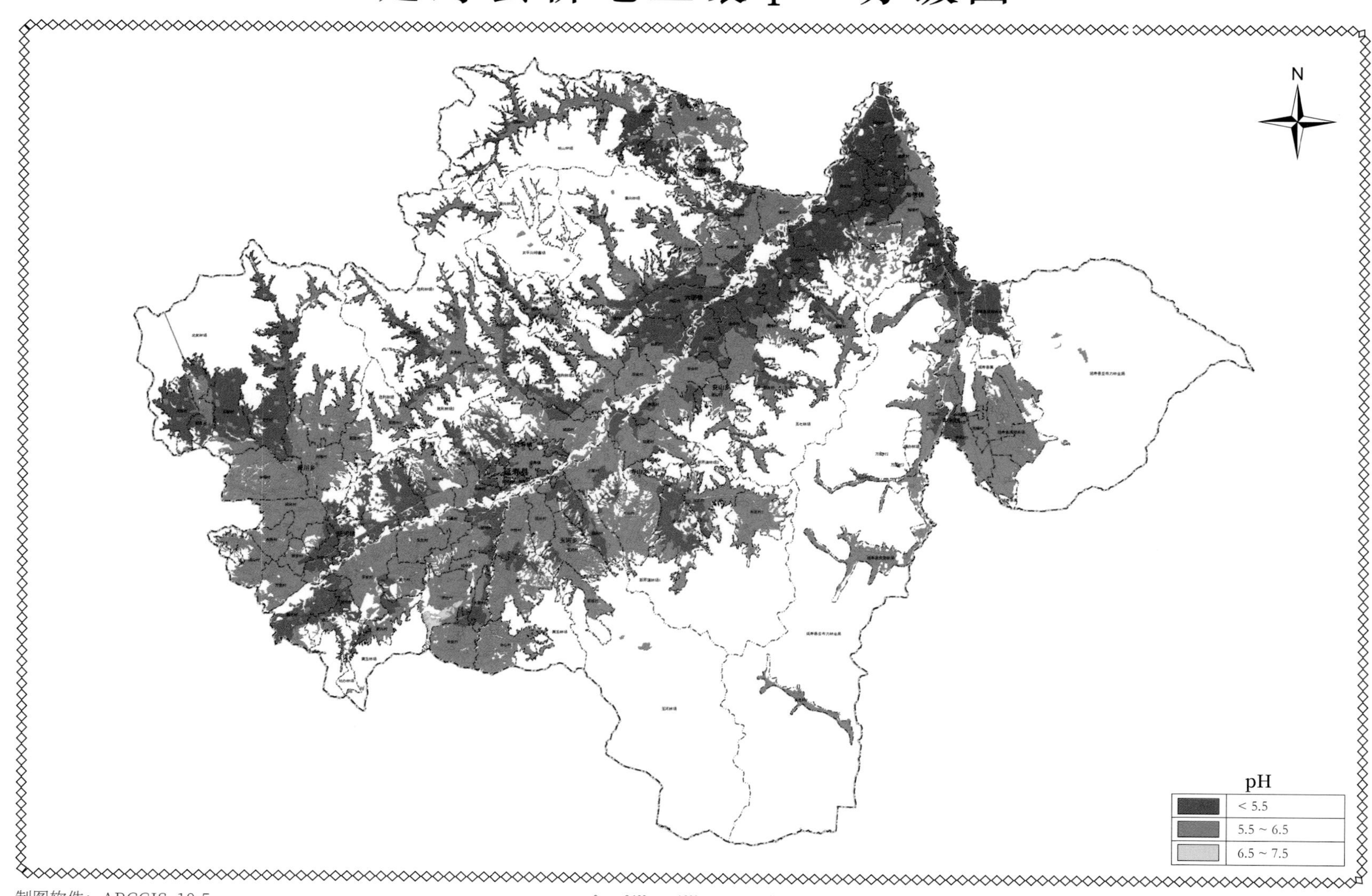

延寿县耕地土壤容重分级图

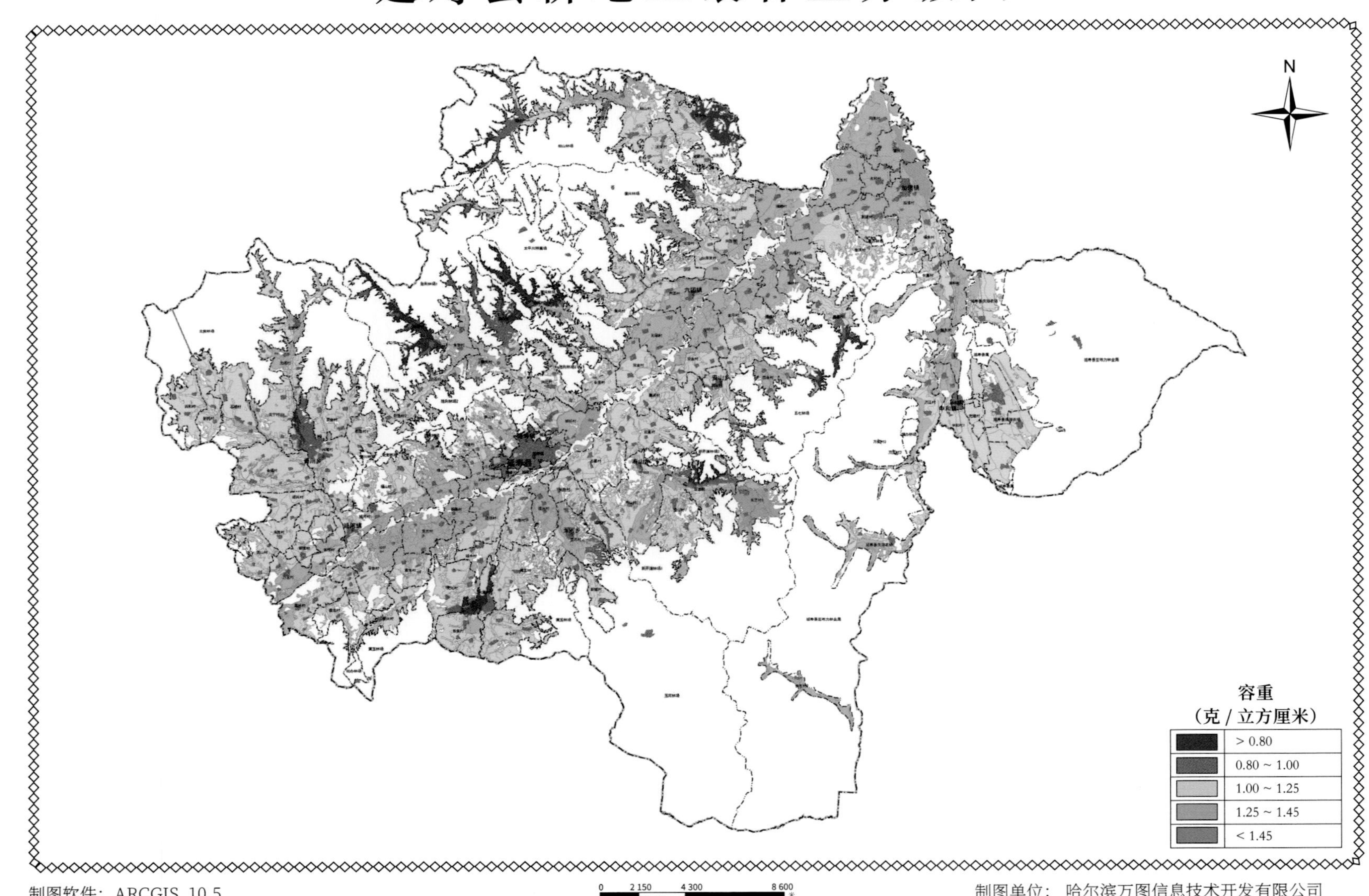

制图软件：ARCGIS 10.5
本图采用：CGCS2000 坐标

制图单位：哈尔滨万图信息技术开发有限公司
制图时间：2018 年 6 月

延寿县耕地土壤全氮分级图

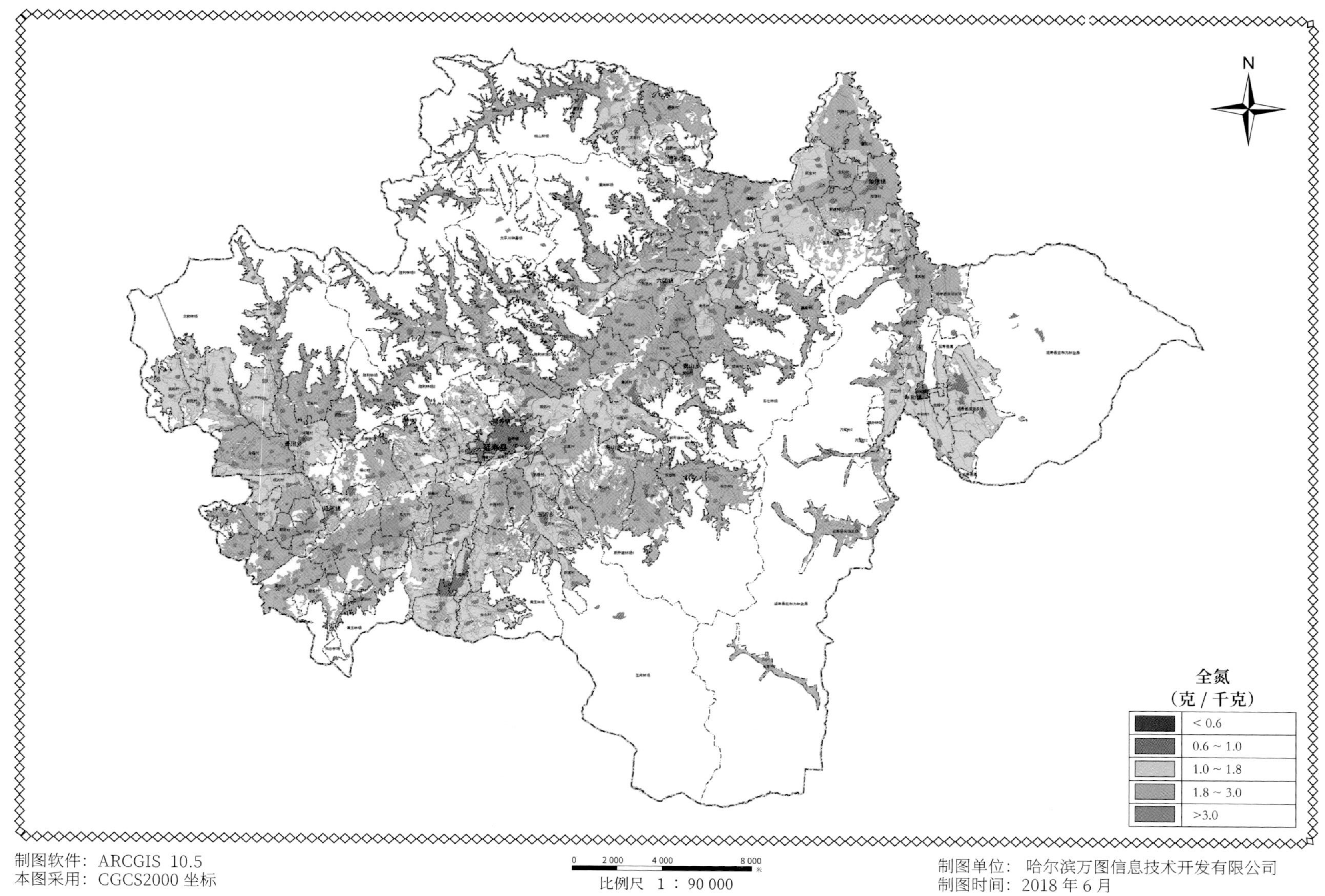

制图软件：ARCGIS 10.5
本图采用：CGCS2000 坐标

制图单位：哈尔滨万图信息技术开发有限公司
制图时间：2018 年 6 月

延寿县耕地土壤有效硅分级图

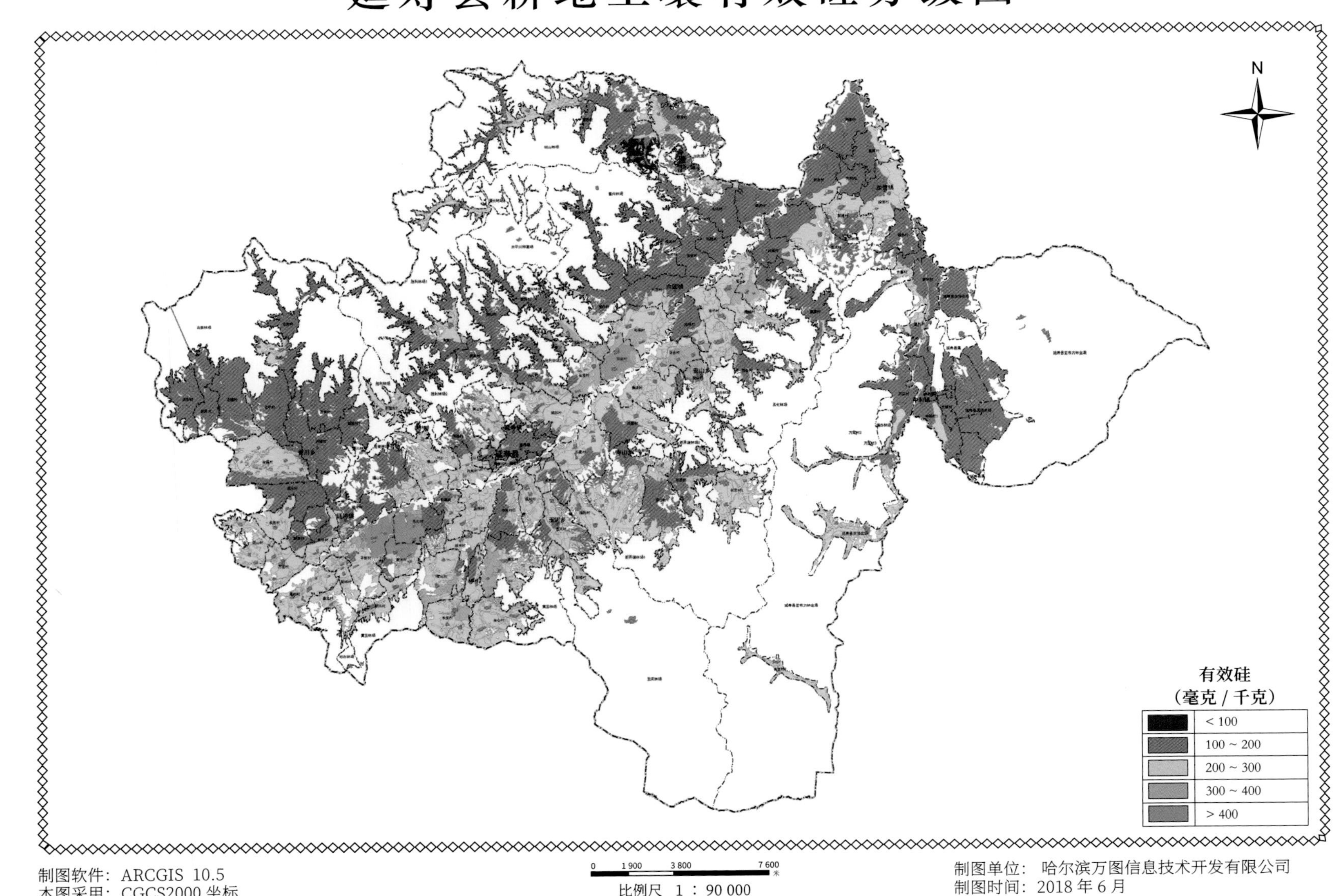

延寿县耕地土壤有效磷分级图

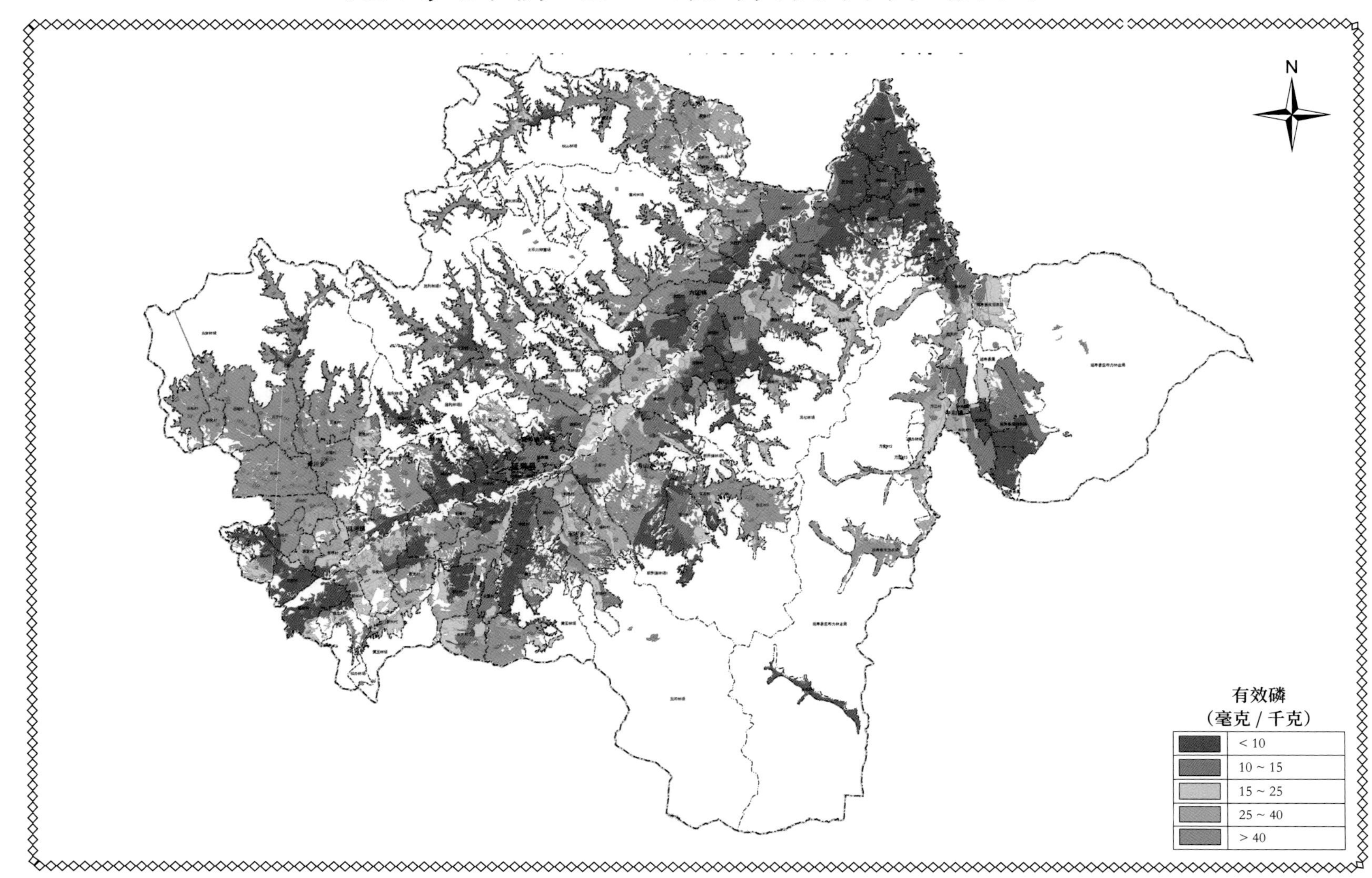

制图软件：ARCGIS 10.5
本图采用：CGCS2000 坐标

制图单位：哈尔滨万图信息技术开发有限公司
制图时间：2018 年 6 月

延寿县耕地土壤速效钾分级图

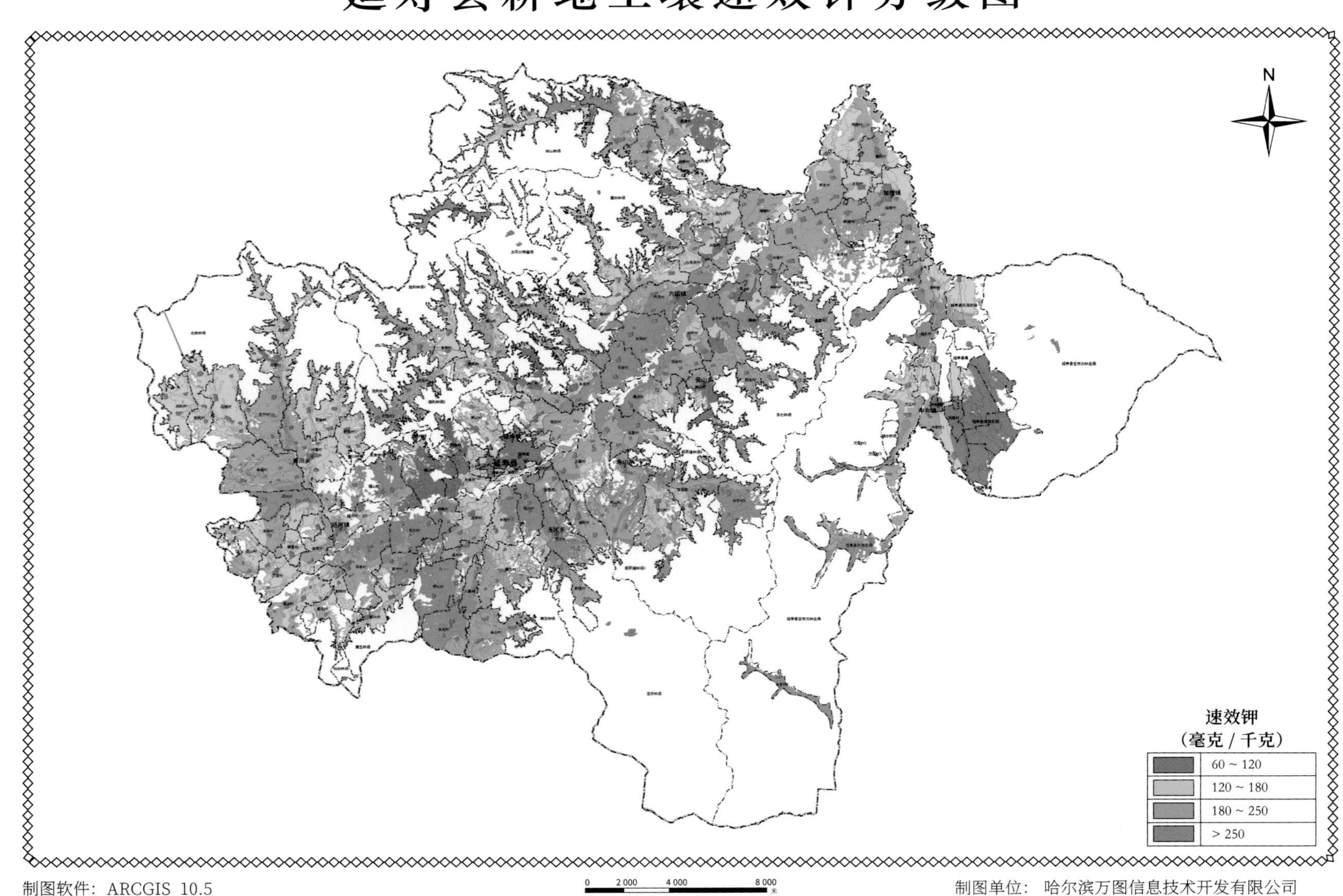

制图软件：ARCGIS 10.5
本图采用：CGCS2000 坐标

比例尺 1 ： 90 000

制图单位：哈尔滨万图信息技术开发有限公司
制图时间：2018 年 6 月

延寿县耕地土壤缓效钾分级图

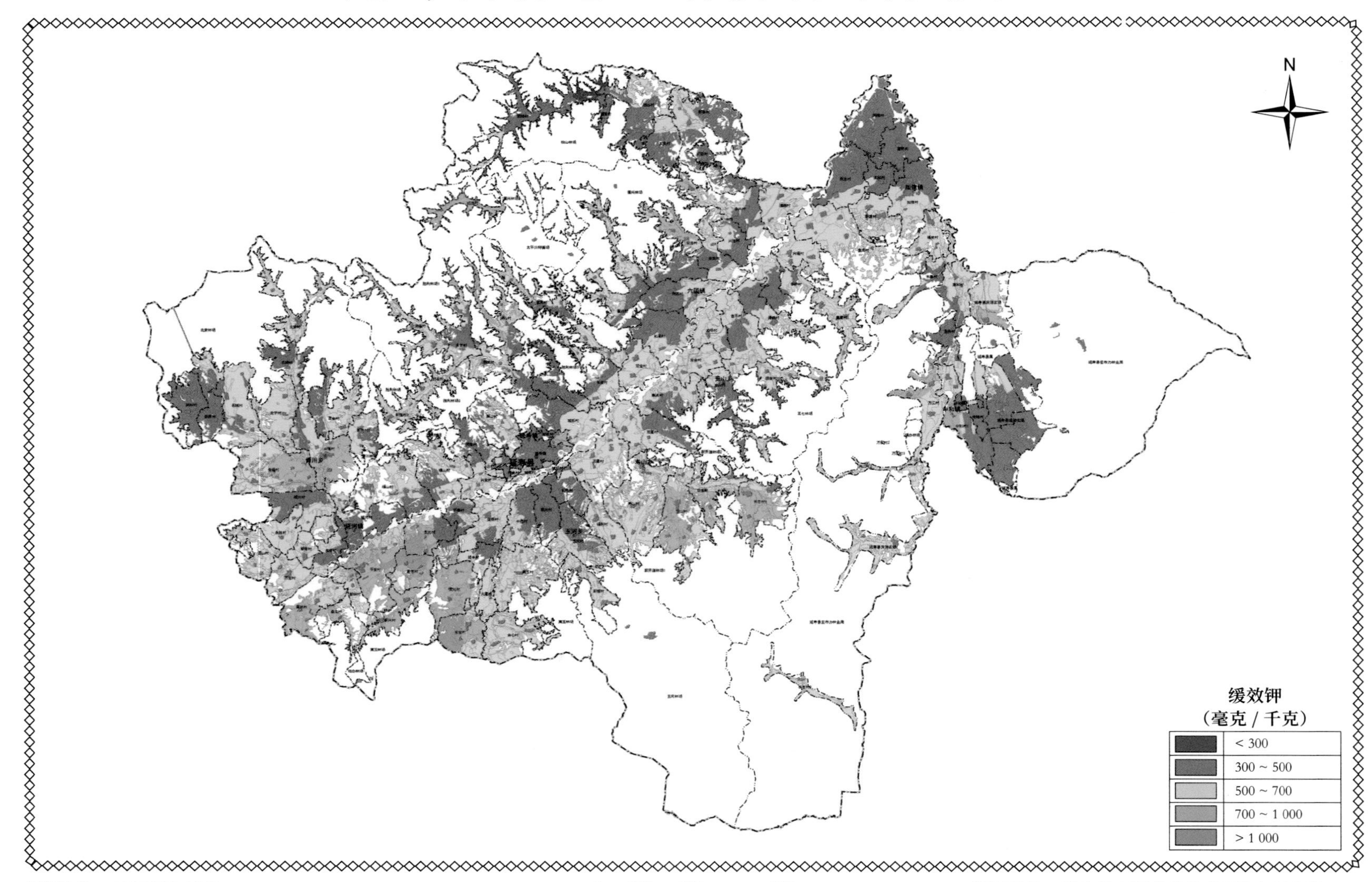

制图软件：ARCGIS 10.5
本图采用：CGCS2000 坐标

制图单位：哈尔滨万图信息技术开发有限公司
制图时间：2018 年 6 月

延寿县耕地土壤有效锰分级图

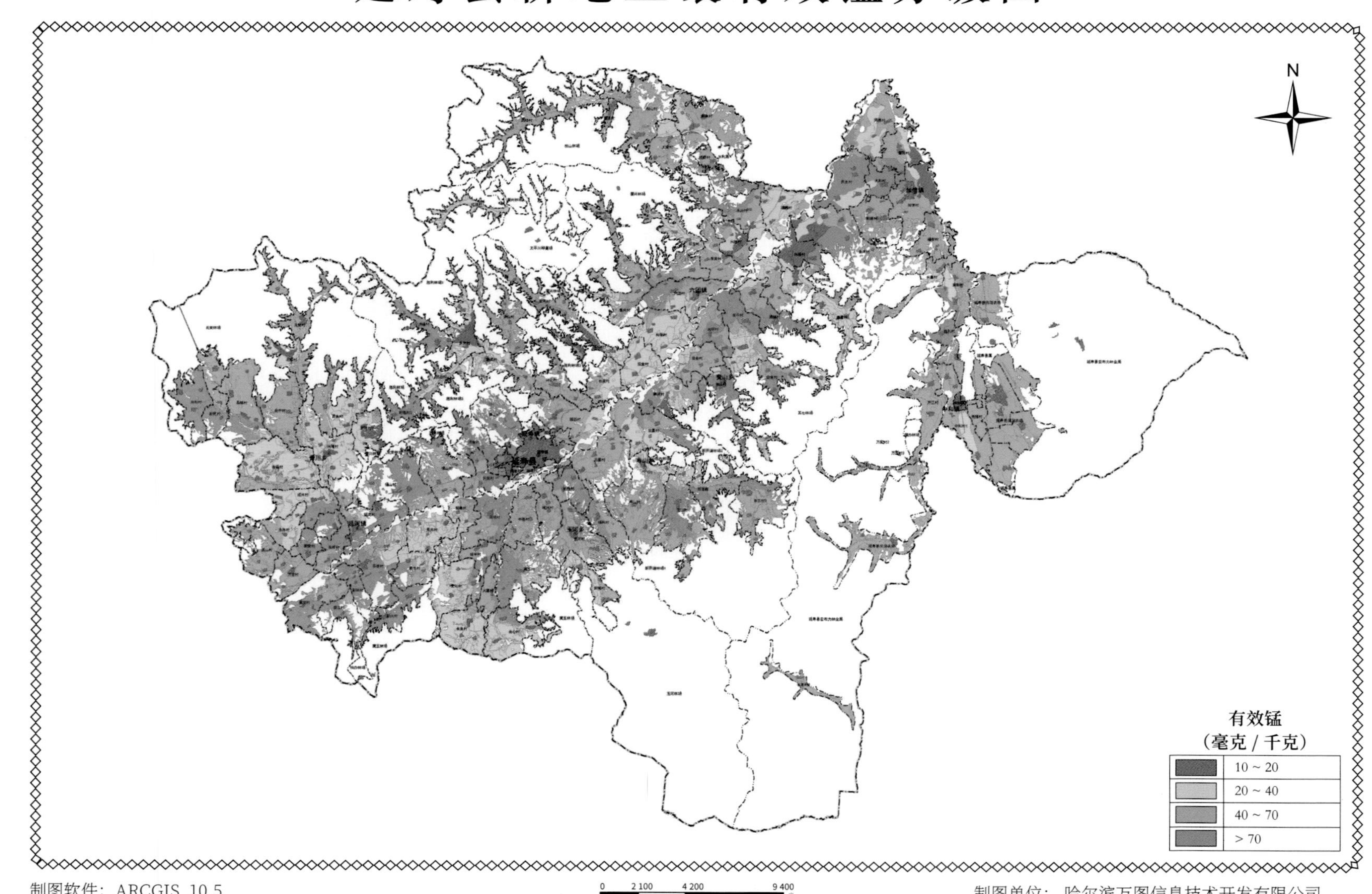

制图软件：ARCGIS 10.5
本图采用：CGCS2000 坐标

制图单位：哈尔滨万图信息技术开发有限公司
制图时间：2018 年 6 月

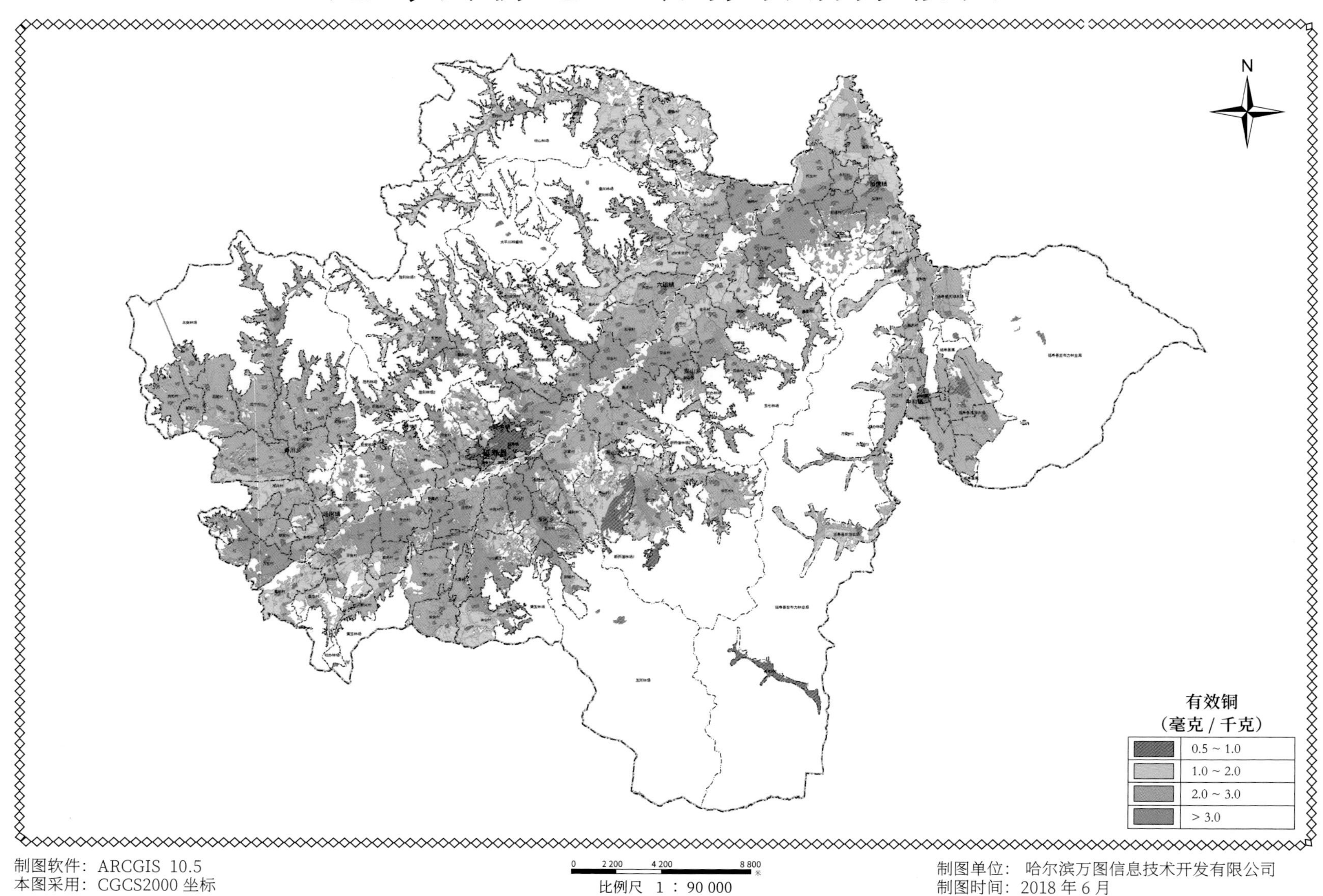

延寿县耕地土壤有效铜分级图
N
有效铜
（毫克 / 千克）
0.5 ~ 1.0
1.0 ~ 2.0
2.0 ~ 3.0
> 3.0
延寿县
0 2 200 4 200 8 800 米
比例尺 1 ： 90 000
制图软件：ARCGIS 10.5
本图采用：CGCS2000 坐标
制图单位：哈尔滨万图信息技术开发有限公司
制图时间：2018 年 6 月

延寿县耕地土壤有效硼分级图

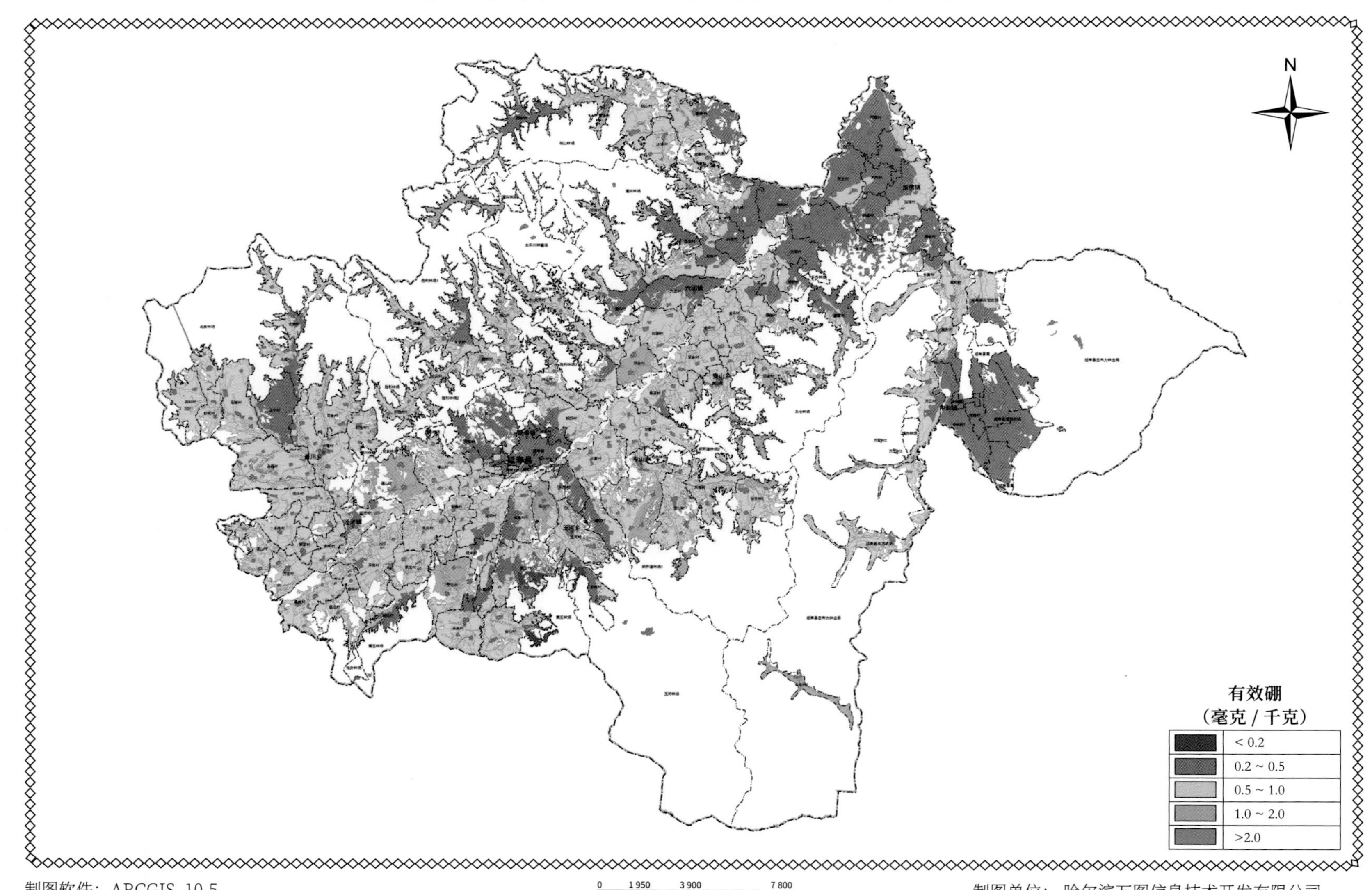

制图软件：ARCGIS 10.5
本图采用：CGCS2000 坐标

制图单位：哈尔滨万图信息技术开发有限公司
制图时间：2018 年 6 月

黑龙江省
延寿县
耕地地力评价

赵春玲　主编

中国农业出版社
北　京

内容提要

本书是对黑龙江省哈尔滨市延寿县耕地地力调查与评价成果的集中反映。在充分应用耕地信息大数据智能互联技术与多维空间要素信息综合处理技术并应用模糊数学方法进行成果评价的基础上，首次对哈尔滨市延寿县耕地资源历史、现状及问题进行了分析和探讨。它不仅客观地反映了延寿县土壤资源的类型、面积、分布、理化性质、养分状况和影响农业生产持续发展的障碍性因素，揭示了土壤质量的时空变化规律，而且详细介绍了测土配方施肥大数据的采集和管理、空间数据库的建立、属性数据库的建立、数据提取、数据质量控制、县域耕地资源管理信息系统的建立与应用等方法和程序。此外，还确定了参评因素的权重，并通过利用模糊数学模型，结合层次分析法，计算了延寿县耕地地力综合指数。这些不仅为今后改良利用土壤、定向培育土壤、提高土壤综合肥力提供了路径、措施和科学依据；而且也为建立更为客观、全面的黑龙江省耕地地力定量评价体系，实现耕地资源大数据信息采集分析评价互联网络智能化管理提供参考。

全书共六章，第一章：自然与农业生产概况；第二章：耕地立地条件及土壤概况；第三章：耕地地力评价技术路线；第四章：耕地土壤属性；第五章：耕地地力评价；第六章：耕地地力评价与区域配方施肥。书末附 6 个附录供参考。

该书理论与实践相结合、学术与科普融为一体，是黑龙江省农林牧业、国土资源、水利、环保等领域各级领导干部、科技工作者、大中专院校教师和农民群众掌握和应用土壤科学技术的良师益友，是指导农业生产必备的工具书。

编写人员名单

总 策 划：辛洪生

主　　编：赵春玲

副 主 编：张剑秋　朴文学　巩存来

编写人员（按姓氏笔画排序）：

于双城　王志杰　王丽莉　王春玲　邢艳玲　巩存华
朴　昊　朱英伟　朱雪冰　朱雪艳　刘　宝　刘　皓
刘兆东　刘晓雷　李丽君　李晓龙　杨永峰　吴东梅
邱绍鲁　谷延俊　汪延学　张　阳　陈绍昆　金成仙
徐　敏　徐爱艳　郭敬艳　曹瑞丰　隋炜静　韩明时
谢晓春　臧志英　鞠春莉

序

农业是国民经济的基础；耕地是农业生产的基础，也是社会稳定的基础。中共黑龙江省委、省政府高度重视耕地保护工作，并做了重要部署。为适应新时期农业发展的需要，促进农业结构战略性调整、农业增效和农民增收，针对当前耕地土壤现状确定科学的土壤评价体系，摸清耕地的基础地力并分析预测其变化趋势，从而提出耕地利用与改良的措施和路径，为政府决策和农业生产提供依据，乃当务之急。

2008年，延寿县结合测土配方施肥项目实施，及时开展了耕地地力调查与评价工作。在黑龙江省土壤肥料管理站、黑龙江省农业科学院、东北农业大学、中国科学院东北地理与农业生态研究所、黑龙江大学、哈尔滨万图信息技术开发有限公司及延寿县农业科技人员的共同努力下，延寿县耕地地力调查与评价工作于2012年顺利完成，并通过了农业部组织的专家验收。通过耕地地力调查与评价的工作，摸清了延寿县耕地地力状况，查清了影响当地农业生产持续发展的主要制约因素，建立了延寿县耕地土壤属性、空间数据库和耕地地力评价体系，提出了延寿县耕地资源合理配置及耕地适宜种植、科学施肥及中低产田改造的路径和措施，初步构建了耕地资源信息管理系统。这些成果为全国提高农业生产水平，实现耕地质量计算机动态监控管理，适时提供辖区内各个耕地基础管理单元土、水、肥、气、热状况及调节措施提供了基础数据平台和管理依据。同时，也为各级政府制订农业发展规划、调整农业产业结构、保证粮食生产安全以及促进农业现代化建设提供了最基础的科学评价体系和最直接的理论、方法依据。另外，还为今后全面开展耕地地力普查工作，实施耕地综合生产能力建设，发展旱作节水农业、测土配方施肥及其他农业新技术的普及工作提供了技术支撑。

《黑龙江省延寿县耕地地力评价》一书，集理论基础性、技术指导性和实际应用性为一体，系统介绍了耕地资源评价的方法与内容，应用大量的调查分析资料，分析研究了延寿县耕地资源的利用现状及存在问题，提出了合理利用的对策和建议。该书既是一本值得推荐的实用技术读物，又是延寿县各级农业工作者必备的一本工具书。该书的出版，将对延寿县耕地的保护与利用、分区施肥指导、耕地资源合理配置、农业结构调整及提高农业综合生产能力起到积极的推动和指导作用。

王国良

2019 年 1 月

前言

随着我国社会经济全面飞速发展，农业科技不断进步，人口、粮食、资源环境矛盾越加突出。为了确保国家粮食安全和生态安全，满足人民生活和社会发展的需要，农业科技进步已成为农业科技工作最迫切的任务，而加强土地管理，提高耕地生产能力，成为提高粮食生产潜能的重要问题。众所周知，土地是人类赖以生存的基础，耕地是农业生产的前提条件，是人类社会可持续发展不可替代的生产资料。随着农村经济体制、耕作制度、作物布局、种植结构、产量水平、肥料施用的总量与种类及农药施用等诸多方面出现的变化，现存的全国第二次土壤普查资料已不能完全适应当前农业生产的需要。因此开展耕地地力调查与评价工作，把握耕地资源状态、土地利用现状、土壤养分的变化动态，是掌握耕地资源状态的迫切需要；是加强耕地质量建设的基础；是深化测土配方施肥的必然要求；是确保粮食生产安全的基础性措施；是促进农业资源化配置的现实需求。做好这项工作是实现为农田基本建设、农业综合开发、农业结构的调整、农业科技研究、新型肥料的开发和农业、农村、农民的发展提供科学依据的重要措施之一。

延寿县耕地地力调查与评价工作，是按照《2006年全国测土配方施肥项目工作方案》《耕地地力调查与质量评价技术规程》、黑龙江省2006年耕地地力评价工作精神，于2008年开始启动。本次耕地地力调查与评价工作得到了延寿县委、县政府的高度重视，给予了资金的支持，并多次召开专项推进工作会议，研究部署耕地地力调查与评价工作，由主管农业副县长负总责。耕地地力调查与评价工作全程得到了黑龙江省土壤肥料管理站及延寿县相关部门的大力支持，使耕地地力调查和评价工作于 2011 年 12 月比较圆满地完成了调查与评价任务。

在 2008—2011 年的 4 年时间里，共采集土样近万个，通过调查分析，对全县耕地进行了耕地地力评价分级，总结出延寿县耕地地力退化的原因。提出了耕地地力建设与土壤改良培肥，耕地资源整理配置与种植结构调整，农作物平衡施肥与绿色农产品基地建设，耕地质量管理与保护等建设性意见。建立了延寿县耕地资源管理信息系统，绘制了耕地地力等级图、土壤养分等级图等图幅；并专人负责编写了《黑龙江省延寿县耕地地力评价》；整理和记录 12 项次化验分析数据。耕地地力评价对延寿县耕地资源进行了科学配置，在此基础上提高了全县耕地利用效率，为促进农业可持续发展打下了良好的基础。通过比较分析耕地地力的变化特征，揭示了地力的空间变化规律，制订出了当前耕地改良和利用的对策，确保了国家粮食安全。同时，耕地地力评价结果可以延伸到现行的测土配方施肥实践、精准农业探索等应用型研究领域，是一项从理论到实践的系统工程。为延寿县农业生产的可持续发展，提供了科学指导依据。

鉴于调查内容多，分析评价技术性较强，工作任务繁重，技术人力不足和编者水平所限，在本书编写的过程中有不当之处，敬请各级领导、专家和同行们批评指正。

编　者

2019 年 1 月

目录

第一章 自然与农业生产概况

第一节 地理位置与行政区划

一、地理位置与行政区划

延寿县位于黑龙江省东南部，地处张广才岭西麓、松花江右岸、蚂蜒河中下游。地理位置北纬45°10′10″～45°45′25″，东经127°54′20″～129°4′30″。南、东南和西南部与尚志市为邻，北和东北部与方正县接壤，西北与宾县毗连。东西长90千米，南北宽65千米，土地总面积3 149.55平方千米。

延寿县有悠久的历史。商、周时为肃慎族属地，秦、汉属扶余玄菟郡，延寿一带，隋唐迄五代属靺鞨，后属渤海上京；辽初属渤海，后属女真的辖境；金为上京会宁府东境。元为合兰府，硕达勒达的属境；明为努儿干都司窝集部的西北境、费光图河卫的东境；清初属窝集部西境，后属阿拉楚哈。雍正三年（1725年）为吉林将军阿勒楚喀副都统辖。光绪五年（1879年），经吉林将军奏准，勘放蚂蜒河荒地，招民垦辟。

光绪八年（1882年）宾州厅于玛河适中之烧锅甸子设立蚂蜒分防巡检，专司缉捕，征收赋税。光绪二十三年（1897年）筑城。因商户和居民陆续增多，仅设分防巡检“难期控制”，经吉林将军奏请，于光绪二十八年十二月十三日（1903年1月11日）批准设置长寿县，因该地居东、西长寿河之中，境南有长寿山，故名，并于翌年二月二十七日（1903年3月25日）委官试署，隶属宾州直隶厅。宣统元年（1909年）宾州厅升为府。

民国三年（1914年）6月，因与四川省长寿县重名，遂以该县隶属宾州直隶厅，取其会同之义，改为同宾县，隶属吉林省滨江道。后因“同宾”与该县“地理无涉”，取境内玛蜒（又写作玛延，满语为“肘子”之意）河之“延”字和长寿山之“寿”字，于1929年11月1日将同宾县改为延寿县。时为二等县，全县14.9万人，县归吉林省直接管辖。东北沦陷后，初隶吉林省，1934年12月划归滨江省管辖。

1945年“九三”抗日战争胜利后，划归松江省管辖。1951年全县总人口12.1万人，为丁等县。1954年8月，松江、黑龙江两省合并后，由黑龙江省直辖。1956年3月划归牡丹江专区管辖，1970年4月划归松花江地区管辖。1996年划归哈尔滨市管辖。

1879年，自西而东划为生、聚、教、养四牌。生牌四邻：西为老爷岭，东聚牌，南西老爷岭，北西太平岭。聚牌四邻：西生牌，东教牌，南锅盔顶子，北分水岭。教牌四邻：西聚牌，东养牌，南蚂蜒窝集岭，北桃儿山。养牌四邻：西教牌，东老爷岭，南蚂蜒窝集岭，北黄泥河子。1880年设分防巡检后，仍沿原区划。1903年，改设县治，全县划为8社；生、聚、养3社，各按南北划成6社，教社以东西划为2社。1908年，全县划为5个巡警区，继增至8个区。1909年农历十月，全境划为1城10乡：城称长寿县城，乡称长仁、长义、长礼、长智、长信、长温、长良、长恭、长俭、长让，原有社名，从此废止。

1922 年，将驻一面坡的警察区六区迁至四区内的夹信镇。将四区原管界拨归六区一半。1929 年，全县划为 6 个自治区，6 镇 52 乡。1932—1934 年，仍沿民国乡（镇）制。全县划为 6 镇 52 乡。6 镇为延寿镇、加信镇、中和镇、平安镇、兴隆镇、黑龙宫镇。乡下为闾邻、部落。1934 年，全县划 6 个警察区，每区为 1 保，共 6 保、46 甲、325 个屯落。1936 年，全县共有 6 区（6 保）、49 甲，325 个屯落。是年归并大屯后，变为 6 保、148 甲。1937 年，划为 32 保，137 甲。1938 年实行街村制，全县分 1 街、20 村、195 个区。

1948 年，全县划分 11 个区，即城关区、寿山区、玉河区、安山区、新立区、加信区、中和区、柳河区、平安区、兴隆区、长发区，下设 11 个街、102 个村、388 个屯。1949 年 9 月，长发、新民、新立 3 个区合并为第二、第三区，柳河、平安两区合并为第九区，余则未变；全县分为 10 个行政区，下设 113 村与 5 个街。1955 年 8 月，取消按数字称呼的区，一律以地名设区，即延寿镇（一区）、长发区（二区）、凌河区（三区）、加信区（四区）、中和区（五区）、安山区（六区）、寿山区（七区）、玉河区（八区）、柳河区（九区）、兴隆区（十区），下分 25 乡，109 个村（街）。1956 年 3 月，将长发区改为高台区，中和区改为崇和区，柳河区改为平安区。

1956 年 4 月，撤销区建制，设 1 镇、6 个中心乡、25 个小乡（含中心乡），即：延寿镇；长发中心乡：兴安乡、友爱乡、高台乡；六团中心乡：凌河乡、太安乡、奎兴乡；加信中心乡：凤山乡、崇和乡、中河乡、华炉乡；寿山中心乡：向阳乡、安山乡，玉河中心乡；黄玉乡；柳河中心乡：平安乡、延安乡、盘龙乡；青川中心乡：石城乡、北宁乡。乡以下仍为村建制，全县有 109 个村（街）。后又将 25 个乡并成 4 个大区和一个县直辖区。

1957 年，撤掉区的机构，建立 7 个中心乡，乡以下设管理区，管理区以下设生产队。1958 年 1 月，全县行政区划调整，撤销中心乡，合并成 1 镇 16 乡，即延寿镇、高台乡、长发乡、友爱乡、玉河乡，平安乡、延安乡、六团乡、寿山乡、安山乡、柳河乡、北宁乡、石城乡、青川乡、加信乡、中和乡、大山乡。同年 9 月，全县实现人民公社化，将原 16 个乡划成红旗、柳河、玉河、青川、中和、安山、华炉、加信、平安、寿山、六团 11 个公社，下辖 106 个管理区，管理区下辖生产队。

1960 年 3 月，红旗公社分为延寿公社和兴让公社（9 月改称高台公社）。1961 年 5 月，管理区改称生产大队。6 月，从六团公社划出 8 个大队设立太安公社。1962 年 2 月，从平安公社划出 8 个大队设立延安公社；4 月设大山公社，即原国营庆阳农场。1974 年 12 月，从延寿镇、高台公社划出 8 个大队设立新村公社。1981 年，全县有 15 个公社，及县属太平川畜牧场和省属国营庆阳农场。1984 年 1 月 10 日实行政社分设，公社改为乡（镇）。到 1985 年末，全县有 5 个镇，10 个乡，1 个畜牧场和 1 个国营农场，计 190 个村，484 个自然屯。

1992 年末，延寿县总面积 3 150 平方千米。总人口 25 万人，其中非农业人口 5 万人；满、朝鲜等少数民族人口约占 7%。辖 15 个乡（镇）。县政府驻地延寿镇（《黑龙江省志·地名录》）。

延寿县面积3 131平方千米，人口24.1万人。辖5个镇、10个乡：延寿镇、加信镇、延河镇、中和镇、六团镇、玉河乡、寿山乡、安山乡、华炉乡、太安乡、高台乡、新村乡、青川乡、延安乡、平安乡。县政府驻延寿镇（根据《中国政区大典》，1996年前后资料）。

2000年第五次全国人口普查，延寿县总人口237 655人，其中，延寿镇56 220人，六团镇14 360人，加信镇22 223人，中和镇13 855人，延河镇12 894人，新村乡10 126人，高台乡9 303人，太安乡7 325人，华炉乡8 287人，安山乡11 297人，寿山乡14 289人，玉河乡16 194人，延安乡7 502人，平安乡9 018人，青川乡17 169人，庆阳农场7 593人。

2002年，撤销高台乡、新村乡并入延寿镇，撤销平安乡并入延河镇，撤销延安乡并入玉河乡，撤销华炉乡并入安山乡，撤销太安乡并入六团镇。调整后，全县辖5个镇、4个乡：延寿镇、六团镇、中和镇、加信镇、延河镇、安山乡、寿山乡、玉河乡、青川乡。

2006年，延寿县总面积3 149.55平方千米，总人口26.4万人，其中农业人口19.2万人。有汉、朝鲜、蒙、回、壮、锡伯、苗、达斡尔、赫哲族、黎等12个民族。主体民族为汉族，占人口的92.8%。人口密度每平方千米73.9人，辖5个镇、4个乡（延寿镇、加信镇、中和镇、六团镇、延河镇、玉河乡、寿山乡、安山乡、青川乡），106个行政村，484个自然屯（表1-1）。

表1-1　延寿县乡（镇）区划一览表

乡（镇）位置	乡（镇）	行政村数（个）	行政村名称
西部	延河镇	17	延河村、横山村、福安村、顺兴村、东明村、平安村、盘龙村、兴安村、永胜村、团山村、万宝村、新发村、南村、新华村、新生村、新兴村、星光村
	青川乡	10	石城村、合福村、兴隆村、新胜村、百合村、北宁村、北顺村、延寿县村、新民村、共和村
中部	延寿镇	16	城郊村、城东村、城南村、同安村、双金村、兴让村、长发村、玉山村、金河村、黑山村、班石村、洪福村、永安村、新友村、洪山村、红旗村
	玉河乡	15	玉河村、新城村、火星村、黄玉村、合心村、文化村、延明村、朝奉村、东光村、福利村、长胜村、延兴村、中胜村、长安村、延中村
	寿山乡	6	寿山村、长志村、宝山村、双星村、三星村、双志村
东部	中和镇	6	中和村、先锋村、万江村、胜利村、崇和村、富荣村
	加信镇	9	加信村、长富村、同德村、富民村、民主村、新建村、金凤村、福安村、太和村
	六团镇	15	六团村、凌河村、永兴村、团结村、和平村、新合村、双龙村、奎兴村、桃山村、兴胜村、东安村、双安村、延新村、太安村、富源村
	安山乡	12	安山村、适中村、腰排村、兴山村、金平村、兴福村、富星村、华炉村、集贤村、双合村、光明村、四合村

二、气　候

延寿县地处中纬度亚洲大陆东岸，冬季在极地大陆气团控制下，气候寒冷干燥。夏季受副热带海洋气团的影响，降水集中，气候温热湿润；春秋两季是冬夏季风交替的过渡季节，气候多变；春季多风降水少，易发生干旱；秋季气温急降，常有寒潮霜冻袭击。因而该县气候具有冬寒、春旱、夏水多、秋霜早、无霜期短等特点，属于中温带大陆性季风气候。1991—2010 年平均气温 3.6 ℃，年际间变化在 2.5～4.9 ℃，全年平均降水量为 592 毫米，年际间变化在 374.7～921.1 毫米；全年平均≥10 ℃的活动积温在 2 731 ℃，年际间变化在 2 489～3 004.9 ℃，其中最高年份为 2000 年，为 3 004.9 ℃；全年平均无霜期 132 天，年际间变化在 115～156 天；全年平均日照时数为 2 196 小时，年际间变化在 1 940.7～2 387.6 小时；全年平均地温为 5.6 ℃，年际间变化在 4.2～8.1 ℃；全年平均大风次数为 12.35 次，年际间变化在 3～28 次；全年平均冰雹次数为 1 次，年际间变化在 0～3次（表 1－2）。

表 1－2　1991—2010 年气候因素变化情况

年份	平均气温（℃）	有效积温（℃）	降水（毫米）	日照（小时）	无霜期（天）	地温（℃）	大风（次）	冰雹（次）
1991	3.2	2 667.4	704.8	2 199.5	118	4.4	10	1
1992	3.1	2 337.5	596.9	2 125.2	121	4.5	3	1
1993	3.1	2 611.8	559.6	2 267.4	119	4.4	12	3
1994	3.4	2 815.1	921.1	2 387.6	142	4.7	13	2
1995	3.9	2 643.7	637.1	2 273.7	115	5.4	12	0
1996	3.1	2 603.9	543.4	2 194.5	137	4.2	8	1
1997	3.9	2 489.0	747.4	2 337.1	122	5.2	5	2
1998	4.5	2 947.1	571.3	2 206.8	133	5.9	14	1
1999	3.3	2 499.5	453.4	2 212.6	124	4.5	17	1
2000	3.0	3 004.9	620.9	2 221.1	156	4.3	12	2
2001	3.1	2 789.8	509.5	2 478.7	135	4.4	28	1
2002	3.6	2 790.5	657.8	2 123.0	135	5.1	17	1
2003	4.2	2 671.8	543.9	1 940.7	132	4.9	19	2
2004	4.1	2 741.5	591.8	2 190.4	156	5.1	11	0
2005	3.2	2 740.7	553.9	1 959.5	136	7.4	9	1
2006	3.9	2 946.7	545.6	2 127.7	151	6.2	15	0
2007	5.1	3 000.6	374.7	2 118.5	141	7.1	8	0
2008	4.9	2 782.8	505.1	2 246.7	129	8.1	7	1
2009	3.1	2 828.9	658.0	2 244.2	127	7.5	16	0
2010	2.5	2 707.5	548.8	2 055.7	135	7.7	11	0
年平均	3.6	2 731	592.0	2 196	132	5.6	12.35	1

三、地形地貌

延寿县自新生代以来，由于喜山运动的影响，白垩系各坳陷盆地进一步发展，在蚂蜒河流域产生断块式下降，形成“依舒地堑”，由西南向东北横贯县境中央，把全县境内的张广才岭西麓分隔为南北两个山区。中部又由于蚂蜒河不断地搬运和堆积被侵蚀的物质，形成蚂蜒河的河谷平原。作为尚志、方正、延寿三地分界点的海拔 958 米的双丫山与 1 008米的套环山之间形成套环山岭，是全县地势最高的地方。全县海拔在 400 米以上的山峰共有 116 个，海拔最低处为 116 米。

综上所述，延寿县地貌总的趋势是南、北向中部又由西南向东北倾斜。由于内外地质动力长期综合作用的结果及应力性质和强度的差异，是造成现代地形的基本因素，形成了不同的地貌。

1. 侵蚀剥蚀地形　此种地形分布在延寿县南、北山区，山脉连绵，峰峦重叠，海拔在 500～1 008 米，多为火山岩组成。山顶多呈尖顶状，山坡较陡，浑圆状低山分布于高山外围，高平原之后缘，海拔 300～500 米，山顶呈浑圆状，多由花岗岩及部分古生界变质岩系所组成。靠近高山区坡度较陡，远离山区坡度则缓。

2. 侵蚀堆积地形　海拔 200～300 米的高平原，分布于低山丘陵前缘和高漫滩后缘。多呈带状分布于各河流两侧，微向河谷倾斜。

3. 堆积地形　海拔在 160～200 米的一级阶地，断缘分布在高平原前缘，一般与高平原无明显界线，也微向河谷倾斜。母质多为较厚的黄土状黏土，116～160 米的低平原高漫滩呈条带状分布于各河流两侧，地势平坦开阔，微向河床倾斜，遇到洪水时期，易被洪水淹没。

四、水系河流

延寿县的河流统属于松花江水系。蚂蜒河是松花江右岸的一级支流，是全县的唯一干流，全长 283 千米，流域面积 10 629 平方千米。

延寿县流域面积超过 10 万平方千米的蚂蜒河一级支流有 23 条，总长 526 千米，流域面积 2 819 平方千米。其中最大的支流是东亮珠河，在延寿县境内全长 46.7 千米，流域面积 630 平方千米。

五、自然资源

延寿县经济在长期的发展中，逐渐形成了自己的优势，有丰富的自然资源。延寿是“七山半水二分半田”的半山区，地形多样，气候适宜，不仅资源丰富，而且分布立体性鲜明。全县县属土地面积 307 919.63 公顷，其中耕地面积 100 494.52 公顷，占土地面积的 32.64%；水面面积 3 300 公顷，占土地面积的 1.07%；林地面积 15 万公顷，森林覆盖率达 50.09%。

1. 森林资源 树种较多，共有28科65属119种。珍贵树种有红松、水曲柳、黄菠萝、胡桃楸和樟子松等，优势树种有杨、椴、柞等，总蓄积量达829万立方米，每年采伐近4万立方米。

2. 动物资源 境内稀有动物有东北虎、马鹿、紫貂、猞猁等；肉用动物有野猪、狍子、野兔；毛皮动物有黄鼬、灰鼠、狐狸、貉子；药用动物有鹿（胎）、熊（胆）、麝（香）、獾（油）等。

3. 植物资源 野生植物遍布山区。山野菜有50多种，如蕨菜、薇菜、猴腿、黄花菜等，年蕴藏量5 000吨以上，蕨菜、薇菜远销日本。菌类主要有木耳、蘑菇。蘑菇有50多种，如元蘑、榛蘑、猴头蘑、紫蘑、花脸蘑等。另外，还盛产松子、榛子、核桃、山葡萄、山丁子、猕猴桃等干鲜野果。从山川到平原，分布着200多种蜜源植物，每年可供放养3万群蜜蜂。可挖掘利用的中药材200余种，年蕴藏量在7 500吨以上，现已挖掘利用的100多个品种。其中产量较大的有刺五加、满山红、人参、黄柏、五味子、寄生、山豆根等20多个品种。稀有名贵药材有山参、鹿茸、熊胆、田鸡、平贝、细辛等7个品种，是黑龙江省中药材重点产地之一。有丰富的草场资源，草的主要品种有建群植物小叶樟，伴有各种薹草、莎草、野谷草等，抽穗前适于放牧或青割，牲畜喜欢吃，孕穗期调制成青干草，营养丰富，适口性好，是全县的优良饲草。

4. 矿产资源 有一定藏量的磁铁矿、铜矿、铝矿、石英、石灰岩和煤等。

第二节 自然与农村经济概况

一、土地资源概况

延寿县总面积3 149.55平方千米，按照国土资源局统计数字，各类土地面积及构成见表1-3。

表1-3 延寿县土地类别面积及构成统计

土地类别	面积（公顷）	占总面积（%）
水田	52 547.04	16.68
水浇地	14.81	0.01
旱地	81 879.88	26.00
果园	59.75	0.02
其他园地	74.70	0.02
有林地	151 821.00	48.21
天然牧草地	26.84	0.01
其他草地	1 857.94	0.59
城县	31.79	0.01
建制镇	1 539.93	0.49
村庄	5 420.82	1.72

（续）

土地类别	面积（公顷）	占总面积（%）
采矿用地	187.62	0.06
公路用地	665.94	0.21
农村道路	2 532.29	0.80
港口码头用地	0	0
河流面积	2 400.16	0.76
坑塘水面	2 656.45	0.84
内陆滩涂	2 716.25	0.86
设施农用地	5.19	0.01
沼泽地	18.66	0.01
裸地	262.62	0.08
灌溉林地	451.03	0.14
其他林地	5 482.04	1.74
风景及特殊用	133.90	0.04
沟渠	1 927.00	0.61
人工建筑用地	241.35	0.08
合计	314 955	100.00

延寿县土地自然类型齐全（表1-4），土地利用程度不高。全县县属土地面积30.79万公顷，其中耕地面积10.05万公顷，占土地面积的32.64%，森林覆盖率为50.09%，现有用地结构不合理，土地使用缺乏科学管理，重使用，轻养护；中低产田面积仍较大，占耕地总面积的57%左右。土地使用制度改革后，强化科学管理使用力度不够等问题，在后备土地资源开发、中低产田改造、土地整理、城镇国有存量土地、农村居民点存量土地等方面还有一定的潜力可挖。

表1-4　延寿县耕地土壤类型面积构成

土类	县属面积（公顷）	耕地面积（公顷）	占本土类面积（%）	占总耕地面积（%）
暗棕壤	109 416.93	4 933.14	4.51	4.91
白浆土	113 047.00	43 645.12	38.61	43.43
草甸土	45 788.19	28 460.30	62.16	28.32
黑土	8 618.85	5 328.19	61.82	5.30
水稻土	4 481.64	3 578.40	79.85	3.56
新积土	17 029.83	9 820.67	57.67	9.77
沼泽土	6 782.18	3 032.32	44.71	3.02
泥炭土	2 755.01	1 696.38	61.57	1.69
合计	307 919.63	100 494.52	32.64	100.00

二、农村经济状况

延寿县是典型的农业县，1986 年被确定为国家商品粮基地县。2008 年统计局统计结果，全县总人口 26.8 万，其中非农业人口 7.48 万，占总人口的 30.77%；农业人口 9 万，占总人口的 69.23%；财政总收入 4 500 万元。在岗职工年平均工资 7 595 元；农、林、牧、渔业总产值 120 005 万元，其中，农业产值 89 284 万元，占农、林、牧、渔业总产值的 74.40%；林业产值 4 965 万元，占农、林、牧、渔业总产值的 4.14%；牧业产值 22 933 万元，占农、林、牧、渔业总产值的 19.11%；渔业产值 2 823 万元，占农、林、牧、渔业总产值 2.35%。农村经济总收入 70 561 万元，农村人均纯收入 4 300 元。

表 1-5 延寿县 1988—2008 年农、林、牧、渔业产值

单位：万元

年度	农林牧渔业总产值	农业产值	林业产值	牧业	渔业产值
1988	17 637	15 139	483	1 765	250
1989	14 313	11 605	410	2 041	257
1990	22 699	20 687	610	1 337	65
1991	27 231	21 906	670	4 345	310
1992	31 125	25 030	292	5 397	406
1993	22 301	20 993	187	487	634
1994	40 879	25 757	394	14 297	431
1995	39 278	32 962	382	4 794	1 140
1996	45 387	38 279	510	5 067	1 531
1997	50 256	42 980	560	4 606	2 110
1998	49 724	40 821	1 201	5 484	2 218
1999	43 944	36 531	1 754	4 159	1 500
2000	46 222	38 381	1 207	5 065	1 569
2001	45 190	37 613	873	5 588	1 116
2002	44 839	35 326	1 635	6 650	1 228
2003	50 057	34 652	2 951	11 357	1 097
2004	72 119	54 523	2 530	13 441	1 625
2005	87 705	62 776	1 783	18 665	4 481
2006	93 831	70 425	4 780	16 509	2 117
2007	93 283	65 299	5 250	20 117	2 617
2008	120 005	89 284.0	4 965.0	22 933.0	2 823.0

第三节　基础设施与农业生产

一、农业基础设施

1. 水利设施　蚂蜒河将延寿县自然分割为南北两大山区。南部山区森林覆盖率为70.8%，北部山区为55.2%，中部河套地区为13.4%。境内林区总面积157 754公顷，按经营权划分为森工企业、县属国有林场、县属集体林三个部分。县属国有林场、集体林区总面积为140 902公顷，木材蓄积量7 665 652立方米。

1986年以来，延寿县贯彻《中华人民共和国森林法》，采取国有、集体、群众相结合的方法植树造林，适度开发林业资源，杜绝乱砍滥伐，森林覆盖率、活立木蓄积量不断增长。1986—2005年，全县共造林67 189公顷。其中，国有林场造林24 983公顷，群众造林42 206公顷，保存率都在85%以上。全县国有用材林活立木积蓄量达到5 630 182立方米，集体用材林活立木积蓄量达到473 573立方米。1998年贯彻落实了国务院《全国重点林区天然林资源保护工程》以来，国有林场采伐量从1995年的65 325立方米降到2005的31 829立方米，减少51.3%。1986—2005年，全县连续20年无森林火灾，被省林业厅授予“森林防火先进单位”称号，鉴于生态环境、森林资源、野生动植物得以保护，实现了社会经济、生态环境协调发展，延寿县被国家确定为国家级生态环境建设示范县。

1986年前，延寿县建有中小型灌区16处，中小型水库16个，总灌溉面积1.2万公顷。1986年后，随着党的“三农”政策的贯彻落实，全县开展大规模以“科技兴水”为中心的水利工程建设。到2005年，总计投入资金159 331.1万元，新建、改造、配套的永久性水利工程192处，中小型水库增至24座，机电灌溉井5 824眼，工程总灌溉面积2.75万公顷，全县形成布局合理、效益显著、纵横交错的水利灌溉网络。延寿县水务局在12年的“黑龙杯”竞赛中，有8年连获金杯、银杯奖，位居黑龙江省各县之首。

2. 农业机械　20世纪80年代以来，延寿县农业机械数量增长迅猛。1986年机械田间作业面积仅占43.6%，2005年达到95%。农机总动力1986年为6.25万千瓦，到2005增到14.3万千瓦，平均每公顷19.2千瓦。农业拖拉机保有量达8 651台，大中型耕作机具707台，各类小型农机具4 824台（件），机动水稻插秧机755台，中小型水稻收割脱粒机72台，大中型收获机72台，小型播种机931台，农用运输车3 740台。机械化整地面积6.93万公顷，机耕面积5.73万公顷，机插秧35 333公顷，机械收获面积4 333公顷。田间运输机械化程度为98.9%，田间作业综合机械化程度为88%。除收获机械程度低于全省农村水平，其余均达“基本化”目标。1991年和1992年，荣获松花江地区“铁牛杯”竞赛铜杯奖、金杯奖。1993—1999年，连续7年获省“科教兴农机械化工程”二等奖。2000年，获黑龙江省农机化创新工程单项奖。

二、农业生产

延寿县经济的开发始于100多年前。清光绪五年（1879年）经吉林将军奏准，勘放蚂蜒河荒地，光绪八年（1882年）续放蚂蜒河荒地，光绪二十三年（1897年）续放畸荒零余荒，3次共放荒地0.23万公顷。土地的垦殖，带来农业经济的发展，人口随之不断增加，至民国11年（1922年），人口已达24.3万。随着农业的发展，工商等各业也应运而生。光绪十六年（1890年）县内已有商铺六七家。宣统三年（1911年）大小买卖、作坊已达293户，烧酒、油房、制米、杂货、果子铺尤为活跃。正如《宾州府政书》记载，由于荒地的勘放，“远近民人，领种谋生，日聚日众，20年来，生齿蕃盛，商贾渐至，命盗词讼，愈增愈多，俨有富庶景象”。但是，由于封建势力和日伪的长期反动统治，经济发展缓慢，人民生活低下，至新中国成立前，延寿仍然是一个交通闭塞、经济凋敝、贫穷落后的地方。

新中国成立后，特别是中共十一届三中全会以来，延寿县工业生产大幅度增长，各项事业蓬勃发展，人民生活不断提高。1985年，全县社会总产值达到1.9亿元。其中，工农业总产值1.55亿元，比1949年增长3.8倍，平均每年增长4.4%。农业是延寿县国民经济的基础。1985年农业总产值达到9 108万元，占社会总产值的48.6%，比1949年增长1.8倍，平均每年增长3%。多年来，由于不断采用新技术，增施化肥，选用良种，科学种田，粮食总产稳定在15万吨以上。

延寿县是黑龙江省商品粮基地之一。1971年，全县粮豆薯总产达到10.2万吨，1984年粮豆薯总产突破15万吨大关，达到16万吨，又上了一个新台阶。1985年，在严重自然灾害的袭击下，粮豆薯总产仍然达到15.5万吨，亩①产241千克，居全省首位。向全国交售商品粮6万吨，商品率为39%。每1个农业人口生产粮食951千克，比全省平均水平高242千克。1985年，全县水稻播种面积1.14万公顷，占粮豆薯播种面积的27%。产量7.4万吨，占粮豆薯总产的48%，占全省水稻产量的5%，居第四位。每1个农业人口平均生产水稻456千克，居全省第一位。农民人均收入在1978年以前，始终是在100元上下徘徊，中共十一届三中全会后，实行了家庭联产承包责任制后，发生了巨大变化，到1985年，农民人均收入达431元，是1966年的7倍，是1978年的3.8倍。

延寿县亚麻的种植、加工已有40年的历史，亚麻生产一直稳步发展。所种植的亚麻出麻率高，纤维质强，质量在全省占第一位。哈尔滨亚麻厂用延寿亚麻原料织的“101”亚麻布在全国获得了金质奖。1985年，全县亚麻播种面积0.65万公顷，比新中国成立初期增长3.1倍，产量9 154吨，比新中国成立初期增长3.8倍，占全省亚麻总产的6%，居第7位。

1985年大牲畜已发展到3.5万头（匹），比新中国成立初期增长52%，生猪存栏达到4.2万头，出栏肉猪1.6万头，猪肉产量1 300吨。延寿县是全省重点养蜂区之一，1985年产蜜86吨，比1957年增长2.4倍。

新中国成立以来，农业生产条件有了巨大变化，农业现代化，机械化水平不断提高。1985年末，全县机械化总动力达到5 104万瓦特，比1958年增长223倍。农村用电1 654万千瓦小时。农田水利设施进一步配套和完善，抗旱排涝能力有了很大增强。

1. 农作物种植结构 延寿县种植业分为粮食作物和经济作物两大类。粮食作物有水

① 亩为非法定计量单位，1亩≈667平方米。

稻、玉米、大豆、杂粮、杂豆。经济作物有亚麻、薯、瓜、菜、药、紫苏、烤烟、万寿菊等。种植结构受市场行情、政策变化、科技条件影响而不断调整。1986年，水稻播种面积14 709.7公顷，玉米播种面积14 171.6公顷。到2005年，由于水稻市场价格一直居高不下，在栽培技术上实施旱育稀植，产量大幅度提高，种植面积则猛增到32 220.3公顷，是1986年的1.2倍；而玉米则从1986年的14 171.6公顷，下降到2005年的10 625公顷，下降25.1%，下降原因是玉米价格长期偏低。经济作物亚麻是延寿县亚麻原料厂的主要原料，是延寿县主导经济作物。计划经济时代，县政府下达指令性种植计划，再加上优惠政策扶持，1986年全县亚麻种植面积6 327.7公顷。到2005年，受市场经济调控，粮麻比价拉大，政府既没有权力下达指令性计划，又没有能力补贴麻农，2005年亚麻播种面积不足266.7公顷，亚麻厂因无原料被迫停产。

"三农"政策深入人心，农业科技广泛应用，农民种田积极性高涨。1986年全县粮豆薯播种面积45 523.3公顷，总产194 089吨，平均亩产284千克。2005年全县粮豆薯播种面积75 744公顷，总产377 835吨，平均亩产332.6千克。其中大豆播种面积从1986年的14 201.7公顷增加到2005年的49 757公顷，增长1.2倍多。随着延寿县经济的发展，烤烟、万寿菊、紫苏等经济作物一度成为延寿的主要经济作物。

2. 耕地面积变化情况 1986年初，延寿县总耕地面积57 671.9公顷。其中，省属3 328.8公顷，县属2 058.3公顷；集体所有制52 284.8公顷。其中，粮豆薯作物45 523.3公顷，经济作物6 927.1公顷，其他作物（瓜菜类）2 222.3公顷，农村人均耕地0.36公顷，呈逐年减少趋势。1990年，全县耕地面积54 359.5公顷。其中，水田13 473.9公顷，旱田40 885.7公顷，农村人均耕地0.33公顷，总面积5年减少3 273.3公顷，人均耕地减少0.024公顷。1995年，全县耕地53 167公顷，比1990年减少1 192.5公顷，人均耕地0.35公顷，为1986年以来耕地面积最少的一年。1996年全县耕地面积略有增加，为53 231公顷，农村人均耕地面积0.35公顷。到1998年第二轮土地承包期间，按政策将"小开荒"从农民手中收回作为顺延承包地源，全县耕地面积开始大幅度上升。到2005年，全县耕地面积77 937公顷，其中全民所有制3 907公顷，集体所有制7 363.3公顷；耕地总面积比1996年增加24 706公顷，农村人均耕地0.49公顷，比1996年增加0.14公顷（表1-6）。

表1-6 1986—2005年延寿县耕地面积变动情况

年度	年初实有耕地面积（公顷）	当年增加面积（公顷）	当年减少面积（公顷）	年末实有耕地面积（公顷）			农业人口（人）	人均耕地（公顷）	备注
				合计	其中水田	其中旱田			
1986	57 671.93	871.54	910.60	57 632.87	14 850.47	42 782.40	161 301	0.36	人均耕地以年末实有面积计算（下同）年初面积未计算省属
1987	57 632.87	145.53	1 106.60	56 671.80	16 076.67	40 595.13	160 425	0.35	
1988	54 171.80	242.74	0.87	54 413.67	14 755.47	39 658.20	158 256	0.34	
1989	54 413.67	0	22.00	54 391.67	14 087.87	40 303.80	158 457	0.34	
1990	54 391.67	1.66	33.80	54 359.53	13 473.87	40 885.66	163 067	0.33	
1991	54 360.00	36.00	154.00	54 242.00	14 296.00	39 946.00	160 401	0.34	
1992	54 242.00	83.00	238.00	54 087.00	14 362.00	39 725.00	160 636	0.34	

（续）

年度	年初实有耕地面积（公顷）	当年增加面积（公顷）	当年减少面积（公顷）	年末实有耕地面积（公顷）			农业人口（人）	人均耕地（公顷）	备注
				合计	其中水田	其中旱田			
1993	54 087.00	215.00	25.00	54 277.00	14 384.00	39 893.00	157 028	0.35	人均耕地以年末实有面积计算（下同）年初面积未计算省属
1994	54 277.00	55.00	1 026.00	53 306.00	14 673.00	38 633.00	153 161	0.35	
1995	53 306.00	22.00	161.00	53 167.00	14 670.00	38 497.00	153 180	0.35	
1996	53 167.00	76.00	12.00	53 231.00	16 609.00	36 622.00	153 197	0.35	
1997	53 231.00	53.00	19.00	53 265.00	14 718.00	38 547.00	153 581	0.35	
1998	53 265.00	0	0	53 265.00	14 855.00	38 410.00	152 018	0.35	
1999	53 265.00	0	0	53 265.00	15 180.00	38 085.00	151 046	0.35	
2000	53 265.00	0	0	53 265.00	16 162.00	37 103.00	149 420	0.36	
2001	53 265.00	51.00	0	53 316.00	17 153.00	36 163.00	148 724	0.36	
2002	53 316.00	151.00	0	53 467.00	18 344.00	35 123.00	149 861	0.36	
2003	53 467.00	20 057.00	0	73 524.00	25 798.00	47 726.00	150 205	0.49	
2004	73 524.00	129.00	0	73 653.00	25 146.00	48 507.00	153 873	0.48	
2005	73 653.00	4 284.00	0	77 937.00	32 287.00	45 650.00	159 990	0.49	

3. 作物

（1）粮食作物：

① 水稻。延寿县水稻种植可追溯到1923年，至2005年已有82年种植历史。1983年水稻旱育稀植栽培技术传入延寿，当年亩产318.5千克，创延寿县水稻亩产历史记录，此后水稻种植面积剧增。1986年达到14 709.7公顷，位居三大主栽作物之首。种植区域主要分布在蚂蜒河、亮珠河两河流域。随着水利设施的增加和机电井的开发，到1990年，水稻种植已遍布全县各乡（镇）。水稻新品种不断引进，种植新技术不断应用，亩产逐年提高。2000年，全县水稻种植面积16 162公顷，亩产608千克。2005年，种植面积增至32 287公顷，是1986年的2.2倍，亩产495.6千克，是1986年的1.6倍。

② 玉米。是延寿县三大主栽作物之一，至2005年境内有144年种植史。由于耕作粗放、种子退化，亩产长期在150千克左右徘徊。1986年种植面积14 169.8公顷，亩产提高到304千克。主要品种为龙召一号、龙单5号。主要栽培方法为刨埯穴种、机械点播、大垄双覆。各乡（镇）均有大面积种植。1998年亩产达到549千克，总产102 485吨，为历史高峰期。1999年，种植结构调整，玉米种植面积减少。2000年玉米种植面积10 483公顷，总产61 279吨。2001—2005年种植面积在1.0万～1.1万公顷，品种以饲料型为主。2005年亩产486千克。

③ 大豆。为延寿县三大主栽作物之一，境内种植历史悠久，遍布全县。1986年种植面积213 026公顷，亩产134千克，总产28 666吨。主栽品种绥农14、黑农43。主要采用“垄三”栽培技术。1987年开始，诸多丰产素在大豆种植上广泛应用，缓解了重迎茬问题，种植面积增加。1993年后，实行精量点播、优化配方施肥、药物防病除草灭虫，产量提高。1997年，种植面积17 307公顷，亩产154.5千克，亩产创历史纪录。2000

年，全县推广高油大豆。2003 年，全县种植大豆 17 289 公顷，2004 年 31 704 公顷，2005 年 31 755.7 公顷。

④ 其他作物。小麦，至 2005 年境内有 89 年种植史。1958 年，延寿县年平均种植 2 000公顷左右。20 世纪 80 年代后，面积逐年减少。1986 年，只有太安、玉河、青川、平安等乡的边远村屯种植 66.7 公顷。1996 年在全县绝种。高粱，20 世纪 50～60 年代，种植面积在 4 000～6 000 公顷。20 世纪 80 年代后，随着农业机械化程度的提高，大牲畜饲养量下降，作为饲养作物的高粱逐渐淡出延寿农作物行列。1986 年种植 159.5 公顷，2005 年仅存 46 公顷。谷子，1986 年全县种植 293.1 公顷，1995 年绝种。杂粮，境内杂粮主要是糜子和荞麦。1986 年全县种植杂粮 796.2 公顷，亩产 111 千克，总产 1 329 吨；2000 年种植 458 公顷，亩产 114 千克，总产 7 820 吨；2005 年种植 482 公顷，亩产 76 千克，总产 546 吨。杂豆，1992 年全县种植 155.3 公顷，亩产 83.5 千克，2005 年种植 133.3 公顷，亩产 153 千克，总产 306 吨（表 1－7）。

表 1－7　1986—2005 年全县主产作物及农业总产值

年度	粮豆薯		其中：水稻			其中：玉米			其中：大豆			农业总产值（万元）	农业人均纯收入（元）
	面积（公顷）	总产（吨）	面积（公顷）	单产（千克/公顷）	总产（吨）	面积（公顷）	单产（千克/公顷）	总产（吨）	面积（公顷）	单产（千克/公顷）	总产（吨）		
1986	45 523	194 809	14 710	6 645	97 748	14 172	4 560	64 624	14 202	2 010	28 546	10 104	517.80
1987	44 794	168 718	15 918	5 730	91 210	12 591	3 975	50 049	14 421	1 635	23 578	9 279	505.90
1988	41 875	190 432	14 669	6 630	97 255	12 247	4 965	60 806	13 800	2 085	28 773	11 000	565.50
1989	41 519	89 195	12 747	3 615	46 080	12 440	2 340	29 110	14 774	780	11 524	6 017	277.60
1990	43 693	178 221	13 169	6 855	90 273	14 481	4 605	66 685	14 673	1 830	26 852	20 184	298.20
1991	42 585	185 957	13 738	7 545	103 653	14 361	4 508	64 739	13 268	1 148	15 232	20 638	611.60
1992	44 930	202 799	14 064	7 208	101 373	14 619	5 318	77 744	14 734	1 328	19 567	22 191	736.00
1993	45 942	210 735	13 589	7 508	102 026	14 411	5 760	83 007	16 508	1 328	21 923	24 711	920.40
1994	44 107	199 984	14 141	7 973	112 746	14 355	4 290	61 583	14 581	1 395	20 340	24 396	1 152.00
1995	45 595	204 580	14 244	8 025	114 308	15 168	4 515	68 484	14 447	1 095	15 819	25 411	1 723.00
1996	43 013	228 170	14 048	8 700	122 218	13 832	5 760	79 672	14 296	1 635	23 374	28 085	2 433.00
1997	45 484	270 958	14 318	9 090	130 151	13 079	7 245	94 757	17 307	2 318	40 118	31 049	2 516.00
1998	46 571	272 175	14 656	8 678	127 185	12 446	8 235	102 493	18 683	2 048	38 263	31 533	2 551.00
1999	45 829	268 019	15 804	9 308	147 104	13 916	6 300	87 671	15 223	1 853	28 208	27 374	2 414.00
2000	45 448	243 256	16 574	9 120	151 155	10 483	5 843	61 252	17 119	1 463	25 045	25 528	2 320.00
2001	47 596	246 959	17 153	7 703	132 130	10 992	6 998	76 922	18 462	1 643	30 333	34 416	2 408.00
2002	45 918	218 925	18 176	5 933	107 838	11 437	7 103	81 237	15 661	1 553	24 322	31 509	2 329.00
2003	46 333	220 599	18 486	6 930	128 108	9 821	5 348	52 523	17 289	2 138	36 964	29 873	2 512.00
2004	69 535	346 906	25 378	7 401	187 823	11 796	6 885	81 215	31 704	2 093	66 356	44 465	3 548.00
2005	79 987	377 835	32 220	7 434	239 523	10 625	7 304	77 605	31 757	1 782	56 591	62 776	3 792.00

（2）经济作物：

① 亚麻。延寿县 1937 年开始种植亚麻。至 2005 年已有 68 年种植历史。亚麻为延寿县亚麻原料厂主要原料，也是全县主要经济作物。主产区分布在青川、延河、延安、寿山、安山 5 个乡（镇）。1986 年种植 6 327.7 公顷，亩产 126 千克，总产 11 900 吨。1987 年种植 6 676.7 公顷，为亚麻种植面积最高年份。之后几年，受市场影响，种植面积起起落落，1992 年降至 19.3 公顷，为亚麻种植面积最低年份。1994 年亚麻厂引进法国亚麻高产种子阿丽亚娜、汉姆斯，1995 年亚麻种植面积增加到 2 455.3 公顷，亩产 219 千克，总产8 065吨。2002 年，改制后的延兴亚麻集团公司被哈尔滨政府批准为农业产业化龙头企业，为农民提供优惠服务，种植面积增加到 3 276.1 公顷。2003—2005 年，粮麻比价拉大，农民种植亚麻积极性降低，到 2005 年，停止种植（表 1－8）。

表 1－8　1985—2005 年延寿县亚麻种植情况

年度	亚麻播种面积（公顷）	亩产（千克/公顷）	总产（吨）
1986	6 328	1 890	11 960
1987	6 677	1 995	13 321
1988	160	1 650	264
1989	3 909	1 620	6 333
1990	2 035	2 520	5 128
1991	2 165	3 390	7 339
1992	19	2 610	50
1993	2 867	3 570	10 235
1994	2 294	2 130	4 886
1995	2 455	3 285	8 065
1996	3 030	3 555	10 772
1997	2 591	4 065	10 532
1998	1 573	4 590	7 220
1999	2 095	4 290	8 988
2000	2 857	2 625	7 500
2001	1 535	2 670	4 098
2002	3 276	2 205	7 224
2003	2 673	2 308	6 169
2004	1 200	2 246	2 695

② 烤烟。1989 年境内开始规模种植，当年种植 22 公顷。全县各乡（镇）均有种植。2004—2005 年，集中在青川乡、安山乡、六团镇、寿山乡、玉河乡 5 个主产区。1991 年引进龙江 851、吉烟 7 号等 12 个优良品种，县政府制订优惠政策，农民种植烤烟积极性高涨，全县种植 1 533.3 公顷，为高峰年份。1999 年后，烟草市场不景气，种植面积逐年下滑，2003 年减少至 60 公顷，2005 年为 100.3 公顷。

③ 万寿菊。1998 年引进延寿县，2000 年在全县推广。2001 年种植 300 公顷，2002 年种植 333.3 公顷，2003 年种植 520 公顷。2004 年晨光天然色素有限公司形成加工规模，万寿菊种植面积增加到 467 公顷，2005 年种植 3 300 公顷。

④ 西瓜、香瓜。1986 年种植 260 公顷，亩产 912 千克。1988 年开始大面积地膜覆盖种植，全县种植 477.7 公顷，平均亩产 1 461 千克；寿山乡同义村种植面积超千亩，占全县总面积 14%。1989 年种植面积 930 公顷，为历史最高年份。1991 年，普遍推行营养盒育苗移栽、地膜覆盖、定向授粉新技术，种植面积 558 公顷，总收入 585 万元。至 2005 年，两瓜种植不断引进新品种、新技术，产量提高，种植面积保持在 600～1 000 公顷。

（3）蔬菜：蔬菜种植多集中在延寿镇及周边的新村乡、高台乡。1990 年后，其他乡（镇）也开始规模种植，出现种菜专业户。主栽品种为秋白菜、大萝卜、大头菜、茄子、豆角、辣椒、黄瓜、番茄，引进品种有苦瓜、冬瓜、木耳、西兰花等。栽培方式分为棚室蔬菜和大地蔬菜。1986 年种植面积为 1 371.8 公顷，亩产 998 千克，总产 20 545 吨。1990 年全县城乡大面积推广棚室蔬菜和新栽培技术，种植面积增加到 2 446.5 公顷，亩产 1 090 千克，总产 40 019 吨。从 1995 年开始，蔬菜种植面积减少，至 2004 年，种植面积徘徊在 667～1 667公顷。2005 年种植面积减少到 617 公顷，亩产 1 994 千克，总产 18 456 吨（表 1－9）。

表 1－9　1986—2005 年延寿县蔬菜种植情况

年度	种植面积（公顷）	产量（千克/公顷）	总产（吨）
1986	1 371.80	14 970	20 536
1987	1 553.53	13 080	20 320
1988	1 722.80	17 490	30 132
1989	2 173.47	10 695	23 245
1990	266.40	5 520	1 471
1991	1 756.00	11 145	19 571
1992	2 373.00	9 195	21 820
1993	1 798.00	15 885	28 561
1994	1 157.00	16 620	19 229
1995	937.00	18 855	17 667
1996	1 306.00	17 745	23 175
1997	1 563.80	15 380	24 051
1998	1 677.00	14 100	23 646
1999	1 534.00	16 455	25 242
2000	995.00	14 970	14 895
2001	910.00	31 320	28 501
2002	1 471.00	19 290	28 376
2003	930.00	22 530	20 953
2004	752.00	29 910	22 492
2005	617.00	29 910	18 454

（4）马铃薯：境内主栽作物马铃薯。1986—1993年，年均种植466.7公顷，平均亩产227千克。1994—1999年，年均种植706.1公顷，平均亩产362.85千克。2000年种植606公顷，亩产481.5千克，创历史最高纪录，总产4 345吨。2005年种植583公顷，亩产358千克，总产3 059吨。

4. 作物区划 1986年之前，山脉、河流、气温、土质等条件决定农作物的自然区划。蚂蜒河平原、东亮珠河、黄泥河、东西柳树河、大凌河、大柳树河、石头河、乌吉密河等33条支流河的冲积平原为水稻、玉米、大豆区；南北两列山区为玉米、大豆、杂粮区；低山丘陵为玉米、大豆、马铃薯、杂粮区。

1986年以后，科技兴县，兴修水利，测土配方施肥，按土质、气候、灌溉等生态条件选种、播种，打破了作物自然区划。到1992年，蚂蜒河两岸平原，东亮珠河等24条一级支流平原，由原来的三大作物丰产基地，变为无公害优质米水稻高产示范区。南北两列山前的十大漫岗区辟为耕地，农民将沟塘开发，自修小塘坝、小水渠，蓄水引流种稻，岗上打井，提水上山，成为水稻、玉米、大豆、亚麻、烟叶区。南北丘陵区经过整理，为玉米、大豆、薯类、亚麻、烟叶区。1993年，开创绿色食品产业化格局，加信镇、中和镇为A级绿色食品优质水稻生产基地。2003年，将蚂蜒河两岸平原、东亮珠河沿岸平原，建设成1万公顷绿色食品优质水稻区。其中加信镇4 000公顷，中和镇2 667公顷，安山乡667公顷，寿山乡667公顷，玉河乡667公顷，延河镇667公顷，六团镇667公顷。

2005年，将延寿县耕地划分为6个无公害作物产区：水稻无公害产区分布在延寿镇、六团镇、加信镇、中和镇、安山乡、寿山乡、玉河乡、延河镇的沿河平原。大豆无公害产区分布在延寿镇、六团镇、安山乡、寿山乡、玉河乡、延河镇、青川乡的丘陵地带。玉米无公害产区分布在六团镇、玉河乡、延河镇、青川乡的高平原。蔬菜无公害产区分布在延寿镇、六团镇、中和镇、安山乡、寿山乡、玉河乡、延河镇、青川乡的平原地带。瓜类无公害产区分布在延寿镇、六团镇、安山乡、寿山乡、玉河乡、延河镇的半山区。小杂粮无公害产区分布在延寿镇、六团镇、安山乡、寿山乡、玉河乡、延河镇、青川乡的丘陵地带。

5. 肥料应用

（1）农家肥积造：1986年，延寿县县政府出台“养地基金”政策。规定承包户每亩地必保施用农家肥2立方米，每立方米作价2元。每超施1立方米奖励2元，少施1立方米罚地力补偿费2元。将“养地基金”规定写入承包合同。是年，全县平均亩施农家肥1.5立方米。1990年，树立寿山乡东兴村、青川乡百合村、华炉乡太平村为“养地基金”模范村。三村户户有厕所有灰仓、畜禽有圈舍，村有积肥台账，户有积肥卡。1991年全县推广三村经验，村建账户建卡，有7个乡（镇）耕地培肥达标，全县平均亩施农家肥1.72立方米。松花江行署在延寿召开全区耕地培肥现场会，授予延寿县“耕地培肥先进县”称号。

1993年，延寿县县政府实施“沃土计划”。屯组建积肥专业队，村建设“养畜积肥”“秸秆还田”“草炭肥田”“城粪下乡”四大基地。当年秸秆、根茬秋翻还田667公顷。1996年全县积肥176万立方米，亩均2.02立方米。到2000年，全县累计投资608.6万元，修建、改建标准化厕所34 485个、标准化畜舍40 033个，修建储灰仓18 678个。建标准“养猪一条街”28条，养牛专业屯42个，养鸡专业小区8个。建专用积肥场359处，积肥专业队525个，积肥专业车529台，城粪下乡基地43处。到2005年，全县畜禽与人粪便处理利用率为86.7%，亩施农家肥12.2立方米，土地有机质含量为10%。延寿县被省政府授予“黑龙江省耕地培肥标兵单位”称号。

（2）测土配方施肥：1986年，化肥氮、磷、钾肥配合农家肥混合使用，当年全县亩施化肥3.27千克。1987年后，转入测土配方施肥，成立青川乡复合肥厂、华炉乡复合肥厂。1990—1992年，每公顷施用化肥110.8千克。1993年达181.95千克。“九五”期间，耕地培肥见效，农家肥占主导地位，公顷施化肥稳定在133.5～165千克。2000—2005年，公顷均施156.5千克，进入全省平衡施肥示范区建设网络。全县共测土样1 000份，确定加信、华炉、寿山、玉河、六团5个乡（镇）为平衡施肥示范区，参加全省统测，统配施肥面积400公顷。县内自测自配3 333公顷，指导性配方施肥5.3万公顷，化肥深施4万公顷。对1万公顷无公害优质玉米绿色食品生产基地，全力推广使用精制有机肥、专用复合肥、生物化肥，年用量为3 000吨（表1-10）。

表1-10　1986—2005年延寿县农用化肥施用量明细

年度	化肥使用量			氮肥（吨）	磷肥（吨）	钾肥（吨）	复合肥（吨）
	实物量（吨）	纯（吨）	亩均（千克）				
1986	3 212	1 985	2.30	1 040	580	59	306
1987	7 691	2 863	3.37	1 738	550	177	398
1988	7 475	3 100	3.80	1 951	630	234	285
1989	9 317	4 317	5.29	2 728	916	370	303
1990	10 596	4 376	5.37	2 689	934	444	309
1991	11 097	4 501	5.53	2 691	1 033	390	387
1992	12 254	5 243	6.46	2 862	1 183	628	570
1993	20 244	8 278	10.17	4 432	2 093	580	1 173
1994	15 749	6 505	8.14	3 642	1 848	428	587
1995	16 850	7 097	8.90	4 089	1 761	648	599
1996	15 669	7 095	8.89	3 738	1 692	768	897
1997	16 528	6 606	8.27	3 729	1 262	1 001	614
1998	21 230	8 152	10.20	3 985	1 707	1 464	996
1999	18 778	6 486	8.12	2 621	1 089	1 763	1 013
2000	19 636	7 419	9.29	2 854	1 344	1 816	1 405
2001	20 496	8 774	10.97	3 807	1 302	1 868	1 797
2002	22 682	9 439	11.77	4 479	1 608	1 734	1 618
2003	23 733	10 447	9.47	4 074	2 187	1 754	2 432
2004	27 328	11 909	10.78	4 907	2 607	1 830	2 565
2005	26 318	12 306	10.53	4 399	3 181	1 981	2 745

第二章　耕地立地条件及土壤概况

第一节　耕地立地条件

耕地的立地条件是指与耕地地力直接相关的地形、地貌及成土母质等特征。它是构成耕地基础地力的主要因素，是耕地自然地力的重要指标。农田基础设施是人们为了改变耕地立地条件等所采取的人为措施活动。它是耕地的非自然地力因素，与当地的社会、经济状况等有关，主要包括农田的排水条件和水土保持工程等，本次耕地地力评价工作，把耕地立地条件和农田基础设施作为两项重要指标。

一、地形地貌

延寿县位于黑龙江省东南部，地处张广才岭西麓，松花江右岸，蚂蜒河中下游。地理坐标为北纬 45°10′10″～45°45′25″，东经 127°54′20″～129°4′30″。延寿县自新生代以来，由于喜山运动的影响，白垩系各坳陷盆地进一步发展，在蚂蜒河流域产生断块式下降，形成"依舒地堑"，由西南向东北横贯县境中央，把全县境内的张广才岭西麓分隔为南北两个山区。中部又由于蚂蜒河不断地搬运和堆积被侵蚀的物质，形成蚂蜒河的河谷平原。作为尚志、方正、延寿三地分界点的海拔 958 米的双丫山与1 008米的套环山之间形成套环山岭，是全县地势最高的地方。全县海拔在 400 米以上的山峰共有 116 个，海拔最低处为116 米。

综上所述，延寿县地貌总的趋势是南、北向中部又由西南向东北倾斜。由于内外地质动力长期综合作用的结果及应力性质和强度的差异，是造成现代地形的基本因素，形成了不同的地貌。

1. 侵蚀剥蚀地形　此种地形分布在延寿县南、北山区，山脉连绵，峰峦重叠，海拔在 500～1 008 米，多为火山岩组成。山顶多呈尖顶状，山坡较陡，浑圆状低山分布于高山外围、高平原之后缘，海拔为 300～500 米；山顶呈浑圆状，多由花岗岩及部分古生界变质岩系所组成。靠近高山区坡度较陡，远离山区坡度则缓。

2. 侵蚀堆积地形　海拔 200～300 米的高平原，分布于低山丘陵前缘和高漫滩后缘。多呈带状分布于各河流两侧，微向河谷倾斜。

3. 堆积地形　海拔在 160～200 米的一级阶地，断缘分布在高平原前缘，一般与高平原无明显界线，也微向河谷倾斜。母质多为较厚的黄土状黏土，116～160 米的低平原高漫滩呈条带状分布于各河流两侧，地势平坦开阔，微向河床倾斜，遇到洪水时期，易被洪水淹没。

二、成土母质

岩石的风化产物称为成土母质，母质是形成土壤的物质基础，它对土壤的形成过程和土壤属性均有影响。

延寿县山地土壤成土母质为沉积岩的风化残积和坡积物。母质较粗，渗透良好，以氧化占优势，表土层薄，岩石埋藏较浅，土壤发育以暗棕壤为主。除了坡度稍缓的地方可垦为耕地外，多数为适宜林业用地。

在平原和低平原地区，土壤成土母质大部分为河流冲积物。成土母质有沙土、黏土。沙层埋藏深度较浅，深度一般 0.5～1.5 米，大部分底土为细沙或江沙，因为在上部土体沉积以前，全县大部分松花江和黑龙江的漫流地段，在黑龙江、松花江两江水北迁后，才形成上部不同土体。

成土母质对土壤肥力的影响，除表层质地影响到土壤水、肥、气、热状态和耕性外，土体内沙层的深度能影响土体水分状况，与灌溉排水密切相关，并对成土过程有着直接影响。因境内母质是近代沉积物，发育的土壤是幼年土壤，所以黑土层普遍较薄，为 12～20 厘米，因开发较晚有机质含量较高。一般最高可达 349.8 克/千克，最低为 24.4 克/千克；pH 为 5.5～6.5，偏酸性。主要土壤草甸土和白浆土在漫岗坡地上的母质为第四纪沉积物，又称黄土状沉积物；岗地多发育形成黑土，岗下部多发育成草甸黑土。

现在河流淤积物分布在河流两岸，间歇性受江水泛滥，层层沉积，往往出现沙土和黏土相间、层次明显，但多数质地较轻。pH 在 6.0～6.5，多发育为不同类的泛滥地草甸土和泛滥地沼泽土。防洪排涝后部分可做耕地利用，多数用于牧、副、渔业用地。

三、土壤的形成过程

延寿县土壤的形成过程受地域性自然条件影响极为明显，因而产生了具有地域性特点的成土过程。主要是大面积的森林植被下的氧化过程；在黏重母质、地势较缓和森林草甸植被下的白浆化过程。这些过程相互转化，相互重叠，相互交叉，有主有次，有强有弱，从而形成了各具特点的土壤和过渡性土壤。

土壤是在气候、地形、母质、生物和时间等自然成土因素和人类生产活动的综合作用下，通过一定的成土过程形成，也就是土壤肥力发生和发展的过程。由于成土条件和成土过程的差异，在全县形成各种各样的土壤。同时在一个土壤上下各层也不一样，层次分化是在土壤形成过程中发育的。在全县所见到的层次及其代表符号如下：

A_0——枯枝落叶层　　AB——过渡层

A_1——腐殖质层　　B——淀积层

A_p——耕作层　　BC——过渡层

A_w——白浆土层　　C——母质层

A_t——泥炭层　　G——潜育层

A_s——草根层　　g——潜育化层

W——潴育层　　　　　　　　P——犁底层

上述各层次的形成，是在长期的成土过程中各种矛盾运动的结果，这些矛盾运动包括淋溶和淀积、氧化和还原、冲刷和堆积、有机质的合成和分解。

土壤中的水总是溶解各种物质，称为土壤溶液。当土壤中水分饱和时，受重力的影响要向下渗漏，这样就把土壤中的部分物质从上层带到了下层，这些物质主要是易溶性盐类、土壤黏粒等。对上边土层是发生的淋溶，对下边土层是发生了淀积。各种物质的溶解度和活性不同，因此，淋溶和淀积有先后之分，先淋溶的淀积得深，后淋溶的淀积得浅，使各种物质元素在土壤剖面上发生分异。如白浆土、黑土、暗棕壤等，土壤中的淋溶淀积过程很显著，形成明显的淀积层。

延寿县一些土壤经常处于干湿交替状态，因而土壤在水的影响下出现氧化还原交替。土壤有机质分解的中间产物也可以使土壤某些物质发生还原。一些变价元素如铁、锰等在氧化还原影响下，发生淋溶和淀积，在土壤中形成铁锰结核、斑点等新生体。根据这些新生体的形状、颜色、硬度、出现部位等可以判断土壤的水分状况，它的形成促使土壤呈现层次性。

冲刷和堆积的现象在延寿县也是存在的。如坡地上径流带着溶解的物质和土粒向下流动并在低处淀积或流入江河。冲刷和堆积使不同地形部位的土层厚度、养分多少等均有显著不同。从大的范围来看江河泛滥，上游冲刷来的泥沙在平原地区淤积，这一过程使土壤剖面发生地质层次，特别在泛滥地草甸土壤上是十分明显的。

土壤有机质的合成和分解对土壤形成起着主导地位，是土壤形成的实质和土壤肥力形成的主要途径。在冷暖相间的气候条件下，有机质的合成占主导地位，形成了深厚的腐殖质层。它使土壤上层发生深刻变化，形成 A 层的各个亚层，并对底层发生一定影响。总之，土壤多样性可从成土因素中找根据，土壤层次的不同，可从上述 4 对矛盾运动中找原因。

由于自然条件的复杂，加上长期的人为因素影响，因此，在延寿县成土过程较多，形成的土壤类型也较复杂，而每种土壤类型都有自己的形成特点，延寿县各种土壤的形成过程分别叙述如下：

1. 暗棕壤的形成过程　在岩石风化成土过程中，土体中原生矿物逐渐向次生矿物转化，土壤颗粒由粗变细，形成黏粒。由于延寿县具有明显的大陆性季风气候，夏季温暖多雨，70%以上的降水在这个季节，因此，土壤产生淋溶过程。使游离钙、镁元素和一部分铁、铝被淋溶到心土层，由于地形和母质条件的限制，水分不能在土壤中长期保留。释放出的铁、锰受到氧化而沉淀并将土体染成棕色。此外，地表植被是次生阔叶林，林下草本植物繁茂，灰分含量较高，是以钙、镁为主，丰富的盐基中和了微生物活动所产生的有机酸进入土壤后，不足以引起灰化作用，使土体发生黏化现象。每年都有大量的落叶返回地表，致使暗棕壤具有特殊的枯枝落叶层及含腐殖质丰富的表土层。在腐殖质层含量较高的黑土层下由于淋溶作用，剖面中部黏粒和铁有轻度积累。形成明显的棕色土层的过程又称为暗棕壤化过程，形成暗棕壤土类。

2. 白浆土的形成过程　白浆土的形成过程，包括腐殖质累积过程和白浆化过程。换言之，白浆土是在腐殖质累积的基础上，由强烈的滞水还原淋溶作用而形成。

在延寿县开阔的平原和低平原或低山边缘的岗坡地顶部较平缓地带上，在疏林草甸或沼泽小叶樟植被下，成土母质是第四纪江河黏土淀积物。

由于母质黏重，加上该区季节性冻层影响，透水性差，早春地表解冻水和夏秋季节大量集中降水，常使上部土层短期处于饱和状态，形成滞水，一部分铁锰等黑色元素还原为低价，随水侧渗或整体淋失土体以外，部分被淋失掉，部分淀积在心土棱柱结构裂隙上，形成黑色胶膜或结核的锈斑淀积层。由于干湿交替铁锰结核等元素重新分配，有色矿物铁锰随着黏粒不断渗漏，使土壤腐殖质层下的亚表层逐渐脱色。出现白色的土层——白浆层，发育成延寿县的平地草甸白浆土。另外，在全县低平地白浆土上生长着沼柳、小叶樟等喜湿性植物，有季节性短期积水，土壤下土层和空气隔绝处于还原状态，使氧化铁还原为氧化亚铁，形成蓝灰或青灰色潜育层次，部分氧化亚铁沿毛吸管上升形成锈斑，是白浆土向沼泽土过渡类型。这就是延寿县潜育白浆土形成特点。

3. 黑土的形成过程　在延寿县缓坡漫岗地和高平地上，母质多为黏质的黄土状物质和冲积沙。在夏季温暖多雨，冬季严寒干燥的条件下，草原草本植物得到顺利的发展，特别是高温多湿季节，“五花草塘”生长特别繁茂。到了晚秋，天寒地冻死亡，大部分残体留在地表或地下，由于土温低，微生物活动弱，来不及分解，积累在土壤中，翌年春季气温逐渐升高，土壤解冻，微生物开始活动。解冻水受下层冻层阻滞，形成上层滞水，土壤过湿，通气不良，只有在嫌气条件下，进行有机质分解。到春末夏初时节，气温逐渐升高，蒸发量大，土壤变干，微生物活动加强，下部仍处嫌气条件，使植物残体有利于转化成腐殖质在土壤中积累。大量的氮和灰分元素受冻层和黏重的母质的影响，绝大部分积聚在土层，使土壤的潜在肥力很高，形成暗灰或灰黑色的深厚腐殖质层。由于腐殖质淋溶浸透土壤，胶结土粒呈舌状分布，土体中可溶盐和碳酸盐也受到淋溶，使延寿县黑土没有石灰反应，呈酸性反应。草本植物经常积累灰分元素到表土中来，碳酸钙淋溶缓慢，腐殖质的胶结为钙所凝聚，在“五花草”强大根系的掠夺和分割下，土壤干湿、冻融的交替作用，使土壤形成良好的团粒结构，腐殖质的增加和团粒结构的形成，构成了延寿县黑土形成过程的基本特点。另外，在土壤水分较为丰富的情况下，铁锰等可还原成离子随水移动，在土层中逐渐形成铁锰结核或锈斑等淀积物，表层黏粒也有向下淋溶、淀积现象，从而构成明显的黑土特征。

在漫岗的岗坡下或高平原，地形变化少，为平缓坡地，地势较低，地下水位稍高，土壤水分较多，草甸化过程较发达，颜色较深，腐殖质含量高，团粒结构明显，土壤中有较多铁锰锈斑，湿度大，耕性差，潜在肥力较高，有效性差，是黑土与草甸土过渡类型，该类土壤称为草甸黑土。

在一些稍高的漫岗地黑土上，由于地形和母质条件的限制，水分不能在土壤中长期停留，二价、三价氧化物在剖面中积累，在黑土层下面形成棕色。土壤形成过程中腐殖质化过程较强，有轻度黏化过程，称为棕壤型黑土。

4. 草甸土形成过程　草甸土的成土母质多为冲积物，是在地下水浸润和生长草甸植被的情况下发育而成的水成土壤。

发育在江河沿岸，低平地上，地势较低，地下水位较高，一般在1～3米，土体经常受水浸润，地下水直接参与土壤形成过程。雨季地下水位上升，旱季又下降，在干湿交替作用下，使土壤呈现明显的潴育过程和有机质积累过程。在有机质参与下，湿润时，三价氧化物还原成二价氧化物；干旱时，二价氧化物又氧化成三价氧化物，这样则发生铁锰化合物，移动或局部淀积，因此，在土壤剖面中出现锈色胶膜和铁锰结核等，构成草甸土形成的基本特点。繁茂喜湿的草甸植被根系发达密集，而且分布较深，穿透能力强。植被死亡且在嫌气条件下分解，使土壤中腐殖质得以积累。由于腐殖质组成多为胡敏酸，与钙结合形成团粒结构，使土壤表面养分含量较高。此外，由于草甸植被只受地下水间歇性影响，无长久的淹水期，故草甸土没有泥炭化腐殖质层。

在低洼地区，地下水位有时接近地表或出现暂时积水，但绝大部分时间，地表仍以氧化过程占优势，形成了草甸向沼泽土深化的过渡类型，称为潜育草甸土。在松、黑两江的沿岸低漫滩处，经常受河水泛滥冲积层层沉积，形成沙黏相间、母质的淤积和腐殖质累积过程，黑土层薄，形成幼年泛滥土；质地变化大，有时可见被新近沉积物埋藏黄黑土层。由无草到生草，草甸不断发育，当脱离河水泛滥以后，就向区域性土壤发展，这是泛滥草甸土的基本特点。由于该区季节性的冻层，在草甸土上层滞水，而发生的潜育、漂洗过程，在亚表层发育形成不完善的白浆土层。称为白浆化草甸土，是草甸土向白浆土过渡类型。

5. 沼泽土与泥炭土的形成过程　土壤沼泽化过程包括上部土层的泥炭化（或腐殖质化）过程和下部土层的潜育化过程，孔隙壁间有大量锈斑在淀积层下面，出现了微绿或浅蓝色的潜育层。因此，在野外根据锈斑出现的部位可判断土壤沼泽化的程度。

6. 水稻土形成过程　在延寿县沿江河两岸，广阔的低平地上，耕种着大片的水田。由于人类生产过程的干预，经过长期水耕熟化过程，变成只由地下水作用为地表灌溉水和地下水双重作用，使铁锰即由下而上升，潜位水升高，锈斑和潜育斑增多，演变成新的土壤类型，称为水稻土。

成土过程和原来的土壤基本一致，表层有淹育层。

第二节　土壤分类及分布规律

一、土壤分类

延寿县的土壤分类是根据土壤发生学分类的理论及原则为基础的。由于该县自然土壤分布面积较大，现有耕地的垦殖时间较短，有的只有一二十年，年限较长的有七八十年，除表层在长期耕种、施肥影响下形成犁底层外，下层土壤大多还保留着自然土壤的性状。同时由于延寿县冬季气候寒冷，封冻时间长达半年之久，因而使土壤水分、养分及微生物的活动处于微弱状态，耕地土壤与邻近的自然土壤多有类似之处，所以，将自然土壤与耕作土壤采取了统一的分类（图2-1）。

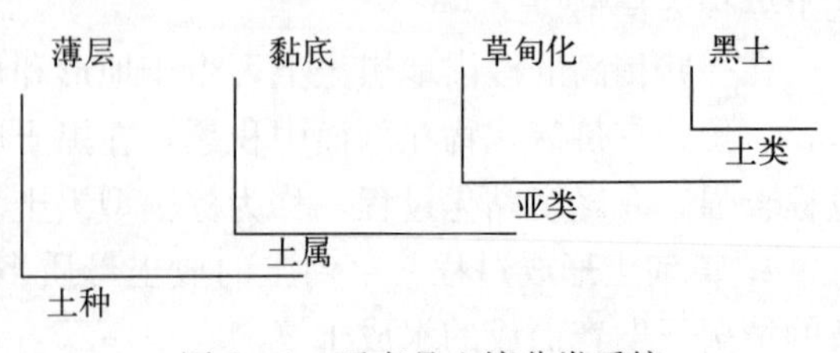

图2-1　延寿县土壤分类系统

1. 土类　是土壤分类系统中的高级单元，主要是根据成土过程特点划分。每一个土类都具有独特的成土过程，并在土壤理化及生物值具有相似特征的土壤系列。不同土类之间有质的差异。同一土类在利用与改良及发展方向上是一致的。依据上述原则，延寿县共分为8个土类。

2. 亚类　是土类的补充单元。在同一土类的各亚类之间，都具有相同的土壤发生阶段与主导的成土过程，但存在着其他伴生的附加成土作用。所以，亚类是主要成土过程与附加成土过程共同作用的产物。同一亚类的成土方向、剖面形态特征及性质基本是一致的，改良利用途径也基本相同。各亚类之间同样存在着质的差异。延寿县共分出18个亚类。

3. 土属　是亚类与土种间的分类单元，也是亚类的补充类单元，具有承上启下的特点。主要依据地形、成土母质划分，各土属间主要是具有地形、成土母质的差异，同一土属的改良利用方向更应一致。延寿县共划分出25个土属。

4. 土种　是低级的分类单元，是发育在相同的地形、母质上面，具有相同的发育程度、土体构型和土壤肥力。土种间只有量的差异。同一土种的肥力水平、改良利用途径是一致的。划分的依据主要是根据腐殖层的厚度，延寿县共分出64个土种。见表2-1。

二、土壤分布规律

延寿县属于半山区，地形较为复杂。由于地形的差异，水、热状况及植被的差异，因而在不同的地形部位，不同的植被下分布着不同的土壤类型。在县境的南、北山区，大多为暗棕壤；岗地白浆土主要分布在山前丘陵起伏的漫岗上；在比较平缓的坡地上分布的土壤则为白浆化黑土；在蚂蜒河流域平原及开阔的山间谷地上，大面积地分布着草甸土、草甸白浆土及潜育白浆土；沼泽土、泥炭土多分布在河流两岸低平的洼地及山间沟谷的低地上；在蚂蜒河及一级支流的河滩地上，也分布着一定面积的泛滥土；在延寿县的水稻产区，随着水稻种植年限的延长，也有相当面积的土壤向水稻土方向发展。

三、土壤类型

延寿县地形复杂，土类较多，有暗棕壤、白浆土、黑土、草甸土、沼泽土、泥炭土、泛滥土、水稻土8个土类，下分为18个亚类25个土属64个土种。本次耕地地力评价，按照黑龙江省土壤检索表统一进行的归并，归并后为8个土类，15个亚类，24个土属，53个土种，现将各亚类土壤的形态特征及理化性质加以叙述。

(一) 土壤分类情况

按照耕地地力评价的要求，对延寿县现有土种按照黑龙江省土类检索表进行了整理，统一了土壤的分类。土类、亚类、土属、土种整理归并情况如下：

1. 土类　原土类有暗棕壤、白浆土、草甸土、黑土、水稻土、泛滥土、沼泽土、泥炭土共8个。本次耕地地力评价其中的泛滥土归并到省土类中，为新积土（表2-2），归并后的土类为8个。

表 2-1 延寿县土壤分类检索表

土类	亚类	土属	土种		成土条件	成土过程	剖面特征	土体构型
			名称	划分依据				
暗棕壤 Ⅰ	暗棕壤 $Ⅰ_{1}$	砾质暗棕壤 $Ⅰ_{1-1}$	厚层砾质暗棕壤 $Ⅰ_{1-101}$	A_1>20 厘米	分布于该地区最高部位，针阔叶混交林植被，温带湿润季风气候区，母质为花岗岩玄武风化产物	腐殖质积累及弱酸性淋溶过程	A_1 层 10～20 厘米，暗灰色；B层 30～40 厘米，红棕色，核块状结构，有二氧化硅粉末及铁锰胶膜，也可出现碎石；C 层为半风化石块	A_{00} A_0 A_1 AB B C
			中层砾质暗棕壤 $Ⅰ_{1-102}$	$A_1$10～20 厘米				
			薄层砾质暗棕壤 $Ⅰ_{1-103}$	A_1<10 厘米				
	原始型暗棕壤 $Ⅰ_{2}$	砾质原始型暗棕壤 $Ⅰ_{2-1}$	厚层砾质原始型暗棕壤 $Ⅰ_{2-101}$	A_1>20 厘米	分布在山地陡坡及山顶，针阔叶混交林植被	腐殖质积累及弱酸性淋溶过程	A_1 层暗棕色，无 B 层，而有明显的 AC 层；母质为岩石的风化物	A_{00} A_0 A_1 C
			中层砾质原始型暗棕壤 $Ⅰ_{2-102}$	$A_1$10～20 厘米				
			薄层砾质原始型暗棕壤 $Ⅰ_{2-103}$	A_1<10 厘米				
	白浆化暗棕壤 $Ⅰ_{3}$	砾质白浆化暗棕壤 $Ⅰ_{3-1}$	厚层砾质白浆化暗棕壤 $Ⅰ_{3-101}$	A_1>20 厘米	分布在低山漫岗顶部，次生林或草甸植被，母质为岩石的风化物	附加白浆化过程	A_1 层下有一白浆化土层，其它特征同暗棕壤	A_0 AW B C
			中层砾质白浆化暗棕壤 $Ⅰ_{3-102}$	$A_1$10～20 厘米				
			薄层砾质白浆化暗棕壤 $Ⅰ_{3-103}$	A_1<10 厘米				
白浆土 Ⅱ	白浆土 $Ⅱ_{1}$	岗地白浆土 $Ⅱ_{1-1}$	厚层岗地白浆土 $Ⅱ_{1-101}$	A_1>20 厘米	分布在岗地，不受地下水影响，植被为棒柴柞树等阔叶林，母质为第四纪河、湖黏土沉积物	白浆化过程	A_1 层 10～20 厘米，暗灰色；AW 层 20 厘米左右，灰白色无结构；B 层核状结构，有棕色胶膜	A_1 AW B C
			中层岗地白浆土 $Ⅱ_{1-102}$	$A_1$10～20 厘米				
			薄层岗地白浆土 $Ⅱ_{1-103}$	A_1<10 厘米				

（续）

土类	亚类	土属	土种 名称	土种 划分依据	成土条件	成土过程	剖面特征	土体构型
白浆土 Ⅱ	草甸白浆土 Ⅱ$_{2}$	平地草甸白浆土 Ⅱ$_{2-1}$	厚层平地草甸白浆土 Ⅱ$_{2-101}$	A_1＞20 厘米	分布在平地，灌木林杂草混生植被	附加草甸化过程	亚表层为白浆化层，有少量的锈斑；C层核状结构，有棕褐色胶膜和锈斑	A_1 AW B C
白浆土 Ⅱ	草甸白浆土 Ⅱ$_{2}$	平地草甸白浆土 Ⅱ$_{2-1}$	中层平地草甸白浆土 Ⅱ$_{2-102}$	$A_1$10～20 厘米	分布在平地，灌木林杂草混生植被	附加草甸化过程	亚表层为白浆化层，有少量的锈斑；C层核状结构，有棕褐色胶膜和锈斑	A_1 AW B C
白浆土 Ⅱ	潜育白浆土 Ⅱ$_{3}$	低地潜育白浆土 Ⅱ$_{3-1}$	厚层低地潜育白浆土 Ⅱ$_{3-101}$	A_1＞20 厘米	地势较低，自然状态下生长喜湿的草甸植被	附加潜育化过程	表层有半泥炭化的草根层，白浆层有大量的锈斑及潜育斑；B层为核块状结构	A_1 AW B C
白浆土 Ⅱ	潜育白浆土 Ⅱ$_{3}$	低地潜育白浆土 Ⅱ$_{3-1}$	中层低地潜育白浆土 Ⅱ$_{3-102}$	$A_1$10～20 厘米	地势较低，自然状态下生长喜湿的草甸植被	附加潜育化过程	表层有半泥炭化的草根层，白浆层有大量的锈斑及潜育斑；B层为核块状结构	A_1 AW B C
白浆土 Ⅱ	潜育白浆土 Ⅱ$_{3}$	低地潜育白浆土 Ⅱ$_{3-1}$	薄层低地潜育白浆土 Ⅱ$_{3-103}$	A_1＜10 厘米	地势较低，自然状态下生长喜湿的草甸植被	附加潜育化过程	表层有半泥炭化的草根层，白浆层有大量的锈斑及潜育斑；B层为核块状结构	A_1 AW B C
黑土 Ⅲ	黑土 Ⅲ$_{1}$	黏底黑土 Ⅲ$_{1-1}$	厚层黏底黑土 Ⅲ$_{1-101}$	A_1＞50 厘米	波状起伏的漫岗地，五花草甸植被；母质为黄土状黏土地	腐殖质积累及弱酸性淋溶过程，附加侵蚀与堆积过程	A_1 层暗灰色，团粒结构，层次过渡不明显，腐殖质呈舌状下伸；AB层棕灰色，有二氧化硅粉末和腐殖质胶膜；B层结构体较大，二氧化硅较多，有铁锰胶膜；C层棱块状结构	A_1 AB B C
黑土 Ⅲ	黑土 Ⅲ$_{1}$	黏底黑土 Ⅲ$_{1-1}$	中层黏底黑土 Ⅲ$_{1-102}$	$A_1$30～50 厘米	波状起伏的漫岗地，五花草甸植被；母质为黄土状黏土地	腐殖质积累及弱酸性淋溶过程，附加侵蚀与堆积过程	A_1 层暗灰色，团粒结构，层次过渡不明显，腐殖质呈舌状下伸；AB层棕灰色，有二氧化硅粉末和腐殖质胶膜；B层结构体较大，二氧化硅较多，有铁锰胶膜；C层棱块状结构	A_1 AB B C
黑土 Ⅲ	黑土 Ⅲ$_{1}$	黏底黑土 Ⅲ$_{1-1}$	薄层黏底黑土 Ⅲ$_{1-103}$	$A_1$10～30 厘米	波状起伏的漫岗地，五花草甸植被；母质为黄土状黏土地	腐殖质积累及弱酸性淋溶过程，附加侵蚀与堆积过程	A_1 层暗灰色，团粒结构，层次过渡不明显，腐殖质呈舌状下伸；AB层棕灰色，有二氧化硅粉末和腐殖质胶膜；B层结构体较大，二氧化硅较多，有铁锰胶膜；C层棱块状结构	A_1 AB B C
黑土 Ⅲ	黑土 Ⅲ$_{1}$	沙底黑土 Ⅲ$_{1-2}$	中层沙底黑土 Ⅲ$_{1-202}$	$A_1$30～50 厘米	分布在河流两岸陡坡上	腐殖质积累及弱酸性淋溶过程，附加侵蚀与堆积过程	母质为较细的沙子；A_1 层暗灰色，团粒结构，层次过渡不明显，腐殖质呈舌状下伸；AB层棕灰色，有二氧化硅粉末和腐殖质胶膜；B层结构体较大，二氧化硅较多，有铁锰胶膜；C层棱块状结构	A_1 AB B C
黑土 Ⅲ	黑土 Ⅲ$_{1}$	沙底黑土 Ⅲ$_{1-2}$	薄层沙底黑土 Ⅲ$_{1-203}$	$A_1$10～30 厘米	分布在河流两岸陡坡上	腐殖质积累及弱酸性淋溶过程，附加侵蚀与堆积过程	母质为较细的沙子；A_1 层暗灰色，团粒结构，层次过渡不明显，腐殖质呈舌状下伸；AB层棕灰色，有二氧化硅粉末和腐殖质胶膜；B层结构体较大，二氧化硅较多，有铁锰胶膜；C层棱块状结构	A_1 AB B C

(续)

土类	亚类	土属	土种		成土条件	成土过程	剖面特征	土体构型
			名称	划分依据				
黑土Ⅲ	黑土Ⅲ$_1$	砾石底黑土Ⅲ$_{1-3}$	厚层砾石底黑土Ⅲ$_{1-301}$	A_1>50 厘米	分布在河流两岸陡坡上	腐殖质积累及弱酸性淋溶过程，附加侵蚀与堆积过程	母质层为结构体较大的碎石或沙砾；A_1 层暗灰色，团粒结构，层次过渡不明显，腐殖质呈舌状下伸；AB 层棕灰色，有二氧化硅粉末和腐殖质胶膜；B 层结构体较大，二氧化硅较多，有铁锰胶膜；C 层棱块状结构	A_1 AB B C
			中层砾石底黑土Ⅲ$_{1-302}$	$A_1$30～50 厘米				
			薄层砾石底黑土Ⅲ$_{1-303}$	$A_1$10～30 厘米				
	白浆化黑土Ⅲ$_2$	黏底白浆化黑土Ⅲ$_{2-1}$	厚层黏底白浆化黑土Ⅲ$_{2-101}$	A_1>50 厘米	分布在黑土与白浆土的过渡地带	腐殖质积累和淋溶淀积过程，附加白浆化过程	A_1 层下为斑块状或不明显的白浆化土层，再下为淀积层；AB层棕灰色，有二氧化硅粉末和腐殖质胶膜；B 层结构体较大，二氧化硅较多，有铁锰胶膜；C 层棱块状结构	A_1 AW B C
			中层黏底白浆化黑土Ⅲ$_{2-102}$	$A_1$30～50 厘米				
			薄层黏底白浆化黑土Ⅲ$_{2-103}$	$A_1$10～30 厘米				
		沙底白浆化黑土Ⅲ$_{2-2}$	中层沙底白浆化黑土Ⅲ$_{2-202}$	$A_1$30～50 厘米	分布在黑土与白浆土的过渡地带	腐殖质积累和淋溶淀积过程，附加白浆化过程	母质层为沙子；A_1 层下为斑块状或不明显的白浆化土层，再下为淀积层；AB 层棕灰色，有二氧化硅粉末和腐殖质胶膜；B 层结构体较大，二氧化硅较多，有铁锰胶膜；C 层棱块状结构	A_1 AW B C
			薄层沙底白浆化黑土Ⅲ$_{2-203}$	$A_1$10～30 厘米				

（续）

土类	亚类	土属	土种 名称	土种 划分依据	成土条件	成土过程	剖面特征	土体构型
草甸土Ⅲ	草甸土Ⅲ$_1$	黏底草甸土Ⅲ$_{1-1}$	厚层黏底草甸土Ⅲ$_{1-101}$	A_1>40 厘米	地势较低，受地下水影响，分布于岗坡下部、平地、山间谷地，生长喜湿类杂草，母质为河相沉积物	草甸化过程	A_1 层较厚，暗灰色，有锈斑，向下过渡不明显；下层有大量的锈斑和潜育条纹	A_1 AB BC
			中层黏底草甸土Ⅲ$_{1-102}$	$A_1$25～40 厘米				
			薄层黏底草甸土Ⅲ$_{1-103}$	A_1<25 厘米				
		沙底草甸土Ⅲ$_{1-2}$	厚层沙底草甸土Ⅲ$_{1-201}$	A_1>40 厘米	地势较低，受地下水影响，分布于岗坡下部、平地、山间谷地，生长喜湿类杂草，母质为河相沉积物	草甸化过程	母质为较细的沙子；A_1 层较厚，暗灰色，有锈斑，向下过渡不明显；下层有大量的锈斑和潜育条纹	A_1 AB BC
			中层沙底草甸土Ⅲ$_{1-202}$	$A_1$25～40 厘米				
			薄层沙底草甸土Ⅲ$_{1-203}$	A_1<25 厘米				
		砾石底草甸土Ⅲ$_{1-3}$	厚层砾石底草甸土Ⅲ$_{1-301}$	A_1>40 厘米	地势较低，受地下水影响，分布于岗坡下部、平地、山间谷地，生长喜湿类杂草，母质为河相沉积物	草甸化过程	母质为结构体较大的碎石或沙砾；A_1 层较厚，暗灰色，有锈斑，向下过渡不明显；下层有大量的锈斑和潜育条纹	A_1 AB BC
			中层砾石底草甸土Ⅲ$_{1-302}$	$A_1$25～40 厘米				
			薄层砾石底草甸土Ⅲ$_{1-303}$	A_1<25 厘米				
	潜育草甸土Ⅲ$_2$	黏底潜育草甸土Ⅲ$_{2-1}$	厚层黏壤质潜育草甸土Ⅲ$_{2-101}$	A_1>40 厘米	地势低洼，草甸土与沼泽土过渡地带，长期受地下水影响，生长沼柳、小叶樟等植被	草甸化过程附加潜育化过程	表层泥炭化，A_1 层较厚，土体中有大量的锈斑，接近地下水的地方有蓝灰色潜育层	A_t A_1 ABG CG
			中层黏壤质潜育草甸土Ⅲ$_{2-102}$	$A_1$25～40 厘米				
			薄层黏壤质潜育草甸土Ⅲ$_{2-103}$	A_1<25 厘米				
		沙底潜育草甸土Ⅲ$_{2-2}$	厚层沙底潜育草甸土Ⅲ$_{2-201}$	A_1>40 厘米	地势低洼，草甸土与沼泽土过渡地带，长期受地下水影响，生长沼柳、小叶樟等植被	草甸化过程附加潜育化过程	母质层为沙子，表层泥炭化，A_1 层较厚，土体中有大量的锈斑，接近地下水的地方有蓝灰色潜育层	A_t A_1 ABG CG
			中层沙底潜育草甸土Ⅲ$_{2-202}$	$A_1$25～40 厘米				
			薄层沙底潜育草甸土Ⅲ$_{2-203}$	A_1<25 厘米				

（续）

土类	亚类	土属	土种		成土条件	成土过程	剖面特征	土体构型
			名称	划分依据				
沼泽土 V	草甸沼泽土 V_1	碟形洼地草甸沼泽土 V_{1-1}	厚层碟形洼地草甸沼泽土 V_{1-101}	$A_1>30$ 厘米	地势低洼，地表长期过湿，有季节性积水，草甸植被，冲积母质	泥炭化过程和沼泽化过程	无泥炭层，有腐殖质层和潜育层及淀积层，母质多为蓝灰色，无结构	A_1 BG CG
			薄层碟形洼地草甸沼泽土 V_{1-102}	$A_1$10～30 厘米				
	泥炭腐殖质沼泽土 V_2	沟谷泥炭腐殖质沼泽土 V_{2-1}	沟谷泥炭腐殖质沼泽土 V_{2-101}	—	分布在死水和活水交替的地方，小叶樟、薹草、芦苇植被	泥炭化过程和沼泽化过程	表层有较薄的泥炭层，亚表层为腐殖质层，其下为潜育层	A_t A_1 BG CG
	泥炭沼泽土 V_3	低地泥炭沼泽土 V_{3-1}	中层低地泥炭沼泽土 V_{3-102}	$A_1$25～50 厘米	分布在河岸、沟谷、浅水塘边缘，植被以薹草、芦苇为主	泥炭化过程和沼泽化过程	泥炭层厚度在 50 厘米以内，无 A 层，其下是潜育层	A_t BG G
			薄层低地泥炭沼泽土 V_{3-103}	$A_1<25$ 厘米				
泥炭土 Ⅵ	草类泥炭土 $Ⅵ_1$	淤积草类泥炭土 $Ⅵ_{1-1}$	中层淤积草类泥炭土 $Ⅵ_{1-102}$	$A_1$100～200 厘米	地势低洼，易汇集地下水和地表水，生长喜湿性沼泽植被	泥炭化过程	主要有两个发生层次，即泥炭层和潜育层	A_{t1} A_{t2} G
			薄层淤积草类泥炭土 $Ⅵ_{1-103}$	$A_1$50～100 厘米				

（续）

土类	亚类	土属	土种		成土条件	成土过程	剖面特征	土体构型
			名称	划分依据				
水稻土Ⅶ	黑土型水稻土Ⅶ$_{1}$	黏底黑土型水稻土Ⅶ$_{1-1}$	中层黏底黑土型水稻土Ⅶ$_{1-102}$	$A_1$25～40 厘米	长期淹水，种水稻	淹育过程	形态与黑土相同，只是耕层颜色变浅并增加大量的锈斑和潜育斑	
			薄层黏底黑土型水稻土Ⅶ$_{1-103}$	$A_1<25$ 厘米				
	草甸土型水稻土Ⅶ$_{2}$	黏朽草甸土型水稻土Ⅶ$_{2-1}$	厚层黏朽草甸土型水稻土Ⅶ$_{2-101}$	$A_1>40$ 厘米	长期淹水，种水稻	淹育过程	剖面形态同草甸土，只是锈斑、潜育斑多于草甸土	
			中层黏朽草甸土型水稻土Ⅶ$_{2-102}$	$A_1$25～40 厘米				
			薄层黏朽草甸土型水稻土Ⅶ$_{2-103}$	$A_1<25$ 厘米				
	白浆土型水稻土Ⅶ$_{3}$	黏朽白浆土型水稻土Ⅶ$_{3-1}$	黑白浆黏朽型草甸土型水稻土Ⅶ$_{3-101}$	$A_1>20$ 厘米	长期淹水，种水稻	淹育过程	剖面特征与白浆土相同，只是A层和白浆层夹有大量的锈斑和潜育斑，B层灰棕色夹锈色呈杂色	
			灰白浆黏朽型草甸土型水稻土Ⅶ$_{3-102}$	$A_1$10～20 厘米				
泛滥土Ⅷ	草甸泛滥土Ⅷ$_{1}$	黏壤质草甸泛滥土Ⅷ$_{1-1}$	中层黏壤质泛滥土Ⅷ$_{1-102}$	$A_1$18～30 厘米	沿河两岸，受河水泛滥影响	泥沙冲积和草甸化过程	剖面有明显的沉积层次，不同层差异较大，层次性明显，可见锈斑	
			薄层黏壤质泛滥土Ⅷ$_{1-103}$	$A_1<18$ 厘米				
		沙质草甸泛滥土Ⅷ$_{1-2}$	厚层沙质泛滥土Ⅷ$_{1-201}$	$A_1>30$ 厘米	沿河两岸，受河水泛滥影响	泥沙冲积和草甸化过程	剖面底层为沙黏混合土层，剖面有明显的沉积层次，不同层差异较大，层次性明显，可见锈斑	
			中层沙质泛滥土Ⅷ$_{1-202}$	$A_1$18～30 厘米				
			薄层沙质泛滥土Ⅷ$_{1-203}$	$A_1<18$ 厘米				

表 2-2　新旧土类对照

新土类	原土类
暗棕壤	暗棕壤
白浆土	白浆土
草甸土	草甸土
黑土	黑土
水稻土	水稻土
新积土	泛滥土
沼泽土	沼泽土
泥炭土	泥炭土

2. 亚类　延寿县原亚类有暗棕壤、原始型暗棕壤、白浆化暗棕壤、白浆土、草甸白浆土、潜育白浆土、草甸土、潜育草甸土、黑土、白浆化黑土、黑土型水稻土、草甸土型水稻土、白浆土型水稻土、草甸泛滥土、草甸沼泽土、泥炭腐殖质沼泽土、泥炭沼泽土、草类泥炭土共 18 个亚类。本次耕地地力评价其中暗棕壤、原始型暗棕壤统一归并到暗棕壤亚类，黑土型水稻土、草甸土型水稻土、白浆土型水稻土归并到淹育水稻土亚类，草甸泛滥土归并到冲积土，草类泥炭土归并到低位泥炭土，归并后的亚类为 15 个（表 2-3）。

表 2-3　新旧亚类对照

新亚类	原亚类
暗棕壤	暗棕壤
	原始型暗棕壤
白浆化暗棕壤	白浆化暗棕壤
白浆土	白浆土
草甸白浆土	草甸白浆土
潜育白浆土	潜育白浆土
草甸土	草甸土
潜育草甸土	潜育草甸土
黑土	黑土
白浆化黑土	白浆化黑土
淹育水稻土	黑土型水稻土
	草甸土型水稻土
	白浆土型水稻土
冲积土	草甸泛滥土
草甸沼泽土	草甸沼泽土
泥炭腐殖质沼泽土	泥炭腐殖质沼泽土
泥炭沼泽土	泥炭沼泽土
低位泥炭土	草类泥炭土

3. 土属　延寿县原土属有砾质暗棕壤、砾质原始型暗棕壤、砾质白浆化暗棕壤、岗地白浆土、平地草甸白浆土、低地潜育白浆土、黏底草甸土、沙底草甸土、砾石底草甸土、黏底潜育草甸土、沙底潜育草甸土、黏底黑土、沙底黑土、砾石底黑土、黏底白浆化黑土、沙底白浆化黑土、黏底黑土型水稻土、黏朽草甸土型水稻土、黏朽白浆土型水稻土、壤质底草甸泛滥土、沙底草甸泛滥土、碟形洼地草甸沼泽土、沟谷泥炭腐殖质沼泽土、低地泥炭沼泽土、淤积草类泥炭土共25个土属。本次耕地地力评价归并后为24个土属（表2-4）。

表2-4　新旧土属对照

新土属	原土属
砾沙质暗棕壤	砾质暗棕壤
	砾质原始型暗棕壤
沙砾质白浆化暗棕壤	砾质白浆化暗棕壤
黄土质白浆土	岗地白浆土
黏质草甸白浆土	平地草甸白浆土
黏质潜育白浆土	低地潜育白浆土
黏壤质草甸土	黏底草甸土
沙壤质草甸土	沙底草甸土
砾底草甸土	砾石底草甸土
黏壤质潜育草甸土	黏底潜育草甸土
沙砾底潜育草甸土	沙底潜育草甸土
黄土质黑土	黏底黑土
沙底黑土	沙底黑土
砾底黑土	砾石底黑土
黄土质白浆化黑土	黏底白浆化黑土
砾底白浆化黑土	沙底白浆化黑土
黑土型淹育水稻土	黏底黑土型水稻土
草甸土型淹育水稻土	黏朽草甸土型水稻土
白浆土型淹育水稻土	黏朽白浆土型水稻土
黏壤质冲积土	壤质底草甸泛滥土
沙质冲积土	沙底草甸泛滥土
黏质草甸沼泽土	碟形洼地草甸沼泽土
泥炭腐殖质沼泽土	沟谷泥炭腐殖质沼泽土
泥炭沼泽土	低地泥炭沼泽土
芦苇薹草低位泥炭土	淤积草类泥炭土

4. 土种　延寿县原土种有厚层砾质暗棕壤、中层砾质暗棕壤、薄层砾质暗棕壤、厚层砾质原始型暗棕壤、中层砾质原始型暗棕壤、薄层沙质原始型暗棕壤、厚层砾质白浆化

暗棕壤、中层砾质白浆化暗棕壤、薄层砾质白浆化暗棕壤、厚层岗地白浆土、中层岗地白浆土、薄层岗地白浆土、厚层平地草甸白浆土、中层平地草甸白浆土、厚层低地潜育白浆土、中层低地潜育白浆土、薄层低地潜育白浆土、厚层黏底草甸土、中层黏底草甸土、薄层黏底草甸土、厚层沙底草甸土、中层沙底草甸土、薄层沙底草甸土、厚层砾石底草甸土、中层砾石底草甸土、薄层砾石底草甸土、厚层黏底潜育草甸土、中层黏底潜育草甸土、薄层黏底潜育草甸土、厚层沙底潜育草甸土、中层沙底潜育草甸土、薄层沙底潜育草甸土、厚层黏底黑土、中层黏底黑土、薄层黏底黑土、中层沙底黑土、薄层沙底黑土、厚层砾石底黑土、中层砾石底黑土、薄层砾石底黑土、厚层黏底白浆化黑土、中层黏底白浆化黑土、薄层黏底白浆化黑土、中层沙底白浆化黑土、薄层沙底白浆化黑土、中层黏底黑土型水稻土、薄层黏底黑土型水稻土、厚层黏朽草甸土型水稻土、中层黏朽草甸土型水稻土、薄层黏朽草甸土型水稻土、黑白浆黏朽型草甸土型水稻土、灰白浆黏朽型草甸土型水稻土、中层黏壤质泛滥土、薄层黏壤质泛滥土、厚层沙质泛滥土、中层沙质泛滥土、薄层沙质泛滥土、厚层碟形洼地草甸沼泽土、薄层碟形洼地草甸沼泽土、沟谷泥炭腐殖质沼泽土、中层低地泥炭沼泽土、薄层低地泥炭沼泽土、中层淤积草类泥炭土和薄层淤积草类泥炭土共 64 个土种，本次耕地地力评价统一到省土种为 53 个（表 2－5）。

表 2－5　新旧土种对照

省土种名称	省土壤代码	原土种	县土壤代码
砾沙质暗棕壤	3010501	厚层砾质暗棕壤	I_{1-101}
		中层砾质暗棕壤	I_{1-102}
		薄层砾质暗棕壤	I_{1-103}
亚暗矿质暗棕壤	3010201	厚层砾质原始型暗棕壤	I_{2-101}
		中层砾质原始型暗棕壤	I_{2-102}
		薄层砾质原始型暗棕壤	I_{2-103}
沙砾质白浆化暗棕壤	3030301	厚层砾质白浆化暗棕壤	I_{3-101}
		中层砾质白浆化暗棕壤	I_{3-102}
		薄层砾质白浆化暗棕壤	I_{3-103}
厚层黄土质白浆土	4010201	厚层岗地白浆土	II_{1-101}
中层黄土质白浆土	4010202	中层岗地白浆土	II_{1-102}
薄层黄土质白浆土	4010203	薄层岗地白浆土	II_{1-103}
厚层黏质草甸白浆土	4020201	厚层平地草甸白浆土	II_{2-101}
中层黏质草甸白浆土	4020202	中层平地草甸白浆土	II_{2-102}
厚层黏质潜育白浆土	4030101	厚层低地潜育白浆土	II_{3-101}
中层黏质潜育白浆土	4030102	中层低地潜育白浆土	II_{3-102}
薄层黏质潜育白浆土	4030103	薄层低地潜育白浆土	II_{3-103}
厚层黏壤质草甸土	8010401	厚层黏底草甸土	IV_{1-101}
中层黏壤质草甸土	8010402	中层黏底草甸土	IV_{1-102}

（续）

省土种名称	省土壤代码	原土种	县土壤代码
薄层黏壤质草甸土	8010403	薄层黏底草甸土	Ⅳ1-103
厚层沙壤质草甸土	8010301	厚层沙底草甸土	Ⅳ1-301
中层沙壤质草甸土	8010302	中层沙底草甸土	Ⅳ1-302
薄层沙壤质草甸土	8010303	薄层沙底草甸土	Ⅳ1-303
厚层砾底草甸土	8010101	厚层砾石底草甸土	Ⅳ1-201
中层砾底草甸土	8010102	中层砾石底草甸土	Ⅳ1-202
薄层砾底草甸土	8010103	薄层砾石底草甸土	Ⅳ1-203
厚层黏壤质潜育草甸土	8040201	厚层黏底潜育草甸土	Ⅳ2-101
中层黏壤质潜育草甸土	8040202	中层黏底潜育草甸土	Ⅳ2-102
薄层黏壤质潜育草甸土	8040203	薄层黏底潜育草甸土	Ⅳ2-103
厚层沙砾底潜育草甸土	8040101	厚层沙底潜育草甸土	Ⅳ2-201
中层沙砾底潜育草甸土	8040102	中层沙底潜育草甸土	Ⅳ2-202
薄层沙砾底潜育草甸土	8040103	薄层沙底潜育草甸土	Ⅳ2-203
厚层黄土质黑土	5010301	厚层黏底黑土	Ⅲ1-101
中层黄土质黑土	5010302	中层黏底黑土	Ⅲ1-102
薄层黄土质黑土	5010303	薄层黏底黑土	Ⅲ1-103
中层沙底黑土	5010202	中层沙底黑土	Ⅲ1-202
薄层沙底黑土	5010203	薄层沙底黑土	Ⅲ1-203
厚层砾底黑土	5010101	厚层砾石底黑土	Ⅲ1-301
中层砾底黑土	5010102	中层砾石底黑土	Ⅲ1-302
薄层砾底黑土	5010103	薄层砾石底黑土	Ⅲ1-303
厚层黄土质白浆化黑土	5020301	厚层黏底白浆化黑土	Ⅲ2-101
中层黄土质白浆化黑土	5020302	中层黏底白浆化黑土	Ⅲ2-102
薄层黄土质白浆化黑土	5020303	薄层黏底白浆化黑土	Ⅲ2-103
中层砾底白浆化黑土	5030102	中层沙底白浆化黑土	Ⅲ2-202
薄层砾底白浆化黑土	5030103	薄层沙底白浆化黑土	Ⅲ2-203
中层黑土型淹育水稻土	17010602	中层黏底黑土型水稻土	Ⅶ1-102
薄层黑土型淹育水稻土	17010603	薄层黏底黑土型水稻土	Ⅶ1-103
薄层草甸土型淹育水稻土	17010201	厚层黏朽草甸土型水稻土	Ⅶ2-101
中层草甸土型淹育水稻土	17010202	中层黏朽草甸土型水稻土	Ⅶ2-102
厚层草甸土型淹育水稻土	17010203	薄层黏朽草甸土型水稻土	Ⅶ2-103
白浆土型淹育水稻土	17010101	黑白浆黏朽型草甸土型水稻土 灰白浆黏朽型草甸土型水稻土	Ⅶ3-101 Ⅶ3-102

（续）

省土种名称	省土壤代码	原土种	县土壤代码
中层冲积土型淹育水稻土	17010702	中层黏壤质泛滥土	Ⅷ1-102
		薄层黏壤质泛滥土	Ⅷ1-103
		厚层沙质泛滥土	Ⅷ1-201
		中层沙质泛滥土	Ⅷ1-202
		薄层沙质泛滥土	Ⅷ1-203
厚层黏质草甸沼泽土	9030201	厚层碟形洼地草甸沼泽土	Ⅴ1-101
薄层黏质草甸沼泽土	9030203	薄层碟形洼地草甸沼泽土	Ⅴ1-103
薄层泥炭腐殖质沼泽土	9020203	沟谷泥炭腐殖质沼泽土	Ⅴ2-1
中层泥炭沼泽土	9020102	中层低地泥炭沼泽土	Ⅴ3-102
薄层泥炭沼泽土	9020103	薄层低地泥炭沼泽土	Ⅴ3-103
中层芦苇薹草低位泥炭土	10030102	中层淤积草类泥炭土	Ⅵ1-102
薄层芦苇薹草低位泥炭土	10030103	薄层淤积草类泥炭土	Ⅵ1-103

（二）土壤面积情况

本次耕地地力评价归并后各土类、亚类、土属、土种面积统计见表 2-6～表 2-9。

表 2-6　延寿县各土类面积统计

土类	总面积（公顷）	耕地面积（公顷）	占本土类面积（%）	占总耕地面积（%）
暗棕壤	109 416.93	4 933.14	4.51	4.91
白浆土	113 047.00	43 645.12	38.61	43.43
草甸土	45 788.19	28 460.30	62.16	28.32
黑土	8 618.85	5 328.19	61.82	5.30
水稻土	4 481.64	3 578.40	79.85	3.56
新积土	17 029.83	9 820.67	57.67	9.77
沼泽土	6 782.18	3 032.32	44.71	3.02
泥炭土	2 755.01	1 696.38	61.57	1.69
合计	307 919.63	100 494.52	32.64	100.00

表 2-7　延寿县各亚类面积统计

亚类	总面积（公顷）	耕地面积（公顷）	占本亚类面积（%）	占总耕地面积（%）
暗棕壤	88 324.90	3 411.56	3.86	3.39
白浆化暗棕壤	21 092.03	1 521.58	7.21	1.51
白浆土	103 820.07	38 573.56	37.15	38.38
草甸白浆土	8 489.89	4 626.46	54.49	4.61
潜育白浆土	737.04	445.10	60.39	0.44

（续）

亚类	总面积（公顷）	耕地面积（公顷）	占本亚类面积（%）	占总耕地面积（%）
草甸土	29 224.13	18 366.20	62.85	18.28
潜育草甸土	16 564.06	10 094.10	60.94	10.05
黑土	7 596.54	4 721.42	62.15	4.70
白浆化黑土	1 022.30	606.77	59.35	0.60
淹育水稻土	4 481.64	3 578.40	79.85	3.56
冲积土	17 029.83	9 820.67	57.67	9.77
草甸沼泽土	554.46	571.15	103.01	0.57
泥炭腐殖质沼泽土	3 691.40	1 009.02	27.33	1.00
泥炭沼泽土	2 536.33	1 452.15	57.25	1.45
低位泥炭土	2 755.01	1 696.38	61.57	1.69
合计	307 919.63	100 494.52	32.64	100.00

表 2-8　延寿县各土属面积统计

土属	总面积（公顷）	耕地面积（公顷）	占本土属面积（%）	占总耕地面积（%）
砾沙质暗棕壤	88 324.90	3 411.56	3.86	3.39
沙砾质白浆化暗棕壤	21 092.03	1 521.58	7.21	1.51
黄土质白浆土	103 820.07	38 573.56	37.15	38.38
黏质草甸白浆土	8 489.89	4 626.46	54.49	4.60
黏质潜育白浆土	737.04	445.10	60.39	0.44
黏壤质草甸土	17 534.48	12 270.62	69.98	12.21
沙壤质草甸土	8 767.24	1 678.37	19.14	1.67
砾底草甸土	2 922.41	4 417.21	151.15	4.40
黏壤质潜育草甸土	13 251.24	5 465.29	41.24	5.44
沙砾底潜育草甸土	3 312.81	4 628.81	139.72	4.61
黄土质黑土	3 798.27	1 203.80	31.69	1.20
沙底黑土	2 278.96	3 396.94	149.06	3.38
砾石底黑土	1 519.31	120.68	7.94	0.12
黄土质白浆化黑土	817.84	475.90	58.19	0.47
砾底白浆化黑土	204.46	130.87	64.01	0.13
黑土型淹育水稻土	2 376.70	1 677.06	70.56	1.67
草甸土型淹育水稻土	1 596.15	1 724.97	108.07	1.72
白浆土型淹育水稻土	508.79	176.37	34.66	0.18
黏壤质冲积土	13 623.87	395.19	2.90	0.39

（续）

土属	总面积（公顷）	耕地面积（公顷）	占本土属面积（%）	占总耕地面积（%）
沙质冲积土	3 405.97	9 425.48	276.73	9.38
黏质草甸沼泽土	554.46	571.15	103.01	0.57
泥炭腐殖质沼泽土	3 691.40	1 009.02	27.33	1.00
泥炭沼泽土	2 536.33	1 452.15	57.25	1.45
芦苇薹草低位泥炭土	2 755.01	1 696.38	61.57	1.69
合计	307 919.63	100 494.52	32.64	100.00

表 2-9　延寿县各土种面积统计

土种	总面积（公顷）	耕地面积（公顷）	占本土种面积（%）	占总耕地面积（%）
砾沙质暗棕壤	56 302.88	1 705.78	3.03	1.70
亚暗矿质暗棕壤	32 022.02	1 705.78	5.33	1.70
沙砾质白浆化暗棕壤	21 092.03	1 521.58	7.21	1.51
厚层黄土质白浆土	20 764.01	3 605.00	17.36	3.59
中层黄土质白浆土	31 146.02	32 541.04	104.48	32.38
薄层黄土质白浆土	51 910.04	2 427.52	4.68	2.42
厚层黏质草甸白浆土	5 093.93	1 795.88	35.26	1.79
中层黏质草甸白浆土	3 395.95	2 830.58	83.35	2.82
厚层黏质潜育白浆土	221.11	144.78	65.48	0.14
中层黏质潜育白浆土	221.11	155.53	70.34	0.15
薄层黏质潜育白浆土	294.81	144.79	49.11	0.14
厚层黏壤质草甸土	5 260.34	1 520.43	28.90	1.51
中层黏壤质草甸土	7 013.79	6 048.26	86.23	6.02
薄层黏壤质草甸土	5 260.34	4 701.93	89.38	4.68
厚层沙壤质草甸土	2 630.17	322.59	12.26	0.32
中层沙壤质草甸土	2 630.17	1 217.36	46.28	1.21
薄层沙壤质草甸土	3 506.9	138.42	3.95	0.14
厚层砾底草甸土	876.72	761.34	86.84	0.76
中层砾底草甸土	1 168.97	1 458.79	124.79	1.45
薄层砾底草甸土	876.73	2 197.08	250.60	2.19
厚层黏壤质潜育草甸土	4 637.94	1 054.06	22.73	1.05
中层黏壤质潜育草甸土	4 637.94	3 361.71	72.48	3.34
薄层黏壤质潜育草甸土	3 975.38	1 049.52	26.40	1.04

（续）

土种	总面积（公顷）	耕地面积（公顷）	占本土种面积（%）	占总耕地面积（%）
厚层沙砾底潜育草甸土	1 325.12	304.78	23.00	0.30
中层沙砾底潜育草甸土	662.56	1 646.76	248.55	1.64
薄层沙砾底潜育草甸土	1 325.12	2 677.27	202.04	2.66
厚层黄土质黑土	1 519.31	543.74	35.79	0.54
中层黄土质黑土	1 519.31	116.31	7.66	0.12
薄层黄土质黑土	759.65	543.75	71.58	0.54
中层沙底黑土	1 595.28	250.69	15.71	0.25
薄层沙底黑土	683.69	3 146.25	460.19	3.13
厚层砾底黑土	911.59	52.13	5.72	0.05
中层砾底黑土	455.79	16.41	3.60	0.02
薄层砾底黑土	151.93	52.14	34.32	0.05
厚层黄土质白浆化黑土	327.14	9.86	3.01	0.01
中层黄土质白浆化黑土	327.14	276.31	84.46	0.27
薄层黄土质白浆化黑土	163.57	189.73	115.99	0.19
中层砾底白浆化黑土	163.57	65.43	40.00	0.07
薄层砾底白浆化黑土	40.89	65.44	160.04	0.07
中层黑土型淹育水稻土	950.68	699.22	73.55	0.70
薄层黑土型淹育水稻土	1 426.02	977.84	68.57	0.97
薄层草甸土型淹育水稻土	478.85	761.98	159.13	0.76
中层草甸土型淹育水稻土	478.85	761.99	159.13	0.76
厚层草甸土型淹育水稻土	638.46	201.00	31.48	0.20
白浆土型淹育水稻土	508.79	176.37	34.66	0.18
中层冲积土型淹育水稻土	17 029.83	9 820.67	57.67	9.77
厚层黏质草甸沼泽土	332.67	199.00	59.82	0.20
薄层黏质草甸沼泽土	221.78	372.15	167.80	0.37
薄层泥炭腐殖质沼泽土	3 691.40	1 009.02	27.33	1.00
中层泥炭沼泽土	2 029.06	841.72	41.48	0.84
薄层泥炭沼泽土	507.27	610.43	120.34	0.61
中层芦苇薹草低位泥炭土	1 790.76	766.77	42.82	0.76
薄层芦苇薹草低位泥炭土	964.25	929.61	96.41	0.92
合计	307 919.63	100 494.52	32.64	100.00

延寿县各乡（镇）耕地土类、亚类、土属、土种面积分布统计见表 2－10～表 2－13。

表 2-10　延寿县各乡（镇）耕地土类面积分布统计

单位：公顷

乡（镇）	草甸土	白浆土	暗棕壤	沼泽土	泥炭土	黑土	新积土	水稻土	合计
延寿镇	3 445.47	4 807.25	812.11	472.23	554.89	383.71	662.77	177.17	11 315.60
延河镇	2 121.38	7 542.56	450.96	407.78	342.45	740.06	1 109.15	690.78	13 405.12
安山乡	1 920.14	4 075.13	371.84	415.56	32.04	950.7	2 090.59	0	9 856.00
青川乡	2 789.12	6 697.22	446.75	311.88	303.75	11.45	111.02	0	10 671.19
加信镇	4 917.80	1 857.97	0	0	0	701.92	1 189.86	1 059.96	9 727.51
中和镇	2 655.45	1 005.70	110.04	0	11.69	745.3	1 007.90	412.97	5 949.05
六团镇	5 525.67	6 071.47	981.28	1 024.88	0	342.34	1 688.05	438.51	16 072.20
寿山乡	1 893.62	4 779.01	955.36	0	0	33.77	907.00	0	8 568.76
玉河乡	2 792.57	6 211.81	574.87	367.81	451.56	1 418.94	1 054.33	799.01	13 670.90
太平川种畜场	399.08	597.00	229.93	32.18	0	0	0	0	1 258.19
总计	28 460.30	43 645.12	4 933.14	3 032.32	1 696.38	5 328.19	9 820.67	3 578.40	100 494.52

表 2-11　延寿县各乡（镇）耕地亚类面积分布统计

单位：公顷

亚类	总计	延寿镇	延河镇	安山乡	青川乡	加信镇	中和镇	六团镇	寿山乡	玉河乡	太平川种畜场
草甸土	18 366.20	2 494.30	1 024.54	1 208.17	1 819.58	3 658.01	1 270.39	3 846.22	827.61	1 908.28	309.10
草甸白浆土	4 626.46	469.34	1 341.72	716.09	170.06	0	0	147.98	1 170.04	195.77	415.46
白浆土	38 573.56	4 337.91	6 200.84	3 310.44	6 527.16	1 857.97	715.11	5 923.49	3 608.97	5 910.13	181.54
暗棕壤	3 411.56	766.29	326.63	288.15	260.43	0	101.71	948.13	356.34	133.95	229.93
泥炭腐殖质沼泽土	1 009.02	431.05	135.86	0	108.54	0	0	301.39	0	0	32.18
白浆化暗棕壤	1 521.58	45.82	124.33	83.69	186.32	0	8.33	33.15	599.02	440.92	0
潜育草甸土	10 094.10	951.17	1 096.84	711.97	969.54	1 259.79	1 385.06	1 679.45	1 066.01	884.29	89.98
泥炭沼泽土	1 452.15	41.18	271.92	415.56	0	0	0	723.49	0	0	0
低位泥炭土	1 696.38	554.89	342.45	32.04	303.75	0	11.69	0	0	451.56	0
黑土	4 721.42	383.71	553.05	813.37	11.45	701.92	745.30	342.34	33.77	1 136.51	0
冲积土	9 820.67	662.77	1 109.15	2 090.59	111.02	1 189.86	1 007.90	1 688.05	907.00	1 054.33	0
淹育水稻土	3 578.40	177.17	690.78	0	0	1 059.96	412.97	438.51	0	799.01	0
草甸沼泽土	571.15	0	0	0	203.34	0	0	0	0	367.81	0
白浆化黑土	606.77	0	187.01	137.33	0	0	0	0	0	282.43	0
潜育白浆土	445.10	0	0	48.60	0	0	290.59	0	0	105.91	0
合计	100 494.52	11 315.60	13 405.12	9 856.00	10 671.19	9 727.51	5 949.05	16 072.20	8 568.76	13 670.90	1 258.19

表 2-12　延寿县各乡（镇）耕地土属面积分布统计

单位：公顷

土属	总计	延寿镇	延河镇	安山乡	青川乡	加信镇	中和镇	六团镇	寿山乡	玉河乡	太平川种畜场
砾底草甸土	4 417.21	451.52	202.95	208.79	932.79	785.42	766.46	325.33	213.57	477.90	52.48
黏质草甸白浆土	4 626.46	469.34	1 341.72	716.09	170.06	0	0	147.98	1 170.04	195.77	415.46
岗地白浆土	38 573.56	4 337.91	6 200.84	3 310.44	6 527.16	1 857.97	715.11	5 923.49	3 608.97	5 910.13	181.54
砾沙质暗棕壤	3 411.56	766.29	326.63	288.15	260.43	0	101.71	948.13	356.34	133.95	229.93
泥炭腐殖质沼泽土	1 009.02	431.05	135.86	0	108.54	0	0	301.39	0	0	32.18
沙砾质白浆化暗棕壤	1 521.58	45.82	124.33	83.69	186.32	0	8.33	33.15	599.02	440.92	0
沙砾底潜育草甸土	4 628.81	159.10	302.64	327.80	525.98	615.00	1 365.81	983.06	82.90	246.98	19.54
黏底潜育草甸土	5 465.29	792.07	794.20	384.17	443.56	644.79	19.25	696.39	983.11	637.31	70.44
黏壤质草甸土	12 270.62	2 042.78	607.53	999.38	296.03	2 872.59	503.93	3 245.07	207.26	1 239.43	256.62
泥炭沼泽土	1 452.15	41.18	271.92	415.56	0	0	0	723.49	0	0	0
芦苇薹草低位泥炭土	1 696.38	554.89	342.45	32.04	303.75	0	11.69	0	0	451.56	0
沙底黑土	3 396.94	383.71	162.03	300.19	0	651.65	641.03	342.34	33.77	882.22	0
沙质冲积土	9 425.48	662.77	736.70	2 090.59	111.02	1 189.86	1 007.90	1 688.05	907.00	1 031.59	0
黏壤质冲积土	395.19	0	372.45	0	0	0	0	0	0	22.74	0
沙壤质草甸土	1 678.37	0	214.06	0	590.76	0	0	275.82	406.78	190.95	0
黑土型淹育水稻土	1 677.06	177.17	199.96	0	0	425.87	412.97	0	0	461.09	0
黏质草甸沼泽土	571.15	0	0	0	203.34	0	0	0	0	367.81	0
草甸土型淹育水稻土	1 724.97	0	490.82	0	0	634.09	0	438.51	0	161.55	0
黄土质黑土	1 203.80	0	391.02	513.18	11.45	50.27	0	0	0	237.88	0
白浆土型淹育水稻土	176.37	0	0	0	0	0	0	0	0	176.37	0
沙底白浆化黑土	130.87	0	0	51.64	0	0	0	0	0	79.23	0
黄土质白浆化黑土	475.90	0	187.01	85.69	0	0	0	0	0	203.20	0
砾石底黑土	120.68	0	0	0	0	0	104.27	0	0	16.41	0
黏质潜育白浆土	445.10	0	0	48.60	0	0	290.59	0	0	105.91	0
合计	100 494.52	11 315.60	13 405.12	9 856.00	10 671.19	9 727.51	5 949.05	16 072.20	8 568.76	13 670.90	1 258.19

表 2-13 延寿县各乡（镇）耕地土种面积分布统计

单位：公顷

土种	总计	延寿镇	延河镇	安山乡	青川乡	加信镇	中和镇	六团镇	寿山乡	玉河乡	太平川种畜场
中层草甸土型淹育水稻土	761.99	0	225.7	0	0	317.04	0	219.25	0	0	0
白浆土型淹育水稻土	176.37	0	0	0	0	0	0	0	0	176.37	0
厚层沙壤质草甸土	322.59	0	0	0	235.9	0	0	0	0	86.69	0
薄层泥炭腐殖质沼泽土	1 009.02	431.05	135.86	0	108.54	0	0	301.39	0	0	32.18
中层泥炭沼泽土	841.72	0	118.23	0	0	0	0	723.49	0	0	0
中层沙底黑土	250.69	59.61	72.34	94.84	0	0	0	0	0	23.9	0
厚层沙砾底潜育草甸土	304.78	18.34	0	0	54.12	0	0	232.32	0	0	0
中层黄土质黑土	116.31	0	116.31	0	0	0	0	0	0	0	0
薄层黏质潜育白浆土	144.79	0	0	24.30	0	0	67.53	0	0	52.96	0
厚层砾底黑土	52.13	0	0	0	0	0	52.13	0	0	0	0
厚层黏质潜育白浆土	144.78	0	0	24.3	0	0	67.53	0	0	52.95	0
厚层黏壤质草甸土	1 520.43	341.42	415.33	0	60.06	0	0	484.38	0	219.24	0
中层砾底草甸土	1 458.79	56.73	179.31	192.57	183.26	4.51	274.15	325.33	192.88	22.52	27.53
薄层砾底草甸土	2 197.08	290.34	11.69	16.22	183.83	780.91	492.31	0	20.69	401.09	0
厚层黏壤质潜育草甸土	1 054.06	19.72	194.65	0	59.17	0	0	102.93	642.27	35.32	0
中层沙壤质草甸土	1 217.36	0	214.06	0	354.86	0	0	275.82	325.76	46.86	0
薄层砾底黑土	52.14	0	0	0	0	0	52.14	0	0	0	0
中层黏质草甸白浆土	2 830.58	466.82	1 186.6	129.75	83.97	0	0	147.98	670.39	145.07	0
中层黄土质白浆化黑土	276.31	0	187.01	0	0	0	0	0	0	89.3	0
中层砾底白浆化黑土	65.43	0	0	25.82	0	0	0	0	0	39.61	0
薄层黄土质黑土	543.75	0	137.37	256.59	5.72	25.13	0	0	0	118.94	0
砾沙质暗棕壤	1 705.78	383.18	163.31	144.07	130.21	0	50.85	474.06	178.17	66.97	114.96
薄层黏壤质草甸土	4 701.93	165.28	81.03	795.53	50.16	1 661.04	270.57	834.97	137.91	506.79	198.65

（续）

土种	总计	延寿镇	延河镇	安山乡	青川乡	加信镇	中和镇	六团镇	寿山乡	玉河乡	太平川种畜场
薄层草甸土型淹育水稻土	761.98	0	225.67	0	0	317.05	0	219.26	0	0	0
中层黑土型淹育水稻土	699.22	177.17	199.96	0	0	0	185.84	0	0	136.25	0
薄层芦苇薹草低位泥炭土	929.61	150.24	235.99	32.04	179.42	0	11.69	0	0	320.23	0
厚层黄土质白浆土	3 605.00	206.23	2 196.71	59.32	793.24	0	33.29	173.85	82.19	60.17	0
薄层沙砾底潜育草甸土	2 677.27	25.26	268.85	327.80	325.70	380.00	512.52	528.17	82.9	226.07	0
沙砾质白浆化暗棕壤	1 521.58	45.82	124.33	83.69	186.32	0	8.33	33.15	599.02	440.92	0
中层砾底黑土	16.41	0	0	0	0	0	0	0	0	16.41	0
中层黏壤质潜育草甸土	3 361.71	646.00	470.70	155.42	384.39	599.87	0	337.98	340.84	426.51	0
厚层砾底草甸土	761.34	104.45	11.95	0	565.70	0	0	0	0	54.29	24.95
中层黄土质白浆土	32 541.04	4 031.94	2 682.2	3 251.12	4 753.20	1 857.97	659.82	5 749.64	3 526.78	5 846.83	181.54
厚层黏质草甸白浆土	1 795.88	2.52	155.12	586.34	86.09	0	0	0	499.65	50.7	415.46
薄层沙底白浆化黑土	65.44	0	0	25.82	0	0	0	0	0	39.62	0
薄层黄土质白浆化黑土	189.73	0	0	75.83	0	0	0	0	0	113.9	0
薄层沙壤质草甸土	138.42	0	0	0	0	0	0	0	81.02	57.4	0
厚层草甸土型淹育水稻土	201.00	0	39.45	0	0	0	0	0	0	161.55	0
亚暗矿质暗棕壤	1 705.78	383.11	163.32	144.08	130.22	0	50.86	474.07	178.17	66.98	114.97
薄层黏质草甸沼泽土	372.15	0	0	0	179.95	0	0	0	0	192.2	0
薄层黑土型淹育水稻土	977.84	0	0	0	0	425.87	227.13	0	0	324.84	0
薄层黄土质白浆土	2 427.52	99.74	1 321.93	0	980.72	0	22	0	0	3.13	0
厚层黄土质黑土	543.74	0	137.34	256.59	5.73	25.14	0	0	0	118.94	0
中层黏质潜育白浆土	155.53	0	0	0	0	0	155.53	0	0	0	0

（续）

土种	总计	延寿镇	延河镇	安山乡	青川乡	加信镇	中和镇	六团镇	寿山乡	玉河乡	太平川种畜场
厚层黏质草甸沼泽土	199.00	0	0	0	23.39	0	0	0	0	175.61	0
薄层黏壤质潜育草甸土	1 049.52	126.35	128.85	228.75	0	44.92	19.25	255.48	0	175.48	70.44
中层芦苇薹草低位泥炭土	766.77	404.65	106.46	0	124.33	0	0	0	0	131.33	0
薄层沙底黑土	3 146.25	324.10	89.69	205.35	0	651.65	641.03	342.34	33.77	858.32	0
薄层泥炭沼泽土	610.43	41.18	153.69	415.56	0	0	0	0	0	0	0
中层沙砾底潜育草甸土	1 646.76	115.50	33.79	0	146.16	235	853.29	222.57	0	20.91	19.54
中层黏壤质草甸土	6 048.26	1 536.08	111.17	203.85	185.81	1 211.55	233.36	1 925.72	69.35	513.4	57.97
厚层黄土质白浆化黑土	9.86	0	0	9.86	0	0	0	0	0	0	0
中层冲积土型淹育水稻土	9 820.67	662.77	1 109.15	2 090.59	111.02	1 189.86	1 007.90	1 688.05	907.00	1 054.33	0
合计	100 494.52	11 315.60	13 405.12	9 856.00	10 671.19	9 727.51	5 949.05	16 072.2	8 568.76	13 670.90	1 258.19

第三节　土壤分类

一、暗 棕 壤

1. 类型　暗棕壤属于地带性土壤，主要分布在南、北及东部山区，面积较大，为109 416.93公顷，占总土壤面积的35.53%。其中，耕地面积4 933.14公顷，占县属总耕地面积的4.91%。

根据地形、植被及附加成土过程不同，将该土类划分为3个亚类，即暗棕壤、白浆化暗棕壤、原始型暗棕壤。

（1）暗棕壤：暗棕壤亚类只有1个土属，即砾质暗棕壤；3个土种，厚层砾质暗棕壤、中层砾质暗棕壤、薄层砾质暗棕壤。暗棕壤主要分布在部位较高的山地，植被多为针阔叶混交林，剖面层次明显，在枯枝落叶层下有10厘米左右的黑土层。淀积层有明显的黏化与铁锰淀积，呈红棕色，质地较粗，母质层多为岩石。现以庆-54号剖面为例说明，该剖面位于庆阳农场东七华里北山，海拔为234米。

0～11厘米：黑色，团粒结构，植物根系多，疏松多孔，层次过渡明显。

11～60厘米：棕褐色，粒状结构，植物根系较多，可见二氧化硅粉末，层次过渡较明显。

60～90厘米：棕黄色，粒状结构，植物根系极少，二氧化硅粉末较多，有结构体较小的石粒。

（2）白浆化暗棕壤：白浆化暗棕壤有1个土属，即砾质白浆化暗棕壤，3个土种，厚层砾质白浆化暗棕壤、中层砾质白浆化暗棕壤、薄层砾质白浆化暗棕壤。该亚类土壤多分布在坡度较缓、排水较差的地带，植被为阔叶林及杂草。由于森林有机质的积累和分解所引起的酸性淋溶过程，使下层较黏，上层有周期性的滞水。其形态特征是腐殖层下出现明显的白浆化土层，呈乳白色，质地较黏重，淀积层呈黄棕色，母质层为碎石。现以中-2号剖面为例说明。该剖面位于中和镇天台屯南，海拔为190米。

0～30厘米：黑土层，黑色，团粒结构，壤土，植物根系多，层次过渡明显。

30～50厘米：白浆层，灰白色，无明显结构，较紧实，向下过渡明显。

50～70厘米：淀积层，棕色，颗粒状石粒，向下过渡不明显。

70厘米以下：母质层，棕色，均为结构体较大的岩石风化物。

（3）原始型暗棕壤：原始型暗棕壤只有1个土属，即砾质原始型暗棕壤；3个土种，厚层砾质原始型暗棕壤、中层砾质原始型暗棕壤、薄层砾质原始型暗棕壤。原始型暗棕壤主要分布在坡度较陡的山地或山脊，植被为针阔叶混交林。腐殖质层较薄，没有淀积层，母质为坚硬的岩石。现以玉-109号剖面为例说明，该剖面位于玉河乡亲城村西山顶，海拔为387米。

地表均被枯枝落叶所覆盖。

0～15厘米：黑色，团粒结构，壤质，植物根系多分布于此层，向下过渡明显。

15厘米以下：棕黄色，均为结构体较大的岩石。

2. 理化性状　该类土壤的有机质含量较高，一般100克/千克以上，大量集中于表层，向下明显降低；表层全氮6.22克/千克，全磷1.91克/千克，全钾18.1克/千克，pH在6左右，呈微酸性；田间持水量为108%，容重为0.49克/立方厘米，总孔隙度为81%。其质地较粗，多为壤土，植被一旦被破坏，易遭侵蚀。

白浆化暗棕壤的有机质含量较暗棕壤次之，其含量为40～50克/千克，白浆层骤降到小于10克/千克；全氮为2.92克/千克，全磷为18.6克/千克，全钾为21.4克/千克，而白浆化层次的全氮含量仅为0.44克/千克，全磷为0.63克/千克，全钾为22.3克/千克，表层pH为5.6，田间持水量为78%，容重为0.64克/立方厘米，总孔隙一般在76%左右。由于白浆化土层的滞水作用，质地多为轻黏土。详见表2-14～表2-16。

表2-14　暗棕壤化学性状

土壤名称	剖面号	采样深度（厘米）	有机质（克/千克）	全氮（克/千克）	全磷（克/千克）	全钾（克/千克）	pH
暗棕壤	庆-54	0～13	126.5	6.22	1.91	18.1	6.60
		13～60	25.5	1.25	0.88	19.3	6.10
		60～90	8.6	0	0	0	5.60
白浆化暗棕壤	中-2	0～30	47.6	2.92	1.86	21.4	5.60
		30～50	7.1	0.44	0.63	22.3	5.20
		50～70	3.3	0	0	0	5.30
		70以下	3.6	0	0	0	5.35

表 2-15　暗棕壤物理性状

土壤名称	采样深度（厘米）	容重（克/立方厘米）	田间持水量（%）	总孔隙度（%）	毛管孔隙（%）	非毛管孔隙（%）
暗棕壤	0～10	0.49	108	81	54	27
	10～20	0.53	57	80	45	35
白浆化暗棕壤	0～10	0.64	78	76	41	35
	10～20	1.07	60	60	37	23
	20～30	2.32	50	50	42	8

表 2-16　暗棕壤机械组成

土壤名称	采样深度（厘米）	土壤各粒级含量（%）								质地
		0.25～1.00毫米	0.05～0.25毫米	0.01～0.05毫米	0.005～0.01毫米	0.001～0.005毫米	<0.001毫米	物理黏粒	物理沙粒	
暗棕壤	0～13	22.8	1.7	39.3	12.4	16.5	6.8	35.7	63.8	中壤土
	13～60	32.0	44.0	27.9	8.5	15.7	10.8	35.0	64.3	中壤土
	60～90	64.1	5.8	11.0	5.2	9.3	4.6	19.1	80.9	中壤土
白浆化暗棕壤	0～30	7.0	1.3	40.3	17.3	13.9	20.1	51.3	48.6	轻黏土
	30～50	15.9	3.3	21.9	9.1	11.2	36.9	57.2	41.1	轻黏土
	50～70	18.7	5.7	24.9	10.9	12.2	27.1	50.2	49.3	轻黏土
	70 以下	0.8	0.5	34.1	18.1	24.6	19.2	61.9	35.4	轻黏土

二、白 浆 土

1. 类型　延寿县白浆土地多分布在低山前缘的丘陵及漫岗地带，呈岛状断续分布，面积较大，为113 047公顷，占总土壤面积的36.71%。其中耕地43 645.12公顷，占县属耕地总面积的43.43%。

根据地形条件及附加成土过程，该土类划分为3个亚类，即白浆土、草甸白浆土和潜育白浆土。

（1）白浆土：白浆土亚类分为岗地白浆土1个土属，薄层岗地白浆土、中层岗地白浆土、厚层岗地白浆土3个土种。该亚类面积为103 820.07公顷，其中耕地面积为38 573.56公顷，占县属耕地总面积的38.38%

该亚类土壤的形态特征比较明显，主要有4个不同的发生层次，即腐殖质层、白浆层、淀积层和母质层。为进一步说明其特征，现以安-5号剖面为例加以详述。该剖面位于安山乡安山村南，海拔为179米。

0～15厘米：暗灰色，团粒结构，层次过渡明显，植物根系多。

15～40厘米：湿时为淡黄色，干后呈白色，为不明显的片状结构，植物根系较少，向下过渡较明显。

40～70 厘米：棕色，棱块状结构，土体紧实，有二氧化硅粉末、铁子及铁锰胶膜。

70～105 厘米：暗棕色，棱块状结构，紧实，结构体表面有暗棕色胶膜及二氧化硅粉末，向下过渡不明显。

105～150 厘米：颜色较上层浅，棱柱状结构，结构体表面可见胶膜及二氧化硅粉末，有少量铁子。

（2）草甸白浆土：草甸白浆土亚类分为平地草甸白浆土 1 个土属，中层平地草甸白浆土、厚层平地草甸白浆土 2 个土种，面积为 8 489.89 公顷。其中耕地面积 4 626.46 公顷，占县属耕地总面积的 4.61%。

该亚类土壤分布在低阶地或高阶地下部地势较平缓的地方。黑土层较厚，一般为 20～30 厘米，白浆层发育程度不如岗地白浆土，并有锈斑。淀积层呈暗棕色，是白浆土向草甸土过渡地带。现以玉- 4 号剖面为例详细说明。该剖面位于玉河乡长胜村，海拔为 150 米。

0～20 厘米：暗灰色，团粒结构，松散，植物根系较多，层次过渡明显。

20～50 厘米：灰白色，结构不明显，有锈斑，较紧实，植物根系较少。

50～120 厘米：暗棕色，棱块状结构。紧实，结构体表面有暗色胶膜、锈斑及二氧化硅粉末，无植物根系。

120～150 厘米：黄棕色，块状结构，紧实，有锈斑。

（3）潜育白浆土：潜育白浆土亚类分为低地潜育白浆土 1 个土属，薄层低地潜育白浆土、中层低地潜育白浆土、厚层低地潜育白浆土 3 个土种，面积为 737.04 公顷。其中耕地面积 445.1 公顷，占县域耕地总面积的 0.44%。

该亚类土壤主要分布在低平地带，地表有短期积水，黑土层较厚，表层有机质分解较差，白浆层不十分明显，湿时为浅灰色，潜育现象显著。全剖面都可见到锈斑及潜育斑，是白浆土与沼泽土之间的过渡类型。现以青- 143 号剖面为例说明，该剖面位于青川乡新胜村王海屯西南大沟，海拔在 220 米。

0～22 厘米：暗灰色，团粒结构，较疏松，植物根系较多，有锈斑，层次过渡明显。

22～45 厘米：灰白色，粒状结构，较紧实，有锈斑及二氧化硅粉末，层次过渡较明显。

45～80 厘米：棕黄色，核状结构，紧实，有锈斑、二氧化硅粉末及胶膜，层次过渡不明显。

80～140 厘米：棕褐色，棱块状结构，黏重紧实，有少量的胶膜及锰结核，层次过渡不明显。

140～150 厘米：核块状结构，极紧实，锈斑及胶膜多。

2. 理化性状 白浆土的有机质含量以未开垦的荒地为最高，一般在 80 克/千克左右。个别植被较好的地方可达 100 克/千克以上；耕地有机质含量较低，一般在 30～40 克/千克。但表土层以下则迅速降低到 10 克/千克左右。由于表土层大多在 10～20 厘米，因此，表层有机质含量虽高，但总储量并不大，一经开垦，有机质含量下降较快。从氮、磷的含量上表现出表层较丰富，白浆层贫瘠的趋势。从安- 5 号剖面化验结果看，表层全氮含量为 2.13 克/千克，而白浆层全氮含量则急骤下降到 0.34 克/千克；表层全磷含量为 1.33

克/千克，而白浆层的含量仅为 0.50 克/千克。白浆土的 pH 一般在 5～6，呈微酸性，田间持水量为 38%。表层容重为 1.07 克/立方厘米，总孔隙度为 59%。由于白浆土质地黏重，多为黏土，白浆层和淀积层既不透水，又不透气，所以其土壤水分、物理性状不良，属于低产土壤。其他类型白浆土理化性状详见表 2-17～表 2-19 的分析数据。

表 2-17　白浆土的化学性状

土壤名称	剖面号	采样深度（厘米）	有机质（克/千克）	全氮（克/千克）	全磷（克/千克）	全钾（克/千克）	pH
白浆土	安-5	0～15	43.9	2.13	1.33	24	5.90
		15～40	5.4	0.34	0.5	28.2	4.95
		40～70	6.3	0	0	0	5.50
		70～105	6	0	0	0	5.25
		105～150	5.7	0	0	0	5.60
草甸白浆土	玉-4	0～20	32.1	2.09	1.81	23.8	6.05
		20～70	4.8	0.44	0.78	24.2	5.80
		70～120	5	0	0	0	6.30
		120～150	0	0	0	0	6.20
潜育白浆土	庆-14	0～14	100	5.47	2.13	21.6	5.20
		14～50	5.5	0.38	0.54	25.5	4.95
		50～80	3.4	0	0	0	5.15
		80～115	5.2	0	0	0	5.80
		115～150	6.5	0	0	0	5.90

表 2-18　白浆土物理性状

土壤名称	采样深度（厘米）	容重（克/立方厘米）	田间持水量（%）	总孔隙度（%）	毛管孔隙（%）	非毛管孔隙（%）
白浆土	0～10	1.07	38	59	41	18
	10～20	1.37	30	48	48	10
	20～30	1.54	28	41	37	4
	30～40	1.57	39	40	38	2
草甸白浆土	0～10	1.04	55	60	34	26
	10～20	1.02	52	61	37	24
	20～30	1.31	41	50	44	6
	30～40	1.41	42	46	43	3
潜育白浆土	0～10	1.27	50	52	42	10
	10～20	1.39	36	48	46	2
	20～30	1.49	31	44	41	3
	30～40	1.36	33	49	37	12

表 2-19　白浆土的机械组成

土壤名称	采样深度（厘米）	土壤各粒级含量（%）								质地名称
		0.25～1.00 毫米	0.05～0.25 毫米	0.01～0.05 毫米	0.005～0.01 毫米	0.001～0.005 毫米	<0.001 毫米	物理黏粒	物理沙粒	
白浆土	0～15	1.3	0.4	40.2	16.9	17.5	21.7	56.1	41.9	轻黏土
	15～40	4.5	1.8	39.5	18.6	19.6	13.4	51.6	45.8	轻黏土
	40～70	1.5	0.2	29.4	13.6	19.1	33.8	66.5	31.1	中黏土
	70～105	1.3	0.4	32	13.6	15.2	36.7	65.5	33.7	中黏土
	105～150	1.1	0.6	34.3	13.5	17.4	32.3	63.2	36	轻黏土
草甸白浆土	0～20	0.9	0.8	42.8	16.7	14.2	21.8	52.7	45.5	轻黏土
	20～70	2.5	0.6	40.8	17.1	13.2	23.5	53.8	43.9	轻黏土
	70～120	0.8	0.4	31.9	17.7	12.8	36.4	66.9	33.1	中黏土
	120～150	1.6	0.4	41.3	11.6	12.9	31.4	55.9	43.3	轻黏土
潜育白浆土	0～14	6.3	3.5	51.8	16.9	14.1	6.8	37.8	61.6	中壤土
	14～50	4.1	2.3	50	15	15.3	12.2	42.5	56.4	重壤土
	50～80	3.3	0.8	52.4	13.9	9.3	18.3	41.5	56.5	重壤土
	80～115	2.5	1.5	45.8	12.9	8.6	26.3	47.8	49.8	重壤土
	115～150	13.7	4.8	45.3	10.3	14.3	10.4	35	63.8	中壤土
	150 以下	8.9	7.4	47.2	8.7	7.6	18.8	35.1	63.5	中壤土

三、黑　　土

延寿县黑土多分布在波状起伏的台地，也有相当一部分分布于河流两岸的陡坡上。该类土壤腐殖质含量较高，结构较好，营养元素比较丰富，是全县较好的耕地土壤，其面积为 8 618.85 公顷，占总土壤面积的 2.80%，其中耕地面积 5 328.19 公顷，占县属耕地总面积的 5.3%。

1. 类型　根据成土条件的不同，将黑土划分为 2 个亚类，即黑土和白浆化黑土。

（1）黑土亚类：黑土亚类分为黏底黑土、沙底黑土、砾石底黑土 3 个土属。黏底黑土土属分为薄层黏底黑土、中层黏底黑土、厚层黏底黑土 3 个土种；沙底黑土土属分为薄层沙底黑土、中层沙底黑土 2 个土种；砾石底黑土土属分为薄层砾石底黑土、中层砾石底黑土、厚层砾石底黑土 3 个土种。该亚类面积为 7 596.54 公顷，其中耕地 4 721.42 公顷，占县属耕地总面积的 4.7%。

黑土在形态特征上最突出的特点是有较厚的腐殖质层，并呈舌状向下层过渡，其黑土层薄厚不一，相差悬殊，厚的可达到 50 厘米以上，而薄的却只有 10 厘米左右。土层疏松多孔，结构较好。由于淋溶作用，一些金属矿物被淋洗掉，二氧化硅被氧化而分离向下移动，土壤土层的黏粒受重力作用向下移动聚积，所以下层的质地比上层黏重，有明显的黏粒淀积。在淀积层可见到铁锰结核、胶膜及白色的二氧化硅粉末。现以玉-3 号剖面为代表来具体描述其形态特征。该剖面位于玉河乡长胜村，海拔为 155 米。

0～22 厘米：暗灰色，团粒结构，疏松多孔，植物根系多，层次过渡不明显，腐殖质呈舌状下伸。

20～40 厘米：颜色较上层浅，粒状结构，较疏松，植物根系较多，结构体表面有白色的二氧化硅粉末，颜色向下层过渡明显。

40～55 厘米：黄棕色，粒状结构，较上层紧实，有少量的植物根系，干后可见到二氧化硅粉末。

55～120 厘米：暗棕色，棱块状结构，紧实，植物根系少，有腐殖质胶膜、铁锰结核及二氧化硅粉末，向下过渡不明显。

120～150 厘米：棕色，块状结构，黏重，紧实，有二氧化硅粉末及杂色条纹。

(2) 白浆化黑土：该亚类面积 1 022.3 公顷，其中耕地面积 606.77 公顷，占县属耕地总面积的 0.6%。

白浆化黑土包括黏底白浆化黑土和沙底白浆化黑土 2 个土属，黏底白浆化黑土又分为薄层黏底白浆化黑土、中层黏底白浆化黑土、厚层黏底白浆化黑土 3 个土种；沙底白浆化黑土又分为薄层沙底白浆化黑土、中层沙底白浆化黑土 2 个土种。白浆化黑土亚类多见于黑土与白浆土的过渡地带，主要分布在丘陵漫岗的下部。它与黑土的主要区别就是在黑土层下有白浆化特征的灰白色土层。现以平-53 号剖面为例，描述其形态特征，该剖面位于平安乡良种场村后地，海拔 166 米。

0～25 厘米：暗灰色，团粒结构，疏松湿润，植物根系多，腐殖质呈舌状向下过渡。

25～65 厘米：灰白色，粒状结构，较结实，层次过渡较明显。

65～85 厘米：黄棕色，块状结构，质地较黏，较结实，可见铁子。

80～100 厘米：暗棕色，棱块状结构，质地黏重，紧实，结构体表面有胶膜、铁锰结核及二氧化硅粉末。

100～150 厘米：棕色，块状结构，紧实，有二氧化硅粉末及铁锰结核。

2. 理化性状 黑土的有机含量一般在 30～50 克/千克，自然土壤以表层有机质含量为最高，表层以下有机质含量明显降低。由于垦殖较久，表层腐殖质受耕作及土壤侵蚀的影响损失较多，使表层与亚表层的有机质含量差异不大；表层全氮的含量多在 2 克/千克以上，全磷在 1.6 克/千克以上，全钾在 22.8 克/千克以上，pH 在 6～7，容重在 1.16 克/立方厘米，总孔隙为 56%，田间持水量为 43%。质地多为轻黏土，黑土类型的亚类土壤的化验分析数据见表 2-20～表 2-22。

表 2-20 黑土化学性状

土壤名称	剖面号	采样深度（厘米）	有机质（克/千克）	全氮（克/千克）	全磷（克/千克）	全钾（克/千克）	pH
黑土	玉-3	0～20	32.8	2.02	1.67	22.8	6.00
		20～40	22.8	1.55	1.23	23.1	5.35
		40～55	14.3	0	0	0	5.50
		55～120	8.2	0	0	0	5.60
		120～150	4.8	0	0	0	5.55

（续）

土壤名称	剖面号	采样深度（厘米）	有机质（克/千克）	全氮（克/千克）	全磷（克/千克）	全钾（克/千克）	pH
白浆化黑土	平-53	0～15	50.9	2.11	1.72	27.1	6.60
		25～30	22.3	0.55	1.12	28.9	6.80
		60～70	11	0	0	0	6.80
		90～100	9.1	0	0	0	6.80
		120～130	6.7	0	0	0	7.20
		150 以下	6.5	0	0	0	7.05

表 2-21 黑土物理性状

土壤名称	采样深度（厘米）	容重（克/立方厘米）	田间持水量（%）	总孔隙度（%）	毛管孔隙（%）	非毛管孔隙（%）
黑土	0～10	1.16	43	56	35	21
	10～20	1.50	34	43	38	5
	20～30	1.46	37	44	41	3
	30～40	1.59	35	40	39	1
白浆化黑土	0～10	0.93	58	65	40	25
	10～20	1.11	61	58	44	14
	20～30	1.37	31	48	46	2
	30～40	1.47	29	45	42	3

表 2-22 黑土的机械组成

土壤名称	采样深度（厘米）	土壤各粒级含量（%）								质地名称
		0.25～1.00 毫米	0.05～0.25 毫米	0.01～0.05 毫米	0.005～0.01 毫米	0.001～0.005 毫米	<0.001 毫米	物理黏粒	物理沙粒	
黑土	0～20	3.7	0.8	44.2	15.9	16.8	17.6	50.3	48.7	轻黏土
	20～40	2.1	0.6	43.8	13.5	14.4	23.6	51.5	46.5	轻黏土
	40～55	0.6	0.2	42	11.5	10.9	33.8	56.2	42.8	轻黏土
	55～120	0.8	0.4	43.4	11.8	10.9	31.5	54.2	44.6	轻黏土
	120～150	1.1	0.6	48.5	12.6	8.5	27	48.1	50.2	重壤土
	150 以下	2.1	2.1	50.4	10.8	9.9	23.4	44.1	54.6	重壤土

（续）

土壤名称	采样深度（厘米）	土壤各粒级含量（%）								质地名称
		0.25～1.00毫米	0.05～0.25毫米	0.01～0.05毫米	0.005～0.01毫米	0.001～0.005毫米	<0.001毫米	物理黏粒	物理沙粒	
白浆化黑土	0～15	4.2	1.1	35.2	16.6	20.3	21.9	58.8	40.5	轻黏土
	25～30	5.0	1.0	36	10.4	23.6	23.6	57.6	43.1	轻黏土
	60～70	2.5	0.8	32.6	10.3	19.6	33.8	63.7	35.9	轻黏土
	90～100	1.3	0.6	31.8	10.3	17.6	36.4	64.3	33.7	轻黏土
	120～130	1.2	0.4	29.7	12.1	14.9	41	68	31.3	中黏土
	150以下	1.5	0.4	30.1	13.8	14.2	40	68	32	中黏土

四、草甸土

草甸土主要分布在蚂蜒河流域的冲积平原及较开阔的山间谷地，它属于非地带性土壤，分布广，面积大，是延寿县主要的耕地土壤，面积为45 788.19公顷，占总土壤面积的14.87%，其中耕地面积28 460.3公顷，占县属耕地总面积的28.32%。

1. 类型 草甸土的形成过程，主要是草甸化过程，根据土地的发生特征、地形、水文条件及附加的成土过程，将该土类划分为草甸土、潜育草甸土2个亚类。

（1）草甸土：该亚类面积是29 224.13公顷，其中耕地面积18 366.2公顷，占县属耕地总面积的18.28%。该亚类土壤划分为黏底草甸土、沙底草甸土、砾石底草甸土3个土属，黏底草甸土土属分为薄层黏底草甸土、中层黏底草甸土、厚层黏底草甸土3个土种；沙底草甸土土属分为薄层沙底草甸土、中层沙底草甸土、厚层沙底草甸土3个土种；砾石底草甸土土属分为薄层砾石底草甸土、中层砾石底草甸土、厚层砾石底草甸土3个土种。草甸土的形态特征主要有两个基本层次，有较深厚的黑土层，厚度一般在20～60厘米，个别的厚度可达100厘米以上，团粒结构，质地较黏，有锈斑和铁子，腐殖质层呈水平向下过渡；第二个层次为锈纹斑纹层，颜色较浅，有明显的锈纹锈斑和铁锰结核。现以镇-8号剖面为例加以描述。该剖面位于延寿镇富强三队门前，海拔为150米。

0～35厘米：暗灰色，团粒结构，土质较黏，植物根系多，锈斑较少，层次过渡明显。

35～55厘米：棕灰色，粒状结构，质地较重，较紧实，植物根系较多，有锈斑、铁子及腐殖质斑块。

55～90厘米：灰棕色，呈不明显的核状结构，黏重，紧实，有大量的锈斑及铁结核，植物根系极少。

90～150厘米：黄棕色，棱块状结构，紧实，黏重，可见大量的锈斑、铁子。

（2）潜育草甸土：该亚类面积为 16 564.06 公顷，其中耕地面积 10 094.1 公顷，占县属耕地总面积的 10.05%。该亚类土壤划分为黏底潜育草甸土和沙底潜育草甸土 2 个土属，黏底潜育草甸土土属分为薄层黏底潜育草甸土、中层黏底潜育草甸土、厚层黏底潜育草甸土 3 个土种；沙底潜育草甸土土属分为薄层沙底潜育草甸土、中层沙底潜育草甸土、厚层沙底潜育草甸土 3 个土种。由于潜育草甸土地表偶有积水，地下水位高，一般在 1～1.5 米，在腐殖质层下部即有潜育化现象，出现锈斑，在接近地下水的地方，则出现蓝灰色的潜育层。其质地黏重，大部分为黏土。腐殖质层一般在 20～40 厘米，也有个别的高于这个限度。现以青-70 号剖面为例说明其剖面特征。本剖面位于青川乡百合村金家小铺屯南沟，海拔为 180 米。

0～25 厘米：暗灰色，团粒结构，较疏松，根系多，层次过渡不明显。

25～50 厘米：棕灰色，粒状结构，质地较黏，根系很多，有锈斑，层次过渡明显。

50～70 厘米：蓝灰色，块状结构，较黏重，潜育现象不明显，锈斑多，根系极少。

70～125 厘米：棕灰色，块状结构，质地黏重，紧实，有大量锈斑和潜育斑。

125～150 厘米：棕褐色，块状结构，黏重紧实，锈斑及潜育斑较上层多。

2. 理化性状　草甸土的有机质含量较高，一般在 40～70 克/千克，主要分布在表层，表层以下则降低到 20 克/千克以下，全氮含量大多在 3 克/千克左右，全磷在 2 克/千克以上，全钾在 20 克/千克以上，草甸土的潜在肥力较高，但养分释放缓慢，有效性差。草甸土的质地比较黏重，多为中性土到重黏土，其容重为 1.06 克/立方厘米，总孔隙度为 60%，田间持水量为 56%，pH 在 6.5～7。不同类型草甸土的分析化验数据见表 2-23～表 2-25。

表 2-23　草甸土化学性状

土壤名称	剖面号	采样深度（厘米）	有机质（克/千克）	全氮（克/千克）	全磷（克/千克）	全钾（克/千克）	pH
草甸土	镇-8	0～35	61.3	3.1	3.29	21.8	6.75
		35～55	14	0.66	1.58	0	6.20
		55～90	10.9	0	0	0	6.50
		90～150	4.8	0	0	0	6.35
		150 以下	5.1	0	0	0	6.35
潜育草甸土	青-70	0～25	71.3	3.35	2.29	24.9	6.50
		45～50	17.2	0	0	0	7.20
		80～90	6.2	0	0	0	7.45
		120～130	5.6	0	0	0	7.70
		150～170	7	0	0	0	7.60

表 2-24 草甸土物理性状

土壤名称	采样深度（厘米）	容重（克/立方厘米）	田间持水量（%）	总孔隙度（%）	毛管孔隙（%）	非毛管孔隙（%）
草甸土	0～10	1.06	56	60	36	24
	10～20	1.23	45	53	37	16
	20～30	1.22	39	53	42	11
	30～40	1.28	53	51	43	8
潜育草甸土	0～10	1.21	43	54	27	27
	10～20	1.09	69	58	36	22
	20～30	1.14	61	56	40	16
	30～40	1.20	41	54	52	2

表 2-25 草甸土的机械组成

土壤名称	采样深度（厘米）	土壤各粒级含量（%）								质地名称
		0.25～1.00毫米	0.05～0.25毫米	0.01～0.05毫米	0.005～0.01毫米	0.001～0.005毫米	<0.001毫米	物理黏粒	物理沙粒	
草甸土	0～35	16.9	3.8	34.9	11	18.2	12.5	41.7	55.6	重壤土
	35～55	1.5	0.6	26.3	15.1	20.4	35.3	70.8	28.4	中黏土
	55～90	0.9	0.4	16.2	15	22.3	44.4	81.7	17.5	重黏土
	90～150	0.8	0.6	40.9	13.6	10.9	30.5	55	42.3	轻黏土
潜育草甸土	0～25	0.9	0.4	38.9	15.7	18.6	22.9	57.2	40.2	轻黏土
	45～50	0.8	0.4	36.1	13.0	15.7	31.7	60.4	37.3	轻黏土
	120～130	1.5	0.2	32.9	13.0	19.1	33.2	65.3	34.6	中黏土
	150～170	1.3	0.4	35.1	15.5	15.5	32.0	63	36.8	轻黏土

五、沼泽土与泥炭土

沼泽土与泥炭土属于非地带性土壤。在地势低洼，地下水位高，地表长期积水的地方均有分布。沼泽土面积 6 782.18 公顷，占总土地面积的 2.20%，其中耕地面积3 032.32 公顷，占总耕地面积的 3.02%；泥炭土面积 2 755.01 公顷，占总土地面积的 0.90%，其中耕地面积 1 696.38 公顷，占县属总耕地面积的 1.69%。

1. 类型 沼泽土与泥炭土的划分依据，主要根据泥炭层的厚度，泥炭层小于 50 厘米为沼泽土，大于 50 厘米为泥炭土。沼泽土与泥炭土的形成过程，主要是沼泽化和泥炭化的过程。在地表水和地下水的经常作用下，植被经长时间的积累逐渐形成泥炭层，底层矿质则由于缺乏氧气而发生潜育化。根据泥炭的积累及腐殖质积累的差异，将沼泽土划分为草甸沼泽土、泥炭腐殖质沼泽土和泥炭沼泽土 3 个亚类；根据泥炭的不同植物体构成，将泥炭土分为 1 个亚类，即草类泥炭土。

（1）草甸沼泽土：该亚类面积为 554.46 公顷，其中耕地面积 571.15 公顷，占县属耕地总面积的 0.57%。

草甸沼泽土包括碟形洼地草甸沼泽土 1 个土属，又分为薄层碟形洼地草甸沼泽土、厚层碟形洼地草甸沼泽土 2 个土种。主要分布在平原低地及碟形洼地的边缘地带，生长小叶樟、薹草及草甸植被。受降水影响而形成地表间歇性积水，土壤内部潴育与潜育现象明显。其表层为黄褐色的泥炭化草根层，亚表层为暗灰色的腐殖质层，含有较多的铁子及锈斑，其下为灰黄色并带有大量锈斑的氧化还原层，底土为灰蓝色的潜育层，质地黏重，不易垦殖。

（2）泥炭腐殖质沼泽土：该亚类面积 3 691.4 公顷，其中耕地面积 1 009.02 公顷，占县属耕地总面积的 0.99%。

泥炭腐殖质沼泽土亚类只有 1 个土属，续分为 1 个土种，即沟谷泥炭腐殖质沼泽土。主要分布在泥炭沼泽土的外缘，是在活水和死水季节性交替下发育的，地表长期积水，只有在长期极为干旱的情况下，方可露出水面，其植被为薹草等喜湿的植物。

泥炭腐殖质沼泽土的发育层次明显。有 3 个基本层次，表层为厚度在 20 厘米左右分解较差的泥炭层，草根较多，密集成层；其下为分解较好的腐殖质层，底层为灰蓝色的潜育层。

（3）泥炭沼泽土：该亚类面积 2 536.33 公顷，其中耕地面积 1 452.15 公顷，占县属耕地总面积的 1.45%。

泥炭沼泽土只有低地泥炭沼泽土 1 个土属，分为薄层低地泥炭沼泽土和中层低地泥炭沼泽土 2 个土种。泥炭沼泽土地表长期积水，土壤通气条件极差，微生物活动非常微弱，表层泥炭积累较多，厚度在 50 厘米以内，剖面层次多为两个层次，即泥炭层和潜育层。

（4）草类泥炭土：草类泥炭土只有淤积草类泥炭土 1 个土属，又分为薄层淤积草类泥炭土、中层淤积草类泥炭土 2 个土种。草类泥炭土亚类面积为 2 755.01 公顷，多分布在山间谷地及低地，植被以薹草为主，地表常年积水，其剖面特征基本为两个层次，泥炭层大于 50 厘米，最深可达 2 米以上，其下为灰蓝色的潜育层。

2. 理化性状　沼泽土与泥炭土的有机质含量极高，一般在 100 克/千克以上，有的高达 400 克/千克；全氮含量一般在 2～4 克/千克，全磷含量在 1.5～3 克/千克，pH 为 5～6，容重极低，表层多数在 0.60～0.87 克/立方厘米，分解好的泥炭只有 0.2 克/立方厘米左右；田间持水量极高，孔隙度也大，详见表 2-26～表 2-28。

表 2-26　沼泽土、泥炭土化学性状

土壤名称	剖面号	采样深度（厘米）	有机质（克/千克）	全氮（克/千克）	全磷（克/千克）	全钾（克/千克）	pH
草甸沼泽土	延-34	0～15	28.2	1.41	1.55	22.5	6.65
		15～35	2.62	1.34	1.51	26.9	6.60
		35～85	30.1	0	0	0	6.25
		85～120	16.5	0	0	0	6.30

（续）

土壤名称	剖面号	采样深度（厘米）	有机质（克/千克）	全氮（克/千克）	全磷（克/千克）	全钾（克/千克）	pH
泥炭腐殖质沼泽土	柳-27	0～20	96	4.47	2.51	19.2	6.35
		20～25	198.3	8.7	3.99	16.3	5.55
		25～50	43.3	0	0	0	6.70
		50～70	8.5	0	0	0	6.10
		70～85	4.5	0	0	0	6.20
泥炭沼泽土	柳-14	0～20	175.8	8.09	3.14	16.9	5.25
		40～50	8.9	0	0	0	6.00
		70～80	6.2	0	0	0	6.00
		100～110	5	0	0	0	6.65
		120～130	6.6	0	0	0	7.00
		150以下	11.6	0	0	0	6.70
草类泥炭土	延-13	0～35	443.6	2.51	2.57	24.7	6.50
		35～60	394.8	0.93	3.58	24.4	5.60
		60～70	185.5	0	0	0	5.00
		70～100	48.6	0	0	0	6.15
		100～150	50.4	0	0	0	5.20

表 2-27　沼泽土、泥炭土物理性状

土壤名称	采样深度（厘米）	容重（克/立方厘米）	田间持水量（%）	总孔隙度（%）	毛管孔隙（%）	非毛管孔隙（%）
草甸沼泽土	0～10	0.87	67	67	51	16
	10～20	0.72	35	72	61	11
	20～30	1.67	25	36	36	0
	30～40	1.30	33	50	31	19
泥炭腐殖质沼泽土	0～10	0.60	130	77	71	6
	10～20	0.61	222	77	58	19
	20～30	0.94	194	65	57	8
	30～40	1.09	44	59	56	3
泥炭沼泽土	0～10	0.71	59	73	68	5
	10～20	0.77	374	71	46	22
	20～30	0.58	159	78	66	17
	30～40	0.26	338	90	73	27
草类泥炭土	0～10	0.65	117	75	38	37
	10～20	0.63	85	76	66	10
	20～30	0.55	250	79	42	37
	30～40	0.19	208	92	50	42

表 2-28　沼泽土的机械组成

土壤名称	采样深度（厘米）	土壤各粒级含量（%）								质地名称
		0.25～1.00 毫米	0.05～0.25 毫米	0.01～0.05 毫米	0.005～0.01 毫米	0.001～0.005 毫米	<0.001 毫米	物理黏粒	物理沙粒	
草甸沼泽土	0～55	6.7	1.1	31.3	15.4	22.1	22.6	60.1	39.1	轻黏土
	55～80	1.5	0.6	24.8	15	20.2	35	70.2	26.9	中黏土
	80～110	2.1	1	26.6	17.9	20.8	30	68.7	29.7	中黏土
	110～150	2.3	0.8	24.7	18.2	21.1	30.4	69.7	27.8	中黏土
泥炭腐殖质沼泽土	0～20	1.3	0.9	34.3	15.4	21.8	24.5	61.7	36.5	轻黏土
	20～25	0.8	0.3	50.4	14.9	14.6	17.7	47.2	51.5	重壤土
	25～50	1.7	1.1	39	17.4	14.2	25.5	57.1	41.8	轻黏土
	50～70	3.7	1.1	37.2	13.7	10.9	31.8	56.4	42	轻黏土
	70～85	60.7	8.8	13.9	2.1	4.9	9.6	83.4	16.6	重黏土
泥炭沼泽土	0～20	0	0	34.3	30.7	17.2	17.1	65	34.3	轻黏土
	40～50	3.7	3.5	44.9	14.9	8.1	21	45	52.1	重壤土
	70～80	4.9	5.2	48.2	9.7	9.1	21	38.8	58.3	中壤土
	100～110	44.1	11.7	19.3	10.3	5.2	8.4	23.9	75.1	轻壤土
	120～130	52.4	10.3	9.6	10.4	6.9	10.1	27.4	72.3	轻壤土

六、泛滥土（新积土）

新积土原名称为泛滥土。主要分布在蚂蜒河及其支流两岸河滩地带，是河水泛滥时携带的沙粒及淤泥相互淤积而成。多与草甸土呈复区存在。面积 17 029.83 公顷，占总土地面积的 5.53%。其中耕地面积 9 820.67 公顷，占县属耕地总面积的 9.77%。

根据泛滥土的性质，将该土划分出 1 个亚类，即草甸泛滥土（新亚类为冲积土），又分为沙底草甸泛滥土和壤质底草甸泛滥土 2 个土属，沙底草甸泛滥土土属分为薄层沙质草甸泛滥土、中层沙质草甸泛滥土和厚层沙质草甸泛滥土 3 个土种；壤质底草甸泛滥土土属分为薄层黏壤质泛滥土和中层黏壤质泛滥土 2 个土种。

由于泛滥土是在河水泛滥时的泥沙沉积物形成的，成土时间短，土壤的性质受沉积物质的影响较深，所以表层以下都保持着沉积层次，成层性明显。其特征是剖面中有明显的沉积层次，每一层次的颜色、质地比较均一，不同层次的颜色和质地都有差异。质地一般是上细下粗，最下层中有粗沙和卵石，也可见到锈斑和潜育层。其理化性状详见表 2-19～表 2-31。

表 2-29　泛滥土化学性状

土壤名称	剖面号	采样深度（厘米）	有机质（克/千克）	全氮（克/千克）	全磷（克/千克）	全钾（克/千克）	pH
草甸泛滥土	柳-8	0～20	44.2	2.3	1.67	25.3	5.80
		20～45	16.5	1.18	1.46	26.7	6.00
		45～95	3.8	0	0	0	7.05
		95～115	3	0	0	0	7.15
		115～150	1.6	0	0	0	7.30

表 2-30　泛滥土的物理性状

土壤名称	采样深度（厘米）	容重（克/立方厘米）	田间持水量（%）	总孔隙度（%）	毛管孔隙（%）	非毛管孔隙（%）
草甸泛滥土	0～10	1.29	41	48	36	12
	10～20	1.40	35	47	36	11
	20～30	1.21	43	54	35	19
	30～40	1.37	38	48	47	1

表 2-31　泛滥土的机械组成

土壤名称	采样深度（厘米）	土壤各粒级含量（%）								质地名称
		0.25～1.00毫米	0.05～0.25毫米	0.01～0.05毫米	0.005～0.01毫米	0.001～0.005毫米	<0.001毫米	物理黏粒	物理沙粒	
草甸泛滥土	0～20	5.5	3.4	35.4	20.9	11.5	21.3	53.7	44.3	轻黏土
	20～45	34.0	8.1	23.3	9.9	9.4	12.9	32.2	65.4	中壤土
	45～95	89.8	3.6	2.9	0.9	0.3	1.6	2.8	96.3	松沙土
	95～115	52.2	34.3	5.8	0.7	0.3	4.7	5.7	91.5	紧沙土
	115～150	58.3	37.6	3.6	0.1	0.3	0.2	0.6	99.4	松沙土

七、水稻土

延寿县水稻种植历史较短，加之一年一季，每年淹水时间在 5 个月左右。水稻土的发育程度低，剖面分化不十分明显，仍保留着前身土壤的特征。

该土类面积为 4 481.64 公顷，占总土地面积的 1.46%。其中，耕地面积 3 578.4 公顷，占县属耕地总面积的 3.56%。

根据水稻土发育前身土壤，将该土类划分为黑土型水稻土、草甸土型水稻土和白浆土型水稻土 3 个亚类。黑土型水稻土亚类只有黏底黑土型水稻土 1 个土属，又分为薄层黏底黑土型水稻土和中层黏底黑土型水稻土 2 个土种；草甸土型水稻土亚类只有黏朽草甸土型水稻土1个土属，分为薄层黏朽草甸土型水稻土、中层黏朽草甸土型水稻土和厚层黏朽草甸土型水稻土3个土种；白浆土型水稻土亚类分为黏朽白浆土型水稻土，又分为黑白浆黏朽草甸土型土稻土和灰白浆黏朽型草甸土型水稻土2个土种。各亚类的土壤剖面特征基本与前身土壤相同，不予描述。理化性状详见表2-32～表2-34。

表2-32　水稻土的化学性质

土壤名称	剖面号	采样深度（厘米）	有机质（克/千克）	全氮（克/千克）	全磷（克/千克）	全钾（克/千克）	pH
黑土型水稻土	加-32	0～25	39.8	1.99	2.02	26.8	6.90
		25～61	29.8	1.18	1.63	27.5	6.20
		61～96	7.3	0	0	0	7.05
		96～150	8	0	0	0	6.80
草甸土型水稻土	延-23	0～25	68.2	2.66	1.82	27.3	5.80
		25～45	18.8	1	1.33	26.2	6.00
		45～75	19.2	0	0	0	6.10
		75～150	5.2	0	0	0	6.55
		150以下	5.4	0	0	0	7.10
白浆土型水稻土	延-15	0～25	38	1.66	1.44	24.3	6.48
		25～40	14.4	0.84	0.84	25.3	6.00
		40～80	7.6	0	0	0	5.60
		80～150	9.9	0	0	0	5.75
		150以下	12.2	0	0	0	6.10

表2-33　水稻土的物理性质

土壤名称	采样深度（厘米）	容重（克/立方厘米）	田间持水量（%）	总孔隙度（%）	毛管孔隙（%）	非毛管孔隙（%）
黑土型水稻土	0～10	1.31	45	53	51	2
	10～20	1.25	44	53	52	1
	20～30	1.31	44	51	51	0
	30～40	1.40	34	47	47	0
草甸土型水稻土	0～10	1.15	51	57	53	4
	10～20	1.24	54	53	48	5
	20～30	1.25	37	53	48	5
	30～40	1.37	36	48	47	1
白浆土型水稻土	0～10	1.04	48	61	52	9
	10～20	1.15	54	57	51	6
	20～30	1.19	44	55	48	7
	30～40	1.42	40	46	48	3

表 2-34　水稻土的机械组成

土壤名称	采样深度（厘米）	土壤各粒级含量（%）								质地名称
		0.25～1.00 毫米	0.05～0.25 毫米	0.01～0.05 毫米	0.005～0.01 毫米	0.001～0.005 毫米	<0.001 毫米	物理黏粒	物理沙粒	
黑土型水稻土	0～25	0.6	0.4	34.8	19.5	24.7	17.9	62.1	35.8	轻黏土
	25～61	1.9	0.8	36.2	15.2	17.3	27.6	60.1	38.9	轻黏土
	61～96	0.7	0.4	28.3	15.7	22.6	30.1	68.4	29.4	中黏土
	96～150	0.6	0.4	19.8	18.4	20.4	38.9	77.7	20.8	中黏土
草甸土型水稻土	0～25	0.8	0.4	40	11.6	23	22.1	56.7	41.2	轻黏土
	25～45	11.7	1.1	28.2	9.5	13.1	34.2	56.8	41	轻黏土
	45～75	2.1	0.4	33.2	13.2	12.5	36.7	62.4	35.7	轻黏土
	75～150	2.6	0.4	25.1	18.6	17	36	71.6	28.1	中黏土
	150 以下	2.6	0.6	30.8	14.7	15	36	65.7	34	中黏土
白浆土型水稻土	0～25	2.3	0.6	33.6	17.4	24.7	19.3	61.4	36.5	轻黏土
	25～40	3.3	0.8	33.6	17.3	22.7	21.1	61.1	37.7	轻黏土
	40～80	1.9	0.4	26.2	20.3	21.8	29	71.1	28.5	中黏土
	80～150	3.9	2.1	18.4	13.5	22	38.3	73.8	24.4	中黏土
	150 以下	3.2	1.5	35.9	9.2	15.3	33.7	58.2	40.6	轻黏土

第四节　土壤资源评价

一、土壤资源利用状况

1. 土壤资源状况　延寿县总土地面积 307 919.63 公顷。其中，暗棕壤面积 109 416.93公顷，占总土地面积的 35.53%；白浆土面积 113 047 公顷，占总土地面积的 36.71%；草甸土面积 45 788.19 公顷，占总土地面积的 14.87%；黑土面积 8 618.85 公顷，占总土地面积的 2.8%；水稻土面积 4 481.64 公顷，占总土地面积的 1.46%；泛滥土（新积土）面积 17 029.83 公顷，占总土地面积的 5.53%；沼泽土面积 6 782.18 公顷，占总土地面积的 2.2%；泥炭土面积 2 755.01 公顷，占总土地面积的 0.9%。

在县属耕地面积中，暗棕壤耕地面积 4 933.14 公顷，占县属耕地面积的 4.91%；白浆土耕地面积 43 645.12 公顷，占县属耕地面积的 43.43%；草甸土耕地面积 28 460.3 公顷，占县属耕地面积的 28.32%；黑土耕地面积 5 328.19 公顷，占县属耕地面积的 5.3%；水稻土耕地面积 3 578.4 公顷，占县属耕地面积的 3.56%；泛滥土（新积土）耕地面积 9 820.67 公顷，占县属耕地面积的 9.77%；沼泽土耕地面积 3 032.32 公顷，占县属耕地面积的 3.02%；泥炭土耕地面积 1 696.38 公顷，占县属耕地面积的 1.69%。按耕地土壤属性，将耕地分为 4 级，一级地 20 410.81 公顷，占耕地面积的 20.31；二级地

27 630公顷，占耕地面积的 27.49%；三级地 32 192.08 公顷，占耕地面积的 32.03%；四级地 20 261.41 公顷，占耕地面积的 20.16%。耕地质量分级见表 2－35。

表 2－35　耕地质量分级

项目	一级	二级	三级	四级
面积（公顷）	20 410.81	27 630.22	32 192.08	20 261.41
耕层质地	轻壤、中壤	轻壤、黏壤	黏土	沙土
有机质（克/千克）	＞60	30～40	20～30	＜20
全氮（克/千克）	＞0.4	0.20～0.4	0.15～0.20	＜0.15
有效磷（毫克/千克）	＞100	40～100	20～40	＜20
耕层厚度（厘米）	25～40	20～25	15～20	＜15
坡度（°）	水田＜3 旱田＜5	3～5 5～7	＜5 7～5	＞15
侵蚀程度	无	轻	中	重
旱涝灾害	无	偶有季节短时间	固定季节短时间	常季节短时间
作物产量（千克）	250～350	200～300	150～200	150 以下
利用改良方向	适宜性广泛	略加措施适宜性广	进行改良易利用	进行改良可以利用

2. 土壤资源的利用　延寿县土壤资源的利用率不算高，可以垦殖的土壤资源的垦殖率平均为 32.64%。其中，白浆土占 38.61%，草甸土占 62.16%，黑土占 61.82%，泛滥土（新积土）占 57.67%，因为单一经营，出现了用地不合理，造成比例失调，生态系统遭到了破坏。本次评价按照县属土壤资源的特点，土地利用现状是：农业用地 10 万多公顷，占总土地面积的 32.64%；林业用地 15.8 万公顷，占总土地面积的 51.23%；牧业用地 2.4 万多公顷，占总土地面积的 7.8%；渔业用地 0.34 万公顷，占总土地面积的 1.1%；荒山、荒地 0.43 万公顷，占总土地面积的 1.4%；其他用地 1.79 万公顷，占总土地面积的 5.83%。土壤利用现状见表 2－36。

表 2－36　土壤利用现状

项目	面积（公顷）	占总土地面积（%）
农业（耕地）	100 494.52	32.64
林业	157 754.07	51.23
牧业	24 031.02	7.81
渔业	3 395.06	1.10
荒山	3 401.5	1.10
荒地	908.5	0.30
其他	17 934.96	5.82
合计	307 919.63	100.00

二、土壤肥力评述

1. 土壤肥力演变 延寿县已有将近100年的土壤开发历史。特别是新中国成立以来，随着社会经济和科学技术的改变，农业生产得到了很大发展。促使以高地为主的农田向沟谷低地推进，所以从山区到平原的农业生态系统不断产生新变化，从而强烈地改变着土壤的理化性状，使土壤肥力状况发生了变化。

开垦初期白浆土有机质含量107.9克/千克，开垦45年有机质含量37.9克/千克；到开垦60年有机质含量30.4克/千克，下降速度是比较快的。

延寿县耕作土壤多数分布在漫岗丘陵、山间沟谷平原和蚂蜒河低漫滩上。土壤类型主要是白浆土、草甸土、泛滥土（新积土）、黑土。特点是坡度较大和低温内涝。随着开垦年限的增加，土壤肥力逐年下降，土壤物理性状逐年变化较大，如透水性不良，容重增加，团粒结构不良，保水保肥能力低。表现黏朽、板结、冷浆、贫瘠，易旱易涝。由肥沃高产土壤变成硬、干、瘦的低产土壤。低产原因主要表现如下：

（1）白浆土：耕层薄，只有8～12厘米；有机质含量低，平均20～30克/千克；犁底层加厚，达到2～4厘米，而且和白浆层共同形成了隔水、隔气的障碍层，形成瘦、硬型低产土壤。

（2）黑土：耕层薄，一般10～12厘米；有机质含量平均30～40克/千克；养分贫乏，肥劲不足，易旱，形成瘦的低产土壤。

（3）草甸土和沼泽土：耕层较厚，达到20～30厘米；有机质含量也比较高，平均在40～50克/千克。但是耕层的质地为轻黏土，下层为中到重黏土，在耕层以下存在难以透水的黄黏土层，在2米左右出现不透水的铁盘沙层和紫泥层，一旦遇有较大的降水，地表出现“坐堂水”形成了黏朽、冷浆、速效养分低、不发小苗黏朽化的低产土壤。

（4）泛滥土：耕层薄，一般是10～15厘米；有机质含量平均25～35克/千克；养分中等，没后劲，作物生育全期供肥不足，表土层下土壤质地为沙壤到沙土。质地疏散，形成怕旱受洪水威胁的低产土壤。

从粮食产量看土壤肥力变化：粮食产量的高低，虽然是受多种因素的影响，但是粮食产量是衡量土壤肥力主要标志。新中国成立30多年来，粮豆总产1979、1980、1981年3年平均比新中国成立初的1950、1951、1952年3年平均增加20.1%，单产增加40.7%；粮豆总产20世纪70年代比50年代增加29.2%，提高36.1%，和县内的高产典型大队相比，增产幅度不大，速度比较缓慢。那么，在当前农业技术水平提高、机械装备和抗灾能力增强的情况下，粮食产量为什么不高、增长的速度缓慢呢？主要原因是土壤肥力降低，土壤生产减退。根据太安乡（现六团镇）的调查，太安大队二队“南大排”地，开垦初期表土30厘米，到1970年表土基本流光；“任贵发”地1938年亩产小麦175千克，现在亩产小麦只有50千克左右；“道东地”1 959年种“满仓金”大豆，亩产161.3千克现在亩产只有100千克；四队“驴腰地”现在下不去犁，全大队共有这类耕地60多公顷，占全队耕地面积10.3%。土壤肥力为什么会减退呢？调查认为土壤肥力减退的原因：一是坡耕地多，水土流失严重；二是耕作不合理，例如安山乡第五号中层岗地白浆土剖面化验，

0～15 厘米有机质含量 48.8 克/千克，15～25 厘米为 5.4 克/千克，若加深耕到 25～30 厘米，土壤有机质还将下降一半；三是用地养地失调，对土地实行只用不养的掠夺方式，太安村深深体会到破坏土壤生态平衡、造成土地肥力下降、产量降低的苦头。现在正在采取措施，进行综合治理，尽快使土壤生态系统达到新的平衡。

2. 土壤肥力状况　土壤有机质是反映土壤养分总储量的标志，是决定土壤肥力的基础。据土壤普查化验资料，延寿县有机质平均含量在 30～40 克/千克，全氮 1.5～30 克/千克，全磷 1.5～2.5 克/千克。

土壤类型不同，有机质含量不同，白浆土 20～30 克/千克，草甸土 40～50 克/千克，黑土 30～40 克/千克，泛滥土（新积土）25～35 克/千克。

全氮的含量与土壤有机质含量呈正相关规律，凡是含有机质高的土壤，含氮量也高，白浆土含全氮 1.86 克/千克，草甸土含全氮 2.13 克/千克，黑土含全氮 2.25 克/千克，泛滥土（新积土）含全氮 2.07 克/千克。速效养分，特别是有效磷的含量与地形、地理位置、土壤类型有直接关系。一般是土壤质地为沙质土，养分容易释放，有效磷高；土壤质地为黏土，特别草甸白浆土，潜育白浆土有效磷含量低。

3. 土壤供肥能力　延寿县土壤供肥特点是：主要耕作土壤如草甸白浆土、草甸土潜在肥力高，速效养分低，碱解氮含量在 183 毫克/千克左右，有效磷为 8 毫克/千克，肥劲足而长，肥劲平缓，后劲足，前劲小。泛滥土潜在肥力低，速效养分高，碱解氮含量在 152 毫克/千克左右，有效磷为 17 毫克/千克，有前劲少后劲，肥劲全期不足。白浆土碱解氮含量在 187 毫克/千克左右，有效磷为 10 毫克/千克，供肥平缓。总之潜在肥力高的土壤供肥能力也强，潜在肥力低的土壤供肥能力也低。同时也表现了土壤质地不同，供肥的强度和时间也不同。

延寿县土壤另一个供肥特点是受气候条件影响较大。春季的气温和土温都低，土壤微生物活动性小，不利于养分的分解释放，供肥能力低，特别是有效磷更低，随着气温升高土壤供肥能力逐渐增强。

4. 土壤肥力的平衡　土壤营养是作物生长必需的物质。作物生长中需要吸收多种营养元素，其中以氮、磷为主。从延寿县土壤肥力的演变和供肥能力看，土壤供肥量是不足的。1979 年全县粮豆总产 11 238 万千克，单产平均 200 千克，从土壤吸走纯氮 4 158 吨、纯磷 1 785.7 吨；水土流失面积 2.5 万公顷，相当于冲走纯氮 6 375 吨、纯磷 2 250 吨；施入化肥合计纯氮 1 414 吨、纯磷 798 吨；施入农家肥合计纯氮 2 250 吨、纯磷 450 吨。这样延寿县仅粮豆生产和水土流失，土壤亏损纯氮 6 859 吨、纯磷 3 087.7 吨，平均每亩亏损纯氮 11.2 千克、纯磷 5.1 千克。相当于每年施入化肥量的一倍。因此，土壤养分入不敷出，导致土壤养分状况日趋恶化。必须采取有效措施，改变这种状况。

三、土壤物理性状评述

延寿县土壤以暗棕壤，白浆土、草甸土为主，土壤肥力是中等到中下等水平，土壤水分动态是构成土壤肥力和生产力的核心，找出并解决影响土壤水分动态的障碍因素，改善土壤水、肥、气、热性质，以提高土壤肥力，增加粮食产量。典型土壤机械组成见表 2－37。

表 2－37　典型土壤机械组成

土壤类型	采样深度（厘米）	土壤各粒级含量（%）								质地名称
		0.25～1.00毫米	0.05～0.25毫米	0.01～0.05毫米	0.005～0.01毫米	0.001～0.005毫米	<0.001毫米	物理黏粒	物理沙粒	
白浆化暗棕壤	0～30	7.0	1.3	40.3	17.3	13.9	20.1	51.3	48.6	轻黏土
	30～50	15.9	3.3	21.9	9.1	11.2	36.9	57.2	41.1	轻黏土
	50～70	18.7	5.7	24.9	10.9	12.2	27.1	50.2	49.3	轻黏土
	70 以下	0.8	0.5	34.1	18.1	24.6	19.2	61.9	35.4	轻黏土
草甸白浆土	0～20	0.9	0.8	42.8	16.7	14.2	21.8	52.7	45.5	轻黏土
	20～70	2.5	0.6	40.8	17.1	13.2	23.5	53.8	43.9	轻黏土
	70～120	0.8	0.4	31.9	17.7	12.8	36.4	66.9	33.1	中黏土
	120～150	1.6	0.4	41.3	11.6	12.9	31.4	55.9	43.3	轻黏土
黑土	0～20	3.7	0.8	44.2	15.9	16.8	17.6	50.3	48.7	轻黏土
	20～40	2.1	0.6	43.8	13.5	14.4	23.6	51.5	46.5	轻黏土
	40～55	0.6	0.2	42	11.5	10.9	33.8	56.2	42.8	轻黏土
	55～120	0.8	0.4	43.4	11.8	10.9	31.5	54.2	44.6	轻黏土
	120～150	1.1	0.6	48.5	12.6	8.5	27	48.1	50.2	重壤土
	150 以下	2.1	2.1	50.4	10.8	9.9	23.4	44.1	54.6	重壤土
草甸土	0～35	16.9	3.8	34.9	11	18.2	12.5	41.7	55.6	重壤土
	35～55	1.5	0.6	26.3	15.1	20.4	35.3	70.8	28.4	中黏土
	55～90	0.9	0.4	16.2	15	22.3	44.4	81.7	17.5	重黏土
	90～150	0.8	0.6	40.9	13.6	10.9	30.5	55	42.3	轻黏土
草甸沼泽土	0～55	6.7	1.1	31.3	15.4	22.1	22.6	60.1	39.1	轻黏土
	55～80	1.5	0.6	24.8	15	20.2	35	70.2	26.9	中黏土
	80～110	2.1	1	26.6	17.9	20.8	30	68.7	29.7	中黏土
	110～150	2.3	0.8	24.7	18.2	21.1	30.4	69.7	27.8	中黏土
草甸泛滥土	0～20	5.5	3.4	35.4	20.9	11.5	21.3	53.7	44.3	轻黏土
	20～45	34	8.1	23.3	9.9	9.4	12.9	32.2	65.4	中壤土
	45～95	89.8	3.6	2.9	0.9	0.3	1.6	2.8	96.3	黏沙土
	95～115	52.2	34.3	5.8	0.7	0.3	4.7	5.7	91.5	紧沙土
	115～150	58.3	37.6	3.6	0.1	0.3	0.2	0.6	99.4	黏沙土
黑土型水稻土	0～25	0.6	0.4	34.8	19.5	24.7	17.9	62.1	35.8	轻黏土
	25～61	1.9	0.8	36.2	15.2	17.3	27.6	60.1	38.9	轻黏土
	61～96	0.7	0.4	28.3	15.7	22.6	30.1	68.4	29.4	中黏土
	96～150	0.6	0.4	19.8	18.4	20.4	38.9	77.7	20.8	中黏土

1. 土壤质地　土壤质地主要是由成土母质决定。延寿县大体分四种类型：①山地土壤主要发育在残积或坡积物的土壤质地上，表层为轻黏土到中黏土，下层沙和砾石成分增多，逐渐过渡到母岩。主要土类是暗棕壤。②山前丘陵漫岗土壤主要发育在第四纪黄土状黏土母质上，土壤质地黏重，表层多为轻黏土到重黏土，下部为中黏土或重黏土。主要土类有白浆土及零星的黑土。③平原土壤主要发育在河相沉积物母质上，表层为轻黏土或重黏土，底土为黏土。主要土类有草甸白浆土、潜育白浆土、草甸土潜育草甸土、沼泽土和泥炭土。④河流两岸泛滥地土壤质地。沙黏相间，以黏为主。主要土类是泛滥土。

从表 2－37 及土壤质地可以看出，延寿县土壤质地多为黏土型。<0.001 毫米粒径黏粒含量都比较高，而且底层高于表层。质地多属于黏土到重黏土。所以土壤通体表现质地黏重，造成土质黏朽，通透不良，容水量小，易旱易涝，土壤耕作阻力大，土温低等不良物理性状，致使土壤潜在肥力高，速效肥力低。

2. 土壤容重、孔隙和持水量　延寿县土壤容重一般在 1.10 克/立方厘米，最高达到 1.5 克/立方厘米，土壤容重向下逐渐增加，因此导致土壤孔隙状况不良。特别是白浆土和草甸土表层的容重分别是 1.27 克/立方厘米和 1.21 克/立方厘米，土壤黏朽；田间持水量变化大，耕层高于下层，黏质土壤高于壤质和沙质土壤。0～10 厘米耕层田间持水量：草甸土为 56%，黑土 43%，白浆土 38%，泛滥土 41%；30～40 厘米的田间持水量：草甸土为 53%，黑土为 35%，白浆土为 39%，泛滥土（新积土）38%。因此，没有补给水是满足不了作物生长需要的。由于表土层浅和土壤质地不良，形成通气、透水和蓄水能力差，天然降水径流强度大，供水受到影响，土壤温度低，有机质分解速度缓慢，造成肥力不易发挥。也是易旱易涝的主要原因。

关于土壤养分和水分的平衡问题，在本次评述中均处于失去平衡状态，采取什么措施才能达到平衡，因涉及面广，还需更详细的调查，所以未做分析性的评述。土壤养分平衡问题，除土壤资源调查，做到因土、因作物施肥外，主要措施一是增加土壤有机质，具体措施是增施农家肥，草炭改土，种植绿肥，秸秆还田；二是合理施用化肥，土壤施肥要以农家肥为主，化肥为辅，农家肥和化肥配合施用，做到因气候、土壤、作物不同，采用不同的方法，在不同的时期施用不同种类的肥料，做到氮、磷配合，氮肥深施，提高肥效；三是合理耕作，打破犁底层，逐步加厚活土层，使土壤由硬变松、由死变活，促进熟化，加快养分转化，改善土壤理化性状、提高保肥供肥和保水透水性能，提高抗旱、涝能力，对草甸黑土、潜育草甸土采用深翻和深松结合，对白浆土、岗地黑土、泛滥土采用浅翻和深松结合，逐渐加深耕层。使土壤理化性状得到改善，土壤水分的平衡问题，就容易得到解决。

3. 土壤水分动态　土壤水分动态受到气候、土质、植被、地势和耕作等条件的影响。延寿县土壤水分年度变化规律如下：

春季土壤耕层含水量一般是：岗地 23.1%，平地 28.3%，洼地 39%。解冻期在 3 月下旬开始到 4 月下旬，土壤水分在清明前后开始由固态转化为液态，因为毛细管作用，产生微量蒸发，白天化冻，夜间回冻，融冻过程交替进行，使融冻层逐日加深。到 4 月中下旬谷雨前后，土壤表层毛管大部分相通，耕层以下还冻结有冰层，水分不能下渗，昼夜水分向上运行，进入返浆期。返浆期长短和春季的旱涝，受上年伏、秋、冬降水等因素影响。1977年延寿县底墒正常，但春季降水少，出现春旱；1978年秋季降水少，1979年春季降水也少，引起严重春旱；1975年降水多，1976年春季底墒偏高，降水又偏多，春涝严重；1980年降水多，1981年春季底墒好，降水偏少，也引起春涝。每年5月上旬开始煞浆，温度剧增，融层迅速加深，蒸发和渗透同时进行，水分大量散失，是出现晚春旱象的主要原因。

夏季土壤耕层含水量一般是：岗地22.2%，平地26.1%，洼地34.2%。6月中旬作物生长进入旺盛时期，由于作物蒸腾和土壤水分蒸发，夏季土壤含水量是最低的，“掐脖旱”就是在这一时期形成。若8月上中旬水分不足，对粮豆作物生产更为不利，将造成大幅度减产。

秋季土壤耕层含水量一般是：岗地24%，平地26.8%，洼地32.2%。这个时期作物转入成熟，气温由高转低，土壤水分消耗减少，转入土壤水分储存期，该时期水分的多少会影响秋菜生长和农作物籽粒饱满程度，也关系到来年春季底墒的好坏，所以8月上旬需要有一定的补给水。若8月下旬补给水过多，又会形成低洼黏重土壤的秋滞。

冬季土壤含水量一般是：岗地25%，比封冻前增加1.0%；平地30%，比封冻前增加3.8%；洼地44.6%，比封冻前增加12.4%。这个时期土壤水分固定，是保持水分时期，所以在封冻前，对土壤水分进行一次补给，对第二年一次播种保全苗有重大作用。延寿县年土壤水分变化情况见表2-38。

表2-38 延寿县年土壤水分变化情况

单位：%

地势	深度（厘米）	2月	3月	4月	5月	6月	7月	8月	9月	10月	11月
平地	5	33.1	29.3	26.8	24.6	25.6	23.9	23.9	26.8	24.8	27.9
	10	34.8	31.4	28.1	26.7	27.2	25.2	25.2	29.1	27.1	29.0
	20	31.2	30.5	30.5	29.2	28.4	27.0	26.1	27.2	27.1	29.4
	30	30.0	30.9	31.8	28.1	27.9	27.1	25.1	25.7	26.0	27.2
	平均	33.0	30.5	29.8	27.2	27.3	25.8	25.1	27.2	26.3	28.4
岗地	10	29.0	26.0	23.3	21.5	24.4	21.1	21.3	25.3	24.5	24.2
	20	28.0	23.2	23.1	23.7	24.9	21.9	20.9	25.1	25.5	22.7
	30	26.0	22.7	23.1	23.4	23.8	21.0	20.8	21.4	22.4	23.4
	平均	27.7	23.8	23.2	22.9	24.4	21.3	21.0	23.9	24.1	23.1
洼地	10	49.0	48.2	38.3	35.8	34.8	32.3	35.1	32.3	31.3	37.5
	20	56.7	45.4	43.4	36.6	34.6	35.2	34.5	34.4	32.3	36.0
	30	52.4	45.9	44.3	35.7	34.9	33.9	32.3	31.7	31.2	34.6
	平均	52.7	44.9	42.0	36.0	34.7	33.8	34	32.8	31.6	36.2

第三章　耕地地力评价技术路线

第一节　耕地地力评价主要技术流程及重点技术内容

一、主要技术流程

根据耕地地力有许多不同的内涵和外延，耕地地力评价也有不同的方法等实际情况。立足于延寿县目前资料数据的现状，采用的评价流程是国内外相关项目和研究中应用较多、相对比较成熟的方法，充分利用现有先进的计算机软硬件技术和工具，经过近年来耕地地力调查与质量评价项目检验过的一套可行的技术手段和工作方法。其主要技术流程如下：

第一步：建立县级耕地资源基础数据库。利用“3S”技术，收集整理所有相关历史数据资料和测土配方施肥数据资料，采用多种方法和技术手段，以县为单位建立耕地资源基础数据库。

第二步：选择县级耕地地力评价指标。在省级专家技术组的主持下，吸收县级专家参加，结合延寿县实际，从国家和省级耕地地力评价指标体系中，选择延寿县的耕地地力评价指标。延寿县确定了 3 个准则层，8 个评价指标。

第三步：确定基本评价单元。利用数字化标准的县级土壤图、行政区划图和土地利用现状图，确定评价单元。延寿县在本次耕地地力评价中，进行综合取舍和其他技术处理后划分了 11 079 个评价单元。

第四步：建立县域耕地资源管理信息系统。全国统一提供系统平台软件，各地按照统一要求，将第二次土壤普查及相关的图件资料和数据资料数字化，建立规范的数据库，并将空间数据库和属性数据库建立连接，用统一提供的平台软件进行管理。

第五步：对评价单元进行赋值、标准化和权重计算。有 3 个方面的内容，即对每个评价单元进行赋值、标准化和计算每个因素的权重。不同性质的数据，赋值的方法不同，本书根据实际应用均进行了介绍。数据标准化在本书使用的是利用隶属函数法，并采用层次分析法确定每个因素的权重。

第六步：进行综合评价。根据综合评价结果提出建议，并纳入国家耕地地力等级体系中去。

二、重点技术内容

在耕地地力评价流程中确定了丰富的内容、操作上的具体要求与注意事项。重点技术内容简要说明如下：

（一）数据基础

耕地地力评价数据来源有两个方面：分别为第二次土壤普查数据和近年来各种土壤监

测、肥效试验等数据。并参照测土配方施肥野外调查、农户调查、土壤样品测试和田间试验数据。测土配方施肥属性数据有专门的录入、分析和管理软件，历史数据也有专门的收集、整理、规范或数据字典，依据这些规范和软件建立相应的空间数据库的管理工具。

县域耕地资源管理信息系统集成各种本地化的知识库和模型库，就可以依据这一系统平台，开展数据的各种应用。所以，数据的收集、整理、建库和县域耕地资源管理信息系统的建立是耕地地力评价必不可少的基础工作。

本次耕地地力评价，数据库或县域耕地资源管理信息系统中的数据并没有全部用于耕地地力评价。因为，耕地地力评价是一种应用性评价，必须与各地的气候、土壤、种植制度和管理水平相结合，评价指标的选择必须是结合本地的实际情况，合理的选择相关数据，因此，数据的利用也是本地化的，具有较强的实用性。

（二）数据标准化

本次土壤调查和测土配方施肥技术、测试技术的分析整理，都采用了计算机技术，根据数据的规范化、标准化，对数据库的建立、数据的有效管理、数据的利用和数据成果进行系统表述。按照科学性、系统性、包容性和可扩充性的原则，对历史数据的整理、数字化与建库、测土配方施肥数据的录入与建库管理等所有环节的数据都做了标准化的规定。对耕地资源数据库系统提出了统一的标准，基础属性数据和调查数据由国家制订统一的数据采集模板，制订统一的基础数据编码规则，包括行业体系编码、行政区划编码、空间数据库图斑、图层编码、土壤分类编码和调查表分类编码等，这些数据尽可能地应用了国家标准或行业标准。

（三）确定评价单元的办法

耕地地力评价单元是由耕地构成因素组成的综合体。确定评价单元的方法有以下几种：一是以土壤图为基础，这是源于美国土地生产潜力分类体系，将农业生产影响一致的土壤类型归并在一起成为一个评价单元；二是以土地利用现状图为基础确定评价单元；三是采用网格法确定评价单元。上述方法各有利弊。无论室内规划还是实地工作，需要评价的地块都能够落实到实际的位置，因此延寿县使用了土壤图、土地利用现状图和行政区划图 3 图叠加的方法来确定。这样同一评价单元内土壤类型相同、土地利用类型相同，这样使评价结果容易落实到实际的田间，便于对耕地地力做出评价，便于耕地利用与管理。通过土壤图、土地利用现状图叠加，延寿县耕地地力评价中共确定了 11 079 个评价单元。

（四）评价因素和评价指标

耕地地力评价的实质是对地形、土壤等自然要素对当地主要农作物生长限制程度的强弱的评价。耕地地力评价因素包括气候、地形、土壤、植被、水文及水文地质和社会经济因素，每一因素又可划分为不同因子。耕地地力指标可以归类为物理性指标、化学性指标和生物性指标。该书主要针对土壤质地、有机质和各种营养元素含量、pH、锌、铜、铁、耕层厚度、地形部位、全氮、有效磷、速效钾、排涝能力等因素进行综合评价。

在选择评价因素时，因地制宜地依据以下原则进行：选取的因子对耕地地力有较大影响；选取的因子在评价区域内的变异较大，便于划分等级；同时，延寿县是典型的三江平原地貌，雨热同季、春旱秋涝，必须注意各因子的稳定性和对当前生产密切相关等因素。例如，抗旱能力、土壤质地对产量影响比较大，水田的坡度、灌溉保证率都是影响比较大因素，这些因素都选择为评价指标，以期评价指标更加符合实际情况。

（五）耕地地力等级与评价

耕地地力评价方法由于学科和研究目的不同，各种评价系统的评价目的、评价方法、工作程序和表达方式也不相同。归纳起来，耕地地力评价的方法主要有两种，一种是国际上普遍采用的综合地力指数的评价法，其主要技术路线是：评价因素确定之后，应用层次分析法或专家经验法确定各评价因素的权重。单因素评价模型的建立采用模糊评价法，单因素评价模型分为数值型和概念型两类。数值型的评价因素模拟经验公式，概念型因素给出经验指数。然后，采用累加法、累乘法或加法与乘法的结合建立综合评价模型，对耕地地力进行分级。

另一种是用耕地潜在生产能力描述耕地地力等级。这种潜在的生产能力直接关系到农业发展的决策和宏观规划的编制。在应用综合指数法进行耕地等级的划定之后，由于它只是一个指数，没有确切的生产能力或产量含义。为了能够计算我国耕地潜在生产能力，为人口增长和农业承载力分析、农业结构调整服务，需要对每一地块的潜在生产能力指标化。在对第二次土壤普查成果综合分析以及大量实地调查之后，王蓉芳等提出了我国耕地潜在生产能力的划分标准，这个标准通过地力要素与我国现在生产条件和现有耕作制度相结合，分析我国耕地的最高生产能力和最低生产能力之间的差距，大致从小于 1 500 千克/公顷至大于 13 500 千克/公顷的幅度，中间按 1 500 千克/公顷的级差切割成 10 个地力等级作为全国耕地地力等级的最终指标化标准。这样，在全国、全省都不会由于评价因素不同、由于同一等级名称但含义不同而难以进行耕地地力等级汇总。因此，在对耕地地力进行完全指数评价之后，要对耕地的生产能力进行等级划分，形成全国统一标准的地力等级成果。

（六）评价结果汇总

评价结果汇总是一个逐步的过程，全国耕地地力评价结果汇总有 3 个方面的内容。一是耕地地力等级汇总，由于综合指数法评价的耕地地力分级在不同区域表示的含义不同，并且不具有可比性，无法进行汇总，因此，耕地地力评价结果汇总应依据《全国耕地类型区、耕地地力等级划分》（NY/T 309—1996）的 10 个等级，以区域或省为单位，将评价结果进行等级归类和面积汇总。二是中低产田类型汇总，依据《全国中低产田类型划分与改良技术规范》（NY/T 310—1996）规定的八大中低产田类型，以区域或省为单位，将中低产田进行归类和面积汇总。三是土壤养分状况汇总，目前，全国没有统一的土壤养分状况分级标准，第二次土壤普查确定的养分分级标准已经不能满足现实的土壤养分特征的描述需要，因此，土壤养分分级和归类汇总指标应以省为单位制订，以区域或省为单位，对土壤养分进行归类汇总。今后，应利用测土配方施肥的大量数据逐步建立全国统一的养分分级指标体系。

第二节　调查方法与内容

一、调查方法

（一）布点原则

在进行耕地地力样点布设时，应遵循以下原则：

1. 要有广泛的代表性。采样点的土壤类型能反映延寿县主要耕地地力情况，同时各种土壤类型尽可能兼顾。

2. 要兼顾均匀性，考虑采样点的位置分布，土种类型的面积大小等。

3. 尽可能在第二次土壤普查的采样点上进行本次耕地地力调查点布设。

4. 耕地地力调查样点要与延寿县行政区域分布相兼顾。

5. 采样点布设要具有典型性，尽量避免非调查因素影响。

（二）布点方法

本次调查设耕地样点 1 311 个，采样点密度为每个样点代表面积 78 公顷。布设采样点时，首先利用计算机，将土壤图、基本农田保护图、土地利用现状图进行数字化录入，叠加生成评价单元图，再根据评价单元的个数以及面积和总采样点数量、土壤类型等确定采样点点位，并在图上标注采样点编号。

（三）采样方法

大田土壤样品采集是在秋收后进行，首先根据样点分布图的位置，确定具有代表性的地块，田块面积要求在 50 公顷以上，用 GPS 定位仪进行定位，同时向农民了解有关农业生产情况，按调查表格的内容逐项进行调查填写，最后在该田块中采集土壤样品。样品采集深度为旱田 0～20 厘米，水田 0～20 厘米，长方形地块多采用 S 法，矩形田块多采用 X 法或棋盘采样法，每个地块一般取 7～21 个小样点土壤，并且每个小样点的采土部位、深度、数量力求一致，经充分混合后，四分法留取 1 千克装入袋中。土袋附带标签，内外各具 1 张，在标签上填写样品类型、野外编号、采样地点、深度、时间、采样人等。野外编号由乡（镇）序号、样点类型、样点序号、土种号组成。

二、调查内容

用于耕地地力评价的图件是数据库建立的重要数据资源。延寿县图件资料收集如下：

一是延寿县土地利用现状图，由延寿县农业技术推广中心收集。比例尺 1∶50 000，要求对该纸图通过扫描、校正、配准处理后，矢量化，保证图上的斑块信息不丢失，符合检验标准。该图矢量化由哈尔滨万图信息技术开发公司负责。

二是延寿县行政区划图，由延寿县农业技术推广中心收集。比例尺 1∶100 000，要求该纸图通过扫描、校正、配准处理后，矢量化，保证图上的村界正确，符合检验标准。该图矢量化由哈尔滨万图信息技术开发公司负责。

三是延寿县土壤图，数据来源于第二次土壤普查数据，比例尺 1∶50 000（历史数据），由延寿县农业技术推广中心收集。要求对该纸图通过扫描、校正、配准处理后，矢量化，保证图上的斑块信息不丢失，符合检验标准。

四是地形图采用比例尺 1∶50 000 的地形图。由哈尔滨万图信息技术开发有限公司收集整理、校正、配准后并进行技术处理。

五是土壤采样点位图，通过田间采样化验分析并进行空间处理得到。数据由延寿县农业技术推广中心土壤肥料管理站负责采集和化验分析，由哈尔滨万图信息技术开发有限公司负责成图。

为了准确地划分耕地等级，真实地反映耕地地力质量状况，达到客观评价耕地地力的目的，需要对影响耕地地力的诸项属性、自然条件、管理水平等要素，对延寿县境内的耕地及农业生产管理等进行全面调查，其主要内容分为采样点农业生产情况调查、采样点基本情况调查两个方面。

（一）采样点农业生产情况调查

采样点农业生产情况调查内容

（1）基本项目：家庭住址、户主姓名、家庭人口、耕地面积、采样地块面积等。

（2）土壤管理：种植制度、保护设施、耕翻情况、灌溉情况、秸秆还田情况等。

（3）肥料投入情况：肥料品种、含量、施用量、费用等。

（4）农药投入情况：农药种类、用量、施用时间、费用等。

（5）种子投入情况：作物品种、名称、来源、用量、费用等。

（6）机械投入情况：耕翻、播种、收获、其他、费用等。

（7）产销情况：作物产量、销售价格、销售量、销售收入等。

（二）采样点基本情况调查

采样点基本情况调查内容

（1）基本项目：采样地块俗称、经纬度、海拔高度、土壤类型、采样深度等。

（2）立地条件：地形部位、坡度、坡向、成土母质、盐碱类型、土壤侵蚀情况等。

（3）剖面性状：质地构型、耕层质地、障碍层次情况等。

（4）土地整理：地面平整度、灌溉水源类型、田间输水方式等。

三、调查步骤

耕地地力评价工作大体分为四个阶段。一是准备阶段，二是调查分析阶段，三是评价阶段，四是汇总阶段，其具体步骤见图 3-1。

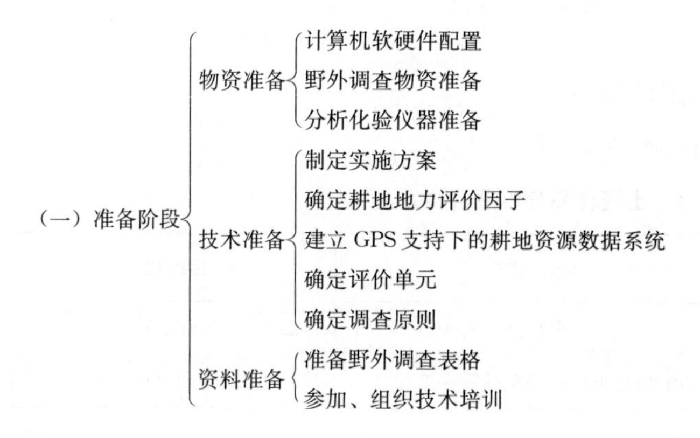

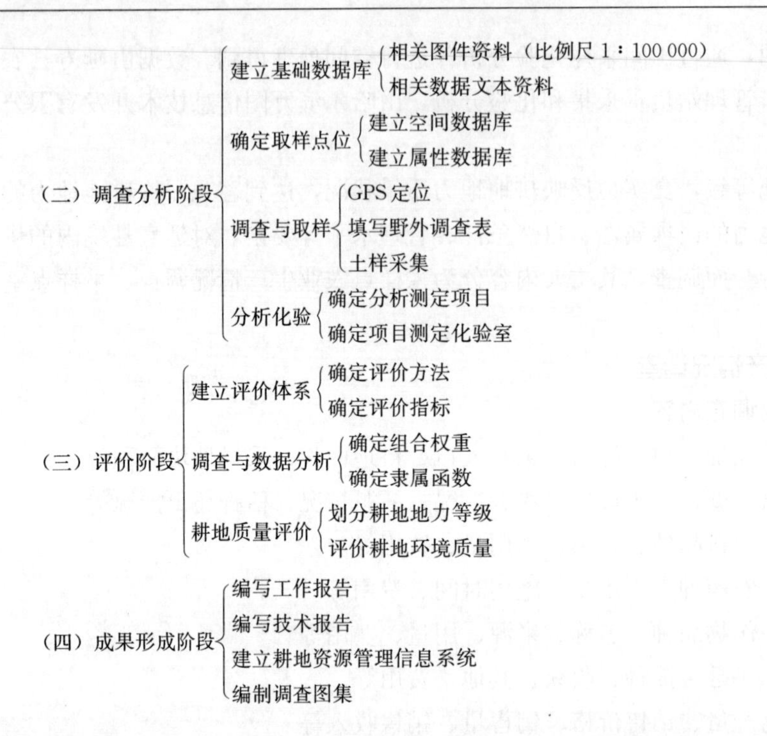

图 3-1　延寿县耕地地力评价流程图

第三节　样品分析及质量控制

一、分析项目与方法确定

分析项目与方法是根据《耕地地力调查与质量评价技术规程》中所规定的必测项目和方法要求确定的。

（一）分析项目

1. 物理性状　土壤质地。

2. 化学性状　土壤样品分析项目包括：pH、有机质、全氮、全磷、全钾、有效磷、速效钾、水溶态硼、有效铜、有效铁、有效锰、有效锌等。

（二）分析方法

1. 物理性状　土壤容重测定采用环刀法。

2. 化学性状　样品分析方法具体见表 3-1。

表 3-1　土壤样品分析项目和方法

分析项目	分析方法	标准代号
pH	电位法	NY/T 1377
有机质	油浴加热重铬酸钾氧化——容量法	NY/T 1121.6

（续）

分析项目	分析方法	标准代号
全氮	凯氏蒸馏法	NY/T 53
有效磷	碳酸氢钠提取——钼锑抗比色法	NY/T 148
全磷	氢氧化钠熔融——钼锑抗比色法	GB 9837—88
速效钾	乙酸铵提取——火焰光度法	NY/T 889—2004
全钾	氢氧化钠熔融——火焰光度法	GB 9836—88
有效铜、有效锌、有效铁、有效锰	DTPA 浸提——原子吸收光度法	NY/T 890—2004
有效硼	沸水浸提——姜黄素比色法	NY/T 1121.8
碱解氮	碱解扩散法	LY/T 1229—1999
有效钼	草酸——草酸铵提取——极谱法	NY/T 1121.9

二、分析测试质量

实验室的检测分析数据质量客观地反映出了人员素质水平、分析方法的科学性、实验室质量体系的有效性和符合性及实验室管理水平。在检测过程中由于受被检样品、测量方法、测量仪器、测量环境、测量人员、检测等因素的影响，总存在一定的测量误差，影响结果的精密度和准确性。只有在了解产生误差的原因，采取适当的措施加以控制，才能获得满意的效果。

1. 检测前

（1）样品确认。

（2）检验方法确认。

（3）检测环境确认。

（4）检测用仪器设备的状况确认。

2. 检测中

（1）严格执行标准或规程、规范。

（2）坚持重复试验，控制精密度；通过增加测定次数可减少随机误差，提高平均值的精密度。

（3）带标准样或参比样，判断检验结果是否存在系统误差。

（4）注重空白试验。可消除试剂、蒸馏水中杂质带来的系统误差。

（5）做好校准曲线。每批样品均做校准曲线，消除温度或其他因素影响。

（6）用标准物质校核实验室的标准溶液、标准滴定溶液。

（7）检测中对仪器设备状况进行确认（稳定性）。

（8）详细、如实、清晰、完整记录检测过程，使检测条件可再现、检测数据可追溯。

3. 检测后

（1）加强原始记录校核、审核，确保数据准确无误。

（2）异常值的处理；对检测数据中的异常值，按 GB 4883 标准规定采用 Grubbs 法或 Dixon 法进行判定和处理。

（3）复检：当数据被认为是不符合常规时或被认为是可疑、但检验人员无法解释时，须进行复验或不予采用。

（4）使用计算机采集、处理、运算、记录、报告、存储检测数据，保证数据安全。

第四章　耕地土壤属性

土壤是人类最基础的生产资料，被称之为“衣食之源，生存之本”。它不仅是农业生产的基础、各作物的生活基地及人类衣食住行所需物质和能量的主要来源，而且是物质和能量转化的场地，通过它使物质和能量不断循环，满足作物和人类生活的需要。

耕地是保障一个地区经济社会实现可持续发展的基础性、不可替代性的重要资源。耕地保护是一个综合性的问题，其目的是为了资源的永续利用，更好地为经济社会发展服务。

土壤是人类赖以生存的重要资源之一，土壤肥力是土壤的基本特征，在土壤肥力组成的水、肥、气、热四大要素中土壤养分是重要组成部分之一。在作物栽培过程中，对土壤肥力控制程度较大的也是土壤养分含量，人们通过施肥来调整土壤养分的多少，尽可能地满足农作物生长的需要。因此，了解土壤养分的现状、合理划分养分等级、掌握本地各类土壤养分含量特征以及土壤养分变化趋势，对正确指导土壤施肥具有重要的实际意义。

第二次土壤普查的土壤养分分级标准是按照当时的耕地生产水平及土壤养分状况制订的，从 1982 年至今，由于耕作制度的改变、农作物品种的更新、施肥水平的提高等农业生产条件的变化，土壤养分的分级标准也相应地进行修正。特别是多年来有机肥的施用减少和氮肥施量的增加，使土壤有机质、全氮、碱解氮养分含量发生了很大的变化；随着农作物品种产量的提高、施肥结构的改变，原来的土壤养分标准已经不能完全反映土壤养分水平的高低了。因此，根据近年的肥效试验结果、土壤养分含量结构的变化以及当前实际生产条件的改变，有必要对第二次土壤普查的土壤养分分级标准进行修正。本次参照 2009 年 6 月 10 日，经黑龙江省耕地地力评价领导小组第四次专家组会议审定确定的《黑龙江省耕地地力评价养分分级指标（试行）》进行评价分级，该分级指标见表 4 - 1。

表 4 - 1　黑龙江省耕地地力评价养分分级指标

分级	一级	二级	三级	四级	五级	六级
有机质（克/千克）	＞60	40～60	30～40	20～30	10～20	＜10
碱解氮（N）（毫克/千克）	＞250	180～250	150～180	120～150	80～120	＜80
全氮（N）（克/千克）	＞2.5	2.0～2.5	1.5～2.0	1.0～1.5	＜1.0	—
全磷（P）（克/千克）	＞2.0	1.5～2.0	1.0～1.5	0.5～1.0	＜0.5	—
全钾（K）（克/千克）	＞30	25～30	20～25	15～20	10～15	＜10
有效磷（P）（毫克/千克）	＞60	40～60	20～40	10～20	5～10	＜5
速效钾（K）（毫克/千克）	＞200	150～200	100～150	50～100	30～50	＜30
有效锰（Mn）（毫克/千克）	＞15.0	10.0～15.0	7.5～10.0	5.0～7.5	＜5.0	—
有效铁（Fe）（毫克/千克）	＞4.5.0	3～4.5	2～3	＜2	—	—

（续）

分级	一级	二级	三级	四级	五级	六级
有效硫（S）（毫克/千克）	>40	24～40	12～24	<12	—	—
有效铜（Cu）（毫克/千克）	>1.8	1.0～1.8	0.2～1.0	0.1～0.2	<0.1	—
有效锌（Zn）（毫克/千克）	>2.0	1.5～2.0	1.0～1.5	0.5～1.0	<0.5	—
有效硼（B）（毫克/千克）	>1.0	0.8～1.0	0.4～0.8	<0.4	—	—

耕地土壤自1982年土壤普查以来，经过近30年耕作制度的改革和各种自然因素的影响，土壤的基础肥力状况已经发生了明显的变化。总的变化趋势是：土壤有机质呈下降趋势，土壤酸性增强。

本次调查采集土壤耕层样（0～20厘米）1 311个。分析了土壤pH、有机质、全氮、全磷、全钾、碱解氮、有效磷、速效钾、微量元素等土壤理化属性项目12项，分析数据15 332个。根据“延寿县域耕地资源信息管理系统”，共确定评价单元数11 079个，并采用空间插值法所得数据，进行整理分析。

第一节　有机质及大量元素

一、土壤有机质

土壤有机质是耕地地力的重要标志。它可以为植物生长提供必要的氮、磷、钾等营养元素；可以改善耕地土壤的结构性能以及生物学和物理、化学性质。通常在其他大的立地条件相似的情况下，有机质含量的多少，可以反映出耕地地力水平的高低。

本次调查结果表明，延寿县耕地土壤有机质含量平均为32.69克/千克，变化幅度在6～56.9克/千克，在《黑龙江省第二次土壤普查技术规程》分级基础上，将全县耕地土壤有机质分为6级，其中含量>60克/千克的为零，40～60克/千克的占13.94%，30～40克/千克的占58.54%，20～30克/千克的占25.14%，10～20克/千克的占2.27%，≤10克/千克占0.1%。

与20世纪80年代开展的第二次土壤普查调查结果比较，土壤有机质平均下降了13.7个百分点（第二次土壤普查调查数为37.9克/千克）。而且土壤有机质的分布也发生了相应的变化，第二次土壤普查时耕地土壤有机质主要集中在40克/千克以上的一级、二级地，占耕地总面积的87.4%；而本次调查表明，有机质主要集中在20～60克/千克的三级、四级地，面积占总耕地面积的83.68%（图4-1）。

从行政区域看，延寿镇有机质含量较高，平均含量为36.18克/千克；其次为安山乡，平均含量为34.81%（表4-2和表4-5）。土壤类型中新积土有机质平均含量最高，为33.82克/千克；其次草甸土，其平均含量为33.15克/千克（表4-3和表4-6）。土种中中层黄土质黑土含量最高，其平均值为36.87克/千克；其次为薄层沙底白浆化黑土，其平均含量为35.23克/千克（表4-4和表4-7）。

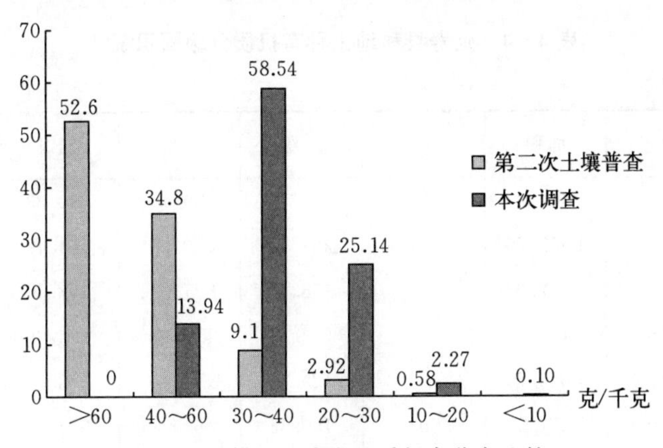

图 4-1　耕层土壤有机质频率分布比较

表 4-2　各乡（镇）有机质分级面积统计

单位：公顷

乡（镇）	面积	一级	二级	三级	四级	五级	六级
延寿镇	11 315.60	0	2 645.78	7 290.15	1 324.80	19.83	35.04
延河镇	13 405.12	0	1 038.21	5 105.89	5 888.78	1 362.09	10.15
寿山乡	8 568.76	0	981.59	6 335.96	1 251.21	0	0
安山乡	9 856.00	0	3 051.45	5 536.27	1 266.43	1.85	0
玉河乡	13 670.90	0	1 787.39	7 218.98	4 185.52	479.01	0
加信镇	9 727.51	0	1 942.92	5 022.45	2 686.25	75.89	0
青川乡	10 671.19	0	1 285.48	6 030.10	3 061.11	246.30	48.20
中和镇	5 949.05	0	232.08	3 047.54	2 608.21	52.07	9.15
六团镇	16 072.20	0	981.01	12 189.47	2 853.94	47.78	0
太平川种畜场	1 258.19	0	66.88	1 054.38	136.93	0	0
合计	100 494.52	0	14 012.79	58 831.19	25 263.18	2 284.82	102.54
占耕地面积（%）	100.00	0	13.94	58.54	25.14	2.28	0.10

表 4-3　各土壤类型有机质分级面积统计

单位：公顷

土类	面积	一级	二级	三级	四级	五级	六级
草甸土	28 460.30	0	3 830.69	16 614.90	7 659.69	345.51	9.51
白浆土	43 645.12	0	5 033.74	26 965.72	10 480.28	1 081.50	83.88
暗棕壤	4 933.14	0	546.83	3 112.82	1 100.39	173.10	0
沼泽土	3 032.32	0	470.88	1 828.80	551.99	180.65	0
泥炭土	1 696.38	0	19.59	1 187.11	300.95	188.73	0
黑土	5 328.19	0	1 150.67	2 031.11	2 057.71	88.70	0
新积土	9 820.67	0	2 130.64	5 755.59	1 856.02	69.27	9.15
水稻土	3 578.40	0	829.75	1 335.14	1 256.15	157.36	0
合计	100 494.52	0	14 012.79	58 831.19	25 263.18	2 284.82	102.54

表 4-4 延寿县耕地土种有机质分级面积统计

单位：公顷

土种	面积	一级	二级	三级	四级	五级	六级
厚层砾底草甸土	761.34	0	31.71	322.99	390.33	16.31	0
中层砾底草甸土	1 458.79	0	264.26	1 001.84	164.47	28.22	0
薄层砾底草甸土	2 197.08	0	158.70	1 713.20	303.50	21.68	0
厚层沙砾底潜育草甸土	304.78	0	0	277.35	27.43	0	0
中层沙砾底潜育草甸土	1 646.76	0	129.85	523.65	976.60	7.15	9.51
薄层沙砾底潜育草甸土	2 677.27	0	100.42	1 599.24	922.04	55.57	0
厚层黏壤质潜育草甸土	1 054.06	0	96.22	708.88	248.44	0.52	0
中层黏壤质潜育草甸土	3 361.71	0	811.53	1 403.24	1 120.81	26.13	0
薄层黏壤质潜育草甸土	1 049.52	0	228.64	630.93	158.07	31.88	0
厚层黏壤质草甸土	1 520.43	0	9.61	614.13	896.69	0	0
中层黏壤质草甸土	6 048.26	0	687.68	4 258.19	979.66	122.73	0
薄层黏壤质草甸土	4 701.93	0	1 006.33	2 646.45	1 013.83	35.32	0
厚层沙壤质草甸土	322.59	0	20.59	244.07	57.93	0	0
中层沙壤质草甸土	1 217.36	0	285.15	535.02	397.19	0	0
薄层沙壤质草甸土	138.42	0	0	135.72	2.70	0	0
砾沙质暗棕壤	3 411.56	0	475.16	2 115.08	790.02	31.30	0
沙砾质白浆化暗棕壤	1 521.58	0	71.67	997.74	310.37	141.80	0
中层泥炭沼泽土	841.72	0	51.79	708.38	54.30	27.25	0
薄层泥炭沼泽土	610.43	0	65.27	159.04	289.51	96.61	0
薄层泥炭腐殖质沼泽土	1 009.02	0	239.36	682.54	34.38	52.74	0
厚层黏质草甸沼泽土	199.00	0	0	188.13	6.82	4.05	0
薄层黏质草甸沼泽土	372.15	0	114.46	90.71	166.98	0	0
中层芦苇薹草低位泥炭土	766.77	0	6.09	601.11	159.57	0	0
薄层芦苇薹草低位泥炭土	929.61	0	13.50	586.00	141.38	188.73	0
厚层黏质草甸白浆土	1 795.88	0	486.72	1 116.42	188.83	3.91	0
中层黏质草甸白浆土	2 830.58	0	439.59	1 670.02	389.00	331.97	0
厚层黄土质白浆土	3 605.00	0	258.99	1 747.62	1 367.19	231.20	0
中层黄土质白浆土	32 541.04	0	3 763.56	20 829.99	7 359.51	504.10	83.88
厚层黏质潜育白浆土	289.57	0	0	53.34	236.23	0	0
中层黏质潜育白浆土	155.53	0	0	68.78	86.75	0	0
薄层黄土质白浆土	2 427.52	0	84.88	1 479.55	852.77	10.32	0
中层黄土质黑土	116.31	0	69.66	30.24	16.41	0	0
薄层黄土质黑土	1 087.49	0	375.27	332.08	380.14	0	0

（续）

土种	面积	一级	二级	三级	四级	五级	六级
厚层黄土质白浆化黑土	9.86	0	0	9.86	0	0	0
中层黄土质白浆化黑土	276.31	0	2.41	159.51	114.39	0	0
薄层黄土质白浆化黑土	189.73	0	68.27	30.60	2.16	88.70	0
薄层沙底白浆化黑土	130.87	0	51.64	67.09	12.14	0	0
中层沙底黑土	250.69	0	129.81	74.03	46.85	0	0
薄层沙底黑土	3 146.25	0	453.61	1 315.07	1 377.57	0	0
中层砾底黑土	16.41	0	0	6.47	9.94	0	0
薄层砾底黑土	104.27	0	0	6.16	98.11	0	0
薄层沙质冲积土	9 425.48	0	2 130.64	5 568.78	1 647.64	69.27	9.15
中层黏壤质冲积土	374.84	0	0	186.81	188.03	0	0
薄层黏壤质冲积土	20.35	0	0	0	20.35	0	0
中层黑土型淹育水稻土	699.22	0	258.90	165.36	274.96	0	0
厚层草甸土型淹育水稻土	201.00	0	6.35	155.31	39.34	0	0
中层草甸土型淹育水稻土	1 523.97	0	275.09	675.50	416.02	157.36	0
薄层黑土型淹育水稻土	977.84	0	289.41	334.83	353.60	0	0
白浆土型淹育水稻土	176.37	0	0	4.14	172.23	0	0
总计	100 494.52	0	14 012.79	58 831.19	25 263.18	2 284.82	102.54

表 4-5　各乡（镇）耕地土壤有机质含量统计

乡（镇）	平均值（克/千克）	最大值（克/千克）	最小值（克/千克）	样本数（个）
延寿镇	36.18	49.40	9.20	1 504
延河镇	28.78	49.70	9.20	1 866
寿山乡	33.94	46.40	25.50	726
安山乡	34.82	56.90	12.00	792
玉河乡	32.20	49.60	18.40	1 639
加信镇	34.56	45.60	19.60	1 027
青川乡	31.70	47.50	8.10	1 270
中和镇	31.07	49.30	6.00	521
六团镇	32.78	49.20	18.50	1 525
太平川种畜场	34.34	44.10	21.70	209
全县	32.69	56.90	6.00	11 079

表 4-6　各土壤类型耕地有机质含量统计

土类	平均值（克/千克）	最大值（克/千克）	最小值（克/千克）	样本数（个）
草甸土	33.15	49.70	9.20	2 623
白浆土	32.43	49.70	8.10	5 081
暗棕壤	32.56	49.40	10.60	1 184
沼泽土	31.83	47.90	10.60	366
泥炭土	32.30	42.10	11.20	201
黑土	32.24	48.30	19.80	476
新积土	33.82	56.90	6.00	875
水稻土	32.49	48.60	10.20	273

表 4-7　各土种耕地有机质含量统计

土种	平均值（克/千克）	最大值（克/千克）	最小值（克/千克）	样本数（个）
厚层砾底草甸土	30.65	44.10	19.30	150
厚层黏质草甸白浆土	32.89	48.10	10.20	140
中层黄土质白浆土	33.10	49.70	8.10	3 812
砾沙质暗棕壤	33.40	49.40	10.60	868
薄层泥炭腐殖质沼泽土	35.00	47.90	10.60	171
沙砾质白浆化暗棕壤	30.23	41.20	17.00	316
中层沙砾底潜育草甸土	32.41	48.40	9.20	135
中层黏壤质潜育草甸土	34.38	49.70	18.40	324
中层黏壤质草甸土	33.62	45.20	11.20	489
中层黏质草甸白浆土	30.53	48.40	12.00	315
厚层黄土质白浆土	29.45	44.20	11.20	539
薄层泥炭沼泽土	27.57	43.30	11.20	66
厚层黏壤质潜育草甸土	32.51	47.10	19.30	71
薄层芦苇薹草低位泥炭土	30.62	42.10	11.20	126
薄层沙底黑土	31.49	45.30	20.30	274
薄层砾底草甸土	34.89	42.20	18.70	170
薄层沙质冲积土	33.96	56.90	6.00	838
薄层黄土质白浆土	31.07	43.30	19.20	244
厚层沙砾底潜育草甸土	34.22	39.00	29.80	37
薄层沙砾底潜育草甸土	30.54	40.30	10.20	297
中层黏壤质冲积土	30.98	39.50	23.70	34

（续）

土种	平均值（克/千克）	最大值（克/千克）	最小值（克/千克）	样本数（个）
中层沙壤质草甸土	33.23	44.70	23.10	128
中层黑土型淹育水稻土	33.04	48.60	21.90	27
中层芦苇薹草低位泥炭土	35.10	40.80	22.60	75
中层砾底草甸土	33.53	46.00	11.20	124
薄层黏壤质草甸土	33.61	45.40	18.50	391
薄层黏质草甸沼泽土	29.53	42.20	20.20	36
中层泥炭沼泽土	29.61	42.20	13.50	73
薄层黏壤质潜育草甸土	35.06	49.10	19.20	97
厚层黏壤质草甸土	32.16	49.70	22.30	146
中层草甸土型淹育水稻土	31.80	43.30	10.20	120
薄层黄土质黑土	32.57	48.10	22.50	99
厚层草甸土型淹育水稻土	32.63	44.20	21.90	26
厚层沙壤质草甸土	34.02	41.90	26.20	42
薄层黑土型淹育水稻土	34.63	45.40	22.40	80
中层沙底黑土	35.14	42.80	25.40	20
薄层沙壤质草甸土	34.27	39.80	29.60	22
白浆土型淹育水稻土	27.11	35.10	21.70	20
薄层黏壤质冲积土	28.10	28.10	28.10	3
薄层沙底白浆化黑土	35.23	42.70	29.60	15
薄层黄土质白浆化黑土	33.85	48.30	19.80	12
中层砾底黑土	32.15	38.70	29.40	4
薄层砾底黑土	30.23	32.50	30	12
厚层黏质草甸沼泽土	31.03	36.80	18.40	20
中层黄土质黑土	36.87	40.20	29.50	16
厚层黏质潜育白浆土	28.87	39.30	26.40	25
中层黏质潜育白浆土	27.25	31.20	26.40	6
中层黄土质白浆化黑土	32.61	42.80	24.70	22
厚层黄土质白浆化黑土	30.30	30.50	30.10	2

二、土壤全氮

土壤中的氮素仍然是我国农业生产中最重要的养分限制因子。土壤全氮是土壤供氮能力的重要指标，在生产实际中有着重要的意义。

延寿县耕地土壤中氮素含量平均为 1.91 克/千克，变化幅度在 0.63～5.42 克/千克（表 4－8，表 4－9）。在全县各主要类型的土壤中，沼泽土、暗棕壤全氮最高，分别为

2.22 克/千克和 2.03 克/千克，黑土最低，平均为 1.73 克/千克（表 4-10，表 4-11）。按照面积分级统计分析，全县耕地全氮主要集中在>2.5 克/千克，占 29.46%；2.0～2.5 克/千克占 19.53%；1.5～2 克/千克占 25.26%；1.0～1.5 克/千克占 16.77%；0.5～1.0 克/千克占 8.97%（图 4-2）。

表 4-8 各乡（镇）全氮分级面积统计

单位：公顷

乡（镇）	面积	一级	二级	三级	四级	五级	六级
延寿镇	11 315.60	2 102.30	4 473.34	3 709.80	995.12	35.04	0
延河镇	13 405.12	302.24	1 788.78	7 431.95	3 695.01	187.14	0
寿山乡	8 568.76	2 068.94	3 012.76	3 199.35	287.71	0	0
安山乡	9 856.00	696.30	2 791.06	4 889.17	1 352.49	126.98	0
玉河乡	13 670.90	282.98	1 542.85	5 916.94	5 547.50	380.63	0
加信镇	9 727.51	1 207.36	924.33	3 456.04	3 690.17	449.61	0
青川乡	10 671.19	1 625.96	3 728.63	3 878.74	1 235.88	201.98	0
中和镇	5 949.05	137.70	1 196.53	3 785.05	823.38	6.39	0
六团镇	16 072.20	4 283.91	5 533.12	5 405.94	801.45	47.78	0
太平川种畜场	1 258.19	56.57	873.71	287.54	40.37	0	0
合计	100 494.52	12 764.26	25 865.11	41 960.52	18 469.08	1 435.55	0
占耕地面积（%）	100.00	12.70	25.74	41.75	18.38	1.43	0

表 4-9 各乡（镇）耕地土壤全氮含量统计

乡（镇）	平均值（克/千克）	最大值（克/千克）	最小值（克/千克）	样本数（个）
延寿镇	2.18	4.31	0.90	1 504
延河镇	1.66	4.66	0.85	1 866
寿山乡	2.22	4.53	1.04	726
安山乡	1.94	5.32	0.81	792
玉河乡	1.57	3.01	0.63	1 639
加信镇	1.69	3.62	0.81	1 027
青川乡	1.97	4.90	0.79	1 270
中和镇	1.86	3.31	0.93	521
六团镇	2.25	5.42	0.73	1 525
太平川种畜场	2.15	3.52	1.08	209
全县	1.91	5.42	0.63	11 079

表 4-10　各土壤类型全氮分级面积频率统计

单位：公顷

土类	面积	一级	二级	三级	四级	五级	六级
草甸土	28 460.30	0	3 830.69	16 614.90	7 659.69	345.51	9.51
白浆土	43 645.12	0	5 033.74	26 965.72	10 480.28	1 081.50	83.88
暗棕壤	4 933.14	0	546.83	3 112.82	1 100.39	173.10	0
沼泽土	3 032.32	0	470.88	1 828.80	551.99	180.65	0
泥炭土	1 696.38	0	19.59	1 187.11	300.95	188.73	0
黑土	5 328.19	0	1 150.67	2 031.11	2 057.71	88.70	0
新积土	9 820.67	0	2 130.64	5 755.59	1 856.02	69.27	9.15
水稻土	3 578.40	0	829.75	1 335.14	1 256.15	157.36	0
合计	100 494.52	0	14 012.79	58 831.19	25 263.18	2 284.82	102.54

表 4-11　各土壤类型耕地全氮含量统计

土类	平均值（克/千克）	最大值（克/千克）	最小值（克/千克）	样本数（个）
草甸土	1.87	5.42	0.73	2 623
白浆土	1.92	4.90	0.63	5 081
暗棕壤	2.03	4.90	0.81	1 184
沼泽土	2.22	4.31	0.80	366
泥炭土	1.92	3.31	0.89	201
黑土	1.73	5.32	0.80	476
新积土	1.84	4.13	0.80	875
水稻土	1.76	3.62	0.85	273

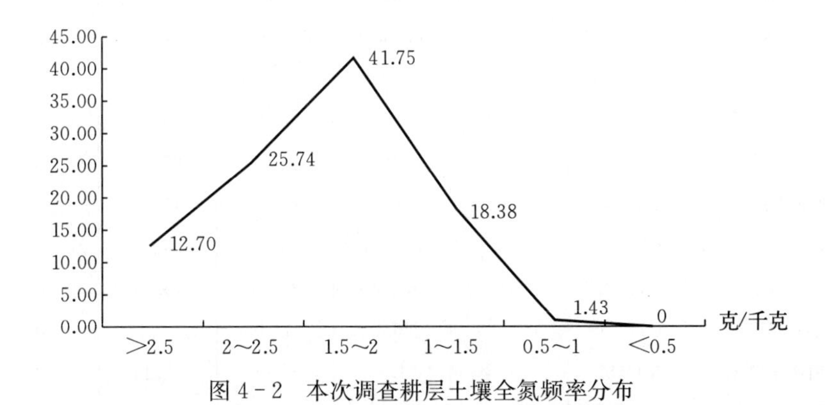

图 4-2　本次调查耕层土壤全氮频率分布

调查结果表明，延寿县六团镇和寿山乡全氮含量最高，平均分别为 2.25 克/千克和 2.22 克/千克；最低为玉河乡，平均含量 1.57 克/千克，其分布与有机质的变化情况相似。

延寿县耕地各土种全氮分级面积统计见表 4-12。

表 4－12　延寿县耕地各土种全氮分级面积统计

单位：公顷

土种	面积	一级	二级	三级	四级	五级	六级
厚层砾底草甸土	761.34	0	31.71	322.99	390.33	16.31	0
中层砾底草甸土	1 458.79	0	264.26	1 001.84	164.47	28.22	0
薄层砾底草甸土	2 197.08	0	158.70	1 713.20	303.50	21.68	0
厚层黏质草甸白浆土	1 795.88	0	486.72	1 116.42	188.83	3.91	0
中层黏质草甸白浆土	2 830.58	0	439.59	1 670.02	389.00	331.97	0
厚层沙砾底潜育草甸土	304.78	0	0	277.35	27.43	0	0
薄层沙砾底潜育草甸土	2 677.27	0	100.42	1 599.24	922.04	55.57	0
厚层沙壤质草甸土	322.59	0	20.59	244.07	57.93	0	0
薄层沙壤质草甸土	138.42	0	0	135.72	2.70	0	0
中层沙砾底潜育草甸土	1 646.76	0	129.85	523.65	976.60	7.15	9.51
厚层黏壤质潜育草甸土	1 054.06	0	96.22	708.88	248.44	0.52	0
中层黏壤质潜育草甸土	3 361.71	0	811.53	1 403.24	1 120.81	26.13	0
薄层黏壤质潜育草甸土	1 049.52	0	228.64	630.93	158.07	31.88	0
厚层黏壤质草甸土	1 520.43	0	9.61	614.13	896.69	0	0
中层黏壤质草甸土	6 048.26	0	687.68	4 258.19	979.66	122.73	0
薄层黏壤质草甸土	4 701.93	0	1 006.33	2 646.45	1 013.83	35.32	0
中层沙壤质草甸土	1 217.36	0	285.15	535.02	397.19	0	0
砾沙质暗棕壤	3 411.56	0	475.16	2 115.08	790.02	31.30	0
沙砾质白浆化暗棕壤	1 521.58	0	71.67	997.74	310.37	141.80	0
厚层黄土质白浆土	3 605.00	0	258.99	1 747.62	1 367.19	231.20	0
中层黄土质白浆土	32 541.04	0	3 763.56	20 829.99	7 359.51	504.10	83.88
薄层黄土质白浆土	2 427.52	0	84.88	1 479.55	852.77	10.32	0
厚层黏质潜育白浆土	289.57	0	0	53.34	236.23	0	0
中层黏质潜育白浆土	155.53	0	0	68.78	86.75	0	0
中层沙底黑土	250.69	0	129.81	74.03	46.85	0	0
薄层沙底黑土	3 146.25	0	453.61	1 315.07	1 377.57	0	0
中层黄土质黑土	116.31	0	69.66	30.24	16.41	0	0
薄层黄土质黑土	1 087.49	0	375.27	332.08	380.14	0	0
薄层沙底白浆化黑土	130.87	0	51.64	67.09	12.14	0	0
厚层黄土质白浆化黑土	9.86	0	0	9.86	0	0	0
中层黄土质白浆化黑土	276.31	0	2.41	159.51	114.39	0	0
薄层黄土质白浆化黑土	189.73	0	68.27	30.60	2.16	88.70	0
中层砾底黑土	16.41	0	0	6.47	9.94	0	0
薄层砾底黑土	104.27	0	0	6.16	98.11	0	0

（续）

土种	面积	一级	二级	三级	四级	五级	六级
薄层沙质冲积土	9 425.48	0	2 130.64	5 568.78	1 647.64	69.27	9.15
中层黏壤质冲积土	374.84	0	0	186.81	188.03	0	0
薄层黏壤质冲积土	20.35	0	0	0	20.35	0	0
厚层黏质草甸沼泽土	199.00	0	0	188.13	6.82	4.05	0
薄层黏质草甸沼泽土	372.15	0	114.46	90.71	166.98	0	0
中层泥炭沼泽土	841.72	0	51.79	708.38	54.30	27.25	0
薄层泥炭沼泽土	610.43	0	65.27	159.04	289.51	96.61	0
薄层泥炭腐殖质沼泽土	1 009.02	0	239.36	682.54	34.38	52.74	0
中层芦苇薹草低位泥炭土	766.77	0	6.09	601.11	159.07	0	0
薄层芦苇薹草低位泥炭土	929.61	0	13.50	586.00	141.38	188.73	0
中层草甸土型淹育水稻土	1 523.97	0	275.09	675.50	416.02	157.36	0
厚层草甸土型淹育水稻土	201.00	0	6.35	155.31	39.34	0	0
中层黑土型淹育水稻土	699.22	0	258.90	165.36	274.96	0	0
薄层黑土型淹育水稻土	977.84	0	289.41	334.83	353.60	0	0
白浆土型淹育水稻土	176.37	0	0	4.14	172.23	0	0
总计	100 494.52	0	10 012.79	58 831.19	25 263.19	2 284.82	102.54

土种中以薄层泥炭腐殖质沼泽土最高，平均达到 2.5 克/千克以上，最低为中层黄土质白浆化黑土，平均 1.50 克/千克（表 4－13）。

表 4－13 各土种耕地全氮含量统计

土种	平均值（克/千克）	最大值（克/千克）	最小值（克/千克）	样本数（个）
厚层砾底草甸土	1.84	3.86	1.02	150
厚层黏质草甸白浆土	2.08	3.86	1.13	140
中层黄土质白浆土	1.96	4.90	0.63	3 812
砾沙质暗棕壤	2.10	4.90	0.81	868
薄层泥炭腐殖质沼泽土	2.50	4.31	1.14	171
沙砾质白浆化暗棕壤	1.82	3.80	0.89	316
中层沙砾底潜育草甸土	2.02	3.62	0.90	135
中层黏壤质潜育草甸土	1.81	4.21	1.02	324
中层黏壤质草甸土	1.85	5.42	0.85	489
中层黏质草甸白浆土	1.72	3.00	0.73	315
厚层黄土质白浆土	1.78	4.66	0.84	539
薄层泥炭沼泽土	1.90	2.35	1.27	66
厚层黏壤质潜育草甸土	2.19	3.10	1.04	71

（续）

土种	平均值（克/千克）	最大值（克/千克）	最小值（克/千克）	样本数（个）
薄层芦苇薹草低位泥炭土	1.87	3.22	0.89	126
薄层沙底黑土	1.66	4.01	0.80	274
薄层砾底草甸土	1.76	3.51	1.04	170
薄层沙质冲积土	1.84	4.13	0.80	838
薄层黄土质白浆土	1.81	4.10	1.02	244
厚层沙砾底潜育草甸土	2.27	2.97	1.25	37
薄层沙砾底潜育草甸土	1.82	3.99	0.98	297
中层黏壤质冲积土	1.79	1.95	1.24	34
中层沙壤质草甸土	2.17	3.78	0.98	128
中层黑土型淹育水稻土	2.09	3.19	1.45	27
中层芦苇薹草低位泥炭土	1.99	3.31	1.34	75
中层砾底草甸土	1.93	3.00	1.29	124
薄层黏壤质草甸土	1.79	3.62	0.73	391
薄层黏质草甸沼泽土	1.84	2.94	0.89	36
中层泥炭沼泽土	2.21	4.00	1.00	73
薄层黏壤质潜育草甸土	1.90	5.32	1.04	97
厚层黏壤质草甸土	1.78	3.00	1.17	146
中层草甸土型淹育水稻土	1.71	2.65	0.85	120
薄层黄土质黑土	1.92	5.32	1.00	99
厚层草甸土型淹育水稻土	1.68	1.97	1.25	26
厚层沙壤质草甸土	1.92	2.88	0.98	42
薄层黑土型淹育水稻土	1.67	3.62	0.93	80
中层沙底黑土	1.77	2.60	1.24	20
薄层沙壤质草甸土	1.94	2.55	1.17	22
白浆土型淹育水稻土	2.11	3.01	1.62	20
薄层黏壤质冲积土	1.56	1.56	1.56	3
薄层沙底白浆化黑土	1.82	2.53	1.38	15
薄层黄土质白浆化黑土	1.58	2.93	1.01	12
中层砾底黑土	2.19	2.51	1.61	4
薄层砾底黑土	1.84	2.68	1.74	12
厚层黏质草甸沼泽土	1.57	2.04	0.80	20
中层黄土质黑土	1.68	1.80	1.18	16
厚层黏质潜育白浆土	1.90	2.08	1.43	25
中层黏质潜育白浆土	1.79	1.90	1.36	6
中层黄土质白浆化黑土	1.50	1.89	1.27	22
厚层黄土质白浆化黑土	1.96	1.97	1.95	2

三、土壤碱解氮

土壤碱解氮是土壤当季供氮能力重要指标，在测土施肥指导实践中有着重要的意义。按照《耕地地力调查与质量评价技术规程》要求，本次调查作为评价指标，因此选择了全部样本，进行统计分析。

调查表明，按照面积分级统计分析，延寿县耕地土壤碱解氮主要集中在180～250毫克/千克。其中>250毫克/千克，占12.23%；180～250毫克/千克占48.08%；150～180毫克/千克占29.66%；120～150毫克/千克占8.33%；80～120毫克/千克占1.52%；<80毫克/千克占0.19%。

调查表明，延寿县耕地白浆土、草甸土、水稻土、暗棕壤等主要土类耕地碱解氮平均值为198.54毫克/千克，变化幅度在40.3～479.6毫克/千克。其中平均值高的有黑土、新积土，平均达到225.34毫克/千克和201.8毫克/千克，最低水稻土为185.2毫克/千克（表4－14，表4－15）。从乡（镇）碱解氮平均含量来看，寿山乡最高，为228.88毫克/千克；其次为玉河乡223.74毫克/千克（表4－16，表4－17）。从土种碱解氮平均含量来看，中层黄土质白浆化黑土最高，为334.71毫克/千克；其次为厚层黏质草甸沼泽土，为283.20毫克/千克；再次为白浆土型淹育水稻土，为265.09毫克/千克（表4－18，表4－19）。

表4－14　各土壤类型碱解氮分级面积统计

单位：公顷

土类	面积	一级	二级	三级	四级	五级	六级
草甸土	28 460.30	3 726.12	13 373.42	8 015.86	2 794.90	486.33	63.67
白浆土	43 645.12	4 872.77	21 700.21	13 175.44	3 244.33	558.21	94.16
暗棕壤	4 933.14	481.43	2 469.42	1 352.19	584.25	45.85	0
沼泽土	3 032.32	256.58	1 237.84	1 275.45	222.43	5.03	34.99
泥炭土	1 696.38	149.65	364.84	1 027.30	136.71	17.88	0
黑土	5 328.19	1 292.08	2 641.76	1 251.86	68.71	73.78	0
新积土	9 820.67	1 320.81	4 996.61	2 464.39	979.35	59.51	0
水稻土	3 578.40	188.96	1 528.90	1 242.98	338.94	278.62	0
合计	100 494.52	12 288.40	48 313.00	29 805.47	8 369.62	1 525.21	192.82

表4－15　各土壤类型耕地碱解氮含量统计

土类	平均值（毫克/千克）	最大值（毫克/千克）	最小值（毫克/千克）	样本数（个）
草甸土	195.69	479.60	64.40	2 623
白浆土	199.30	479.60	40.30	5 081
暗棕壤	196.57	418.60	92.60	1 184

（续）

土类	平均值（毫克/千克）	最大值（毫克/千克）	最小值（毫克/千克）	样本数（个）
沼泽土	186.57	371.28	72.50	366
泥炭土	190.17	346.10	100.70	201
黑土	225.34	479.60	88.50	476
新积土	201.80	418.60	88.50	875
水稻土	185.20	369.98	88.50	273

表 4-16　各乡（镇）碱解氮分级面积统计

单位：公顷

乡（镇）	面积	一级	二级	三级	四级	五级	六级
延寿镇	11 315.60	382.35	3 402.07	6 201.85	1 003.37	178.10	147.86
延河镇	13 405.12	2 727.52	5 836.97	4 101.15	598.82	98.68	41.98
寿山乡	8 568.76	1 892.28	4 882.84	1 122.17	671.47	0	0
安山乡	9 856.00	995.64	4 769.98	3 537.85	552.53	0	0
玉河乡	13 670.90	3 166.21	7 021.38	2 022.26	1 351.69	109.36	0
加信镇	9 727.51	1 225.65	5 093.89	1 935.99	690.41	781.57	0
青川乡	10 671.19	438.59	6 075.34	3 278.72	773.60	101.96	2.98
中和镇	5 949.05	361.50	3 102.27	1 928.11	480.77	76.40	0
六团镇	16 072.20	1 020.07	7 015.73	5 610.30	2 246.96	179.14	0
太平川种畜场	1 258.19	78.59	1 112.53	67.07	0	0	0
合计	100 494.52	12 288.40	48 313.00	29 805.47	8 369.62	1 525.21	192.82
占耕地面积（%）	100.00	12.23	48.07	29.66	8.33	1.52	0.19

表 4-17　各乡（镇）耕地土壤碱解氮含量统计

单位：毫克/千克

乡（镇）	平均值（毫克/千克）	最大值（毫克/千克）	最小值（毫克/千克）	样本数（个）
延寿镇	175.33	268.60	40.30	1 504
延河镇	208.71	362.30	72.50	1 866
寿山乡	228.88	423.50	128.80	726
安山乡	197.95	339.00	120.80	792
玉河乡	223.74	479.60	80.50	1 639
加信镇	189.25	418.60	88.50	1 027
青川乡	192.52	337.50	64.40	1 270
中和镇	178.28	293.70	80.50	521
六团镇	183.14	301.90	112.70	1 525
太平川种畜场	219.00	309.40	152.90	209
全县	198.54	479.60	40.30	11 079

表 4－18　延寿县耕地土种碱解氮分级面积统计

单位：公顷

土种	面积	一级	二级	三级	四级	五级	六级
厚层砾底草甸土	761.34	32.71	439.94	262.93	25.76	0	0
中层砾底草甸土	1 458.79	317.89	796.00	282.41	62.49	0	0
薄层砾底草甸土	2 197.08	222.28	743.40	607.15	561.34	62.91	0
厚层沙砾底潜育草甸土	304.78	14.01	208.52	70.92	11.33	0	0
中层沙砾底潜育草甸土	1 646.76	14.35	1 271.62	112.63	149.69	98.47	0
薄层沙砾底潜育草甸土	2 677.27	418.04	932.80	967.18	359.25	0	0
厚层黏壤质潜育草甸土	1 054.06	393.40	495.69	73.75	91.22	0	0
中层黏壤质潜育草甸土	3 361.71	562.64	1 166.07	1 113.57	380.49	96.85	42.09
薄层黏壤质潜育草甸土	1 049.52	102.30	477.21	318.36	148.80	2.85	0
厚层黏壤质草甸土	1 520.43	231.61	779.83	505.89	3.10	0	0
中层黏壤质草甸土	6 048.26	400.45	2 894.35	2 278.19	334.77	121.90	18.60
薄层黏壤质草甸土	4 701.93	690.42	2 353.65	1 002.64	551.87	103.35	0
厚层沙壤质草甸土	322.59	5.28	107.30	182.96	27.05	0	0
中层沙壤质草甸土	1 217.36	303.12	586.24	237.28	87.74	0	2.98
薄层沙壤质草甸土	138.42	17.62	120.80	0	0	0	0
砾沙质暗棕壤	3 411.56	248.23	1 668.23	1 054.78	394.47	45.85	0
沙砾质白浆化暗棕壤	1 521.58	233.20	801.19	297.41	189.78	0	0
厚层黏质潜育白浆土	289.57	0	40.92	110.74	74.96	62.95	0
中层黏质潜育白浆土	155.53	0	75.57	11.18	68.78	0	0
厚层黏质草甸白浆土	1 795.88	116.69	986.20	692.99	0	0	0
中层黏质草甸白浆土	2 830.58	109.05	1 345.10	1 132.21	115.77	128.45	0
厚层黄土质白浆土	3 605.00	952.96	1 015.03	1 457.96	176.90	2.15	0
中层黄土质白浆土	32 541.04	3 569.39	16 846.67	9 116.18	2 549.98	364.66	94.16
薄层黄土质白浆土	2 427.52	124.68	1 390.72	654.18	257.94	0	0
中层沙底黑土	250.69	51.43	173.18	26.08	0	0	0
薄层沙底黑土	3 146.25	553.14	1 762.67	725.01	31.65	73.78	0
中层黄土质黑土	116.31	14.31	16.41	85.59	0	0	0
薄层黄土质黑土	1 087.49	370.20	371.79	308.44	37.06		
薄层沙底白浆化黑土	130.87	0	130.87	0	0	0	0
中层砾底黑土	16.41	4.26	12.15	0	0	0	0
薄层砾底黑土	104.27	0	5.09	99.18	0	0	0
厚层黄土质白浆化黑土	9.86	4.89	4.97	0	0	0	0
中层黄土质白浆化黑土	276.31	202.54	73.77	0	0	0	0

（续）

土种	面积	一级	二级	三级	四级	五级	六级
薄层黄土质白浆化黑土	189.73	91.31	90.86	7.56	0	0	0
薄层沙质冲积土	9 425.48	1 320.81	4 788.23	2 447.18	809.75	59.51	0
中层黏壤质冲积土	374.84	0	188.03	17.21	169.60	0	0
薄层黏壤质冲积土	20.35	0	20.35	0	0	0	0
中层芦苇薹草低位泥炭土	766.77	5.38	82.69	561.63	117.07	0	0
薄层芦苇薹草低位泥炭土	929.61	144.27	282.15	465.67	19.64	17.88	0
薄层泥炭腐殖质沼泽土	1 009.02	28.81	466.56	471.71	1.92	5.03	34.99
厚层黏质草甸沼泽土	199.00	184.19	10.76	4.05	0	0	0
薄层黏质草甸沼泽土	372.15	43.58	260.77	33.64	34.16	0	0
中层泥炭沼泽土	841.72	0	145.44	585.59	110.69	0	0
薄层泥炭沼泽土	610.43	0	354.31	180.46	75.66	0	0
中层草甸土型淹育水稻土	1 523.97	0	373.54	922.27	145.27	82.89	0
中层黑土型淹育水稻土	699.22	0	557.90	141.32	0	0	0
厚层草甸土型淹育水稻土	201.00	0	40.10	1.44	159.46	0	0
薄层黑土型淹育水稻土	977.84	24.45	545.50	177.95	34.21	195.73	0
白浆土型淹育水稻土	176.37	164.51	11.86	0	0	0	0
总计	100 494.52	12 288.40	48 313.00	29 805.47	8 369.62	1 525.21	192.82

表 4-19　各土种耕地碱解氮含量统计

土种	平均值（毫克/千克）	最大值（毫克/千克）	最小值（毫克/千克）	样本数（个）
厚层砾底草甸土	189.67	433.00	123.40	150
厚层黏质草甸白浆土	203.91	281.80	152.90	140
中层黄土质白浆土	198.05	479.60	40.30	3 812
砾沙质暗棕壤	191.24	418.60	92.60	868
薄层泥炭腐殖质沼泽土	185.13	261.68	72.50	171
沙砾质白浆化暗棕壤	211.22	418.60	124.60	316
中层沙砾底潜育草甸土	183.02	281.80	88.50	135
中层黏壤质潜育草甸土	187.08	397.70	72.50	324
中层黏壤质草甸土	194.08	357.87	72.50	489
中层黏质草甸白浆土	197.40	461.01	92.60	315
厚层黄土质白浆土	209.52	362.30	104.70	539
薄层泥炭沼泽土	181.49	240.57	135.70	66
厚层黏壤质潜育草甸土	231.62	412.40	123.40	71

（续）

土种	平均值（毫克/千克）	最大值（毫克/千克）	最小值（毫克/千克）	样本数（个）
薄层芦苇薹草低位泥炭土	200.10	346.10	100.70	126
薄层沙底黑土	206.70	418.60	88.50	274
薄层砾底草甸土	172.40	362.30	100.65	170
薄层沙质冲积土	202.97	418.60	88.50	838
薄层黄土质白浆土	200.66	341.80	120.50	244
厚层沙砾底潜育草甸土	187.90	266.70	123.83	37
薄层沙砾底潜育草甸土	202.39	355.67	128.80	297
中层黏壤质冲积土	173.77	209.42	130.64	34
中层沙壤质草甸土	194.82	354.20	64.40	128
中层黑土型淹育水稻土	203.17	229.40	161.10	27
中层芦苇薹草低位泥炭土	173.49	304.55	130.80	75
中层砾底草甸土	202.31	329.40	128.80	124
薄层黏壤质草甸土	197.76	479.60	80.50	391
薄层黏质草甸沼泽土	204.29	297.83	128.80	36
中层泥炭沼泽土	159.31	213.30	129.70	73
薄层黏壤质潜育草甸土	191.10	313.90	87.55	97
厚层黏壤质草甸土	223.50	362.30	139.90	146
中层草甸土型淹育水稻土	172.72	237.72	112.80	120
薄层黄土质黑土	263.72	479.60	128.85	99
厚层草甸土型淹育水稻土	153.14	219.55	137.85	26
厚层沙壤质草甸土	190.02	319.45	139.60	42
薄层黑土型淹育水稻土	188.30	369.98	88.50	80
中层沙底黑土	215.58	308.90	152.90	20
薄层沙壤质草甸土	241.42	307.93	190.60	22
白浆土型淹育水稻土	265.09	346.10	185.20	20
薄层黏壤质冲积土	193.20	193.20	193.20	3
薄层沙底白浆化黑土	200.47	214.53	183.62	15
薄层黄土质白浆化黑土	255.41	362.30	152.79	12
中层砾底黑土	260.59	418.60	196.25	4
薄层砾底黑土	183.54	225.63	153.07	12
厚层黏质草甸沼泽土	283.20	371.28	167.50	20
中层黄土质黑土	189.89	354.20	153.40	16
厚层黏质潜育白浆土	162.45	206.25	80.50	25
中层黏质潜育白浆土	172.24	200.71	140.30	6
中层黄土质白浆化黑土	334.71	479.60	231.87	22
厚层黄土质白浆化黑土	243.71	259.36	228.05	2

四、土壤有效磷

磷是构成植物体的重要组成元素之一。土壤全磷中易被植物吸收利用的部分称为有效磷，它是土壤磷含量水平的重要指标。

本次调查表明，延寿县耕地有效磷平均值为 29.12 毫克/千克，变化幅度在 2.90～99.40 毫克/千克。其中，水稻土含量最高，平均为 36.38 毫克/千克；草甸土含量其次，平均为 31.73 毫克/千克；泥炭土最低，平均为 24.59 毫克/千克（表 4－20，表 4－21）。从行政区域看，加信镇平均值最高，为 45.424 毫克/千克；其次是六团镇，为 34.88 毫克/千克；再次是青川乡，为 33.38 毫克/千克；最低是延寿镇，平均含量为 21.94 毫克/千克（表 4－22，表 4－23）。与第二次土壤普查的调查结果（第二次全国土壤普查为 6 毫克/千克）进行比较，延寿县耕地磷素状况大幅度上升，增加了 3.9 倍。

表 4－20　各土壤类型耕地有效磷含量统计

土类	平均值（毫克/千克）	最大值（毫克/千克）	最小值（毫克/千克）	样本数（个）
草甸土	31.73	99.40	10.00	2 623
白浆土	27.72	99.40	8.30	5 081
暗棕壤	29.13	71.20	10.00	1 184
沼泽土	29.19	71.20	11.40	366
泥炭土	24.59	52.40	8.30	201
黑土	26.12	82.40	10.50	476
新积土	29.75	67.40	2.90	875
水稻土	36.38	93.00	11.20	273

表 4－21　各土壤类型有效磷分级面积统计

单位：公顷

土类	面积	一级	二级	三级	四级	五级	六级
草甸土	28 460.30	745.47	5 002.00	17 416.92	5 271.32	24.59	0
白浆土	43 645.12	868.97	4 837.51	28 142.07	9 726.76	69.81	0
暗棕壤	4 933.14	61.04	559.64	3 696.58	612.43	3.45	0
沼泽土	3 032.32	27.72	302.14	2 426.35	276.11	0	0
泥炭土	1 696.38	0	30.54	1 057.15	598.10	10.59	0
黑土	5 328.19	37.67	314.68	3 285.25	1 690.59	0	0
新积土	9 820.67	26.92	1 358.38	6 545.80	1 885.75	0	3.82
水稻土	3 578.40	281.33	600.59	1 643.45	1 053.03	0	0
合计	100 494.52	2 049.12	13 005.48	64 213.57	21 114.09	108.44	3.82

表 4-22　延寿县各乡（镇）耕地有效磷分级面积统计

单位：公顷

乡（镇）	面积	一级	二级	三级	四级	五级	六级
延寿镇	11 315.60	0	0	5 421.50	5 894.10	0	0
延河镇	13 405.12	5.41	383.51	9 533.81	3 482.39	0	0
寿山乡	8 568.76	15.17	291.69	7 363.45	871.63	23.00	3.82
安山乡	9 856.00	9.71	584.62	7 631.80	1 629.87	0	0
玉河乡	13 670.90	0	434.29	8 069.86	5 136.51	30.24	0
加信镇	9 727.51	975.17	4 986.88	3 276.27	489.19	0	0
青川乡	10 671.19	442.13	2 268.84	6 413.72	1 534.46	12.04	0
中和镇	5 949.05	39.19	519.04	4 367.00	1 023.82	0	0
六团镇	16 072.20	562.34	3 536.61	11 125.93	804.16	43.16	0
太平川种畜场	1 258.19	0	0	1 010.23	247.96	0	0
合计	100 494.52	2 049.12	13 005.48	64 213.57	21 114.09	108.44	3.82
占耕地面积（%）	100.00	2.04	12.94	63.90	21.01	0.11	0

表 4-23　各乡（镇）耕地土壤有效磷含量统计

乡（镇）	平均值（毫克/千克）	最大值（毫克/千克）	最小值（毫克/千克）	样本数（个）
延寿镇	21.94	39.10	10.90	1 504
延河镇	24.14	73.30	10.80	1 866
寿山乡	27.56	92.90	2.90	726
安山乡	28.20	68.30	10.60	792
玉河乡	24.07	58.80	10	1 639
加信镇	45.42	94.40	15.30	1 027
青川乡	33.38	99.40	8.30	1 270
中和镇	29.95	91.30	13.70	521
六团镇	34.88	93.20	9.30	1 525
太平川种畜场	23.72	33.50	11.60	209
全县	29.12	99.40	2.90	11 079

本次调查，按照含量分级数字出现频率分析，土壤有效磷多在10～40毫克/千克，占耕地面积的85.02%，各等级分布分别为：>60毫克/千克占耕地面积2.04%，40～60毫克/千克占耕地面积12.94%，20～40毫克/千克占耕地面积63.9%，10～20毫克/千克占耕地面积21.01%，5～10毫克/千克占耕地面积0.11%，<5毫克/千克在耕地面积中所占比例极小，仅为3.82公顷（图4-3，表4-24，表4-25）。

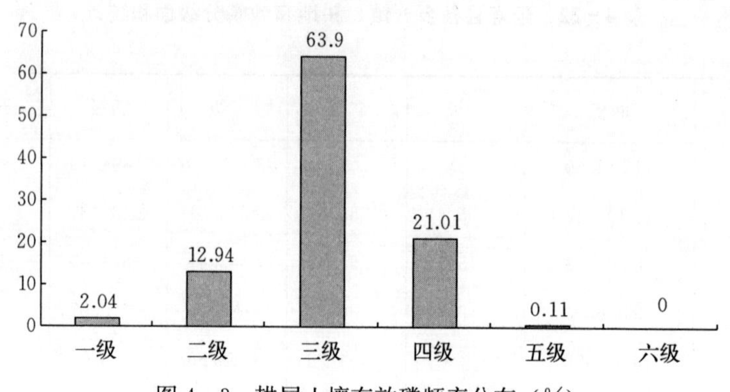

图 4-3　耕层土壤有效磷频率分布（%）

表 4-24　延寿县耕地土种有效磷分级面积统计

单位：公顷

土种	面积	一级	二级	三级	四级	五级	六级
厚层砾底草甸土	761.34	30.15	82.41	626.10	22.68	0	0
中层砾底草甸土	1 458.79	121.16	320.22	890.88	126.53	0	0
薄层砾底草甸土	2 197.08	0	701.87	1 144.88	350.33	0	0
厚层沙砾底潜育草甸土	304.78	14.27	52.62	236.03	1.86	0	0
薄层沙砾底潜育草甸土	2 677.27	0	503.24	1 706.58	442.86	24.59	0
厚层黏壤质草甸土	1 520.43	0	10.63	1 071.08	438.72	0	0
中层黏壤质草甸土	6 048.26	61.96	1 085.15	3 443.53	1 457.62	0	0
薄层黏壤质草甸土	4 701.93	316.94	1 073.86	2 265.94	1 045.19	0	0
中层沙壤质草甸土	1 217.36	36.34	101.83	1 003.05	76.14	0	0
厚层沙壤质草甸土	322.59	8.60	55.99	253.75	4.25	0	0
薄层沙壤质草甸土	138.42	0	0	134.35	4.07	0	0
中层沙砾底潜育草甸土	1 646.76	23.85	332.08	1 217.10	73.73	0	0
厚层黏壤质潜育草甸土	1 054.06	62.49	31.34	859.20	101.03	0	0
中层黏壤质潜育草甸土	3 361.71	69.71	536.98	2 005.19	749.83	0	0
薄层黏壤质潜育草甸土	1 049.52	0	113.78	559.26	376.48	0	0
厚层黏质草甸白浆土	1 795.88	0	0	1 763.85	32.03	0	0
中层黏质草甸白浆土	2 830.58	0	65.31	2 274.81	484.76	5.70	0
厚层黄土质白浆土	3 605.00	29.33	299.64	2 346.37	929.66	0	0
中层黄土质白浆土	32 541.04	839.64	4 201.38	20 066.44	7 369.47	64.11	0
薄层黄土质白浆土	2 427.52	0	271.18	1 515.70	640.64	0	0

（续）

土种	面积	一级	二级	三级	四级	五级	六级
厚层黏质潜育白浆土	289.57	0	0	106.12	183.45	0	0
中层黏质潜育白浆土	155.53	0	0	68.78	86.75	0	0
中层沙底黑土	250.69	0	0	234.60	16.09	0	0
薄层沙底黑土	3 146.25	37.67	263.34	1 885.66	959.58	0	0
薄层沙底白浆化黑土	130.87	0	0	96.23	34.64	0	0
中层砾底黑土	16.41	0	0	16.41	0	0	0
薄层砾底黑土	104.27	0	1.07	98.11	5.09	0	0
中层黄土质黑土	116.31	0	0	102.00	14.31	0	0
薄层黄土质黑土	1 087.49	0	50.27	706.20	331.02	0	0
中层黄土质白浆化黑土	276.31	0	0	117.32	158.99	0	0
厚层黄土质白浆化黑土	9.86	0	0	9.86	0	0	0
薄层黄土质白浆化黑土	189.73	0	0	18.86	170.87	0	0
砾沙质暗棕壤	3 411.56	46.44	376.66	2 528.57	459.89	0	0
沙砾质白浆化暗棕壤	1 521.58	14.60	182.98	1 168.01	152.54	3.45	0
中层黏壤质冲积土	374.84	0	0	374.84	0	0	0
薄层黏壤质冲积土	20.35	0	0	20.35	0	0	0
薄层沙质冲积土	9 425.48	26.92	1 358.38	6 150.61	1 885.75	0	3.82
薄层芦苇薹草低位泥炭土	929.61	0	10.17	693.54	225.90	0	0
中层芦苇薹草低位泥炭土	766.77	0	20.37	363.61	372.20	10.59	0
中层泥炭沼泽土	841.72	0	156.08	658.39	27.25	0	0
薄层泥炭沼泽土	610.43	0	11.09	558.33	41.01	0	0
薄层泥炭腐殖质沼泽土	1 009.02	27.72	127.55	705.64	148.11	0	0
厚层黏质草甸沼泽土	199.00	0	4.05	188.13	6.82	0	0
薄层黏质草甸沼泽土	372.15	0	3.37	315.86	52.92	0	0
厚层草甸土型淹育水稻土	201.00	0	0	90.83	110.17	0	0
中层草甸土型淹育水稻土	1 523.97	281.33	229.71	454.25	558.68	0	0
中层黑土型淹育水稻土	699.22	0	0	334.53	364.69	0	0
薄层黑土型淹育水稻土	977.84	0	370.88	590.30	16.66	0	0
白浆土型淹育水稻土	176.37	0	0	173.54	2.83	0	0
总计	100 494.52	2 049.12	13 005.48	64 213.57	21 114.09	108.44	3.82

表 4-25　各土种耕地有效磷含量统计

土种	平均值（毫克/千克）	最大值（毫克/千克）	最小值（毫克/千克）	样本数（个）
厚层砾底草甸土	35.45	74.70	17.80	150
厚层黏质草甸白浆土	26.48	36.20	15.60	140
中层黄土质白浆土	28.49	93.20	8.30	3 812
砾沙质暗棕壤	28.68	71.20	13.70	868
薄层泥炭腐殖质沼泽土	29.46	71.20	16.20	171
沙砾质白浆化暗棕壤	30.38	64.50	10.00	316
中层沙砾底潜育草甸土	32.30	63.50	15.40	135
中层黏壤质潜育草甸土	30.63	82.40	10.50	324
中层黏壤质草甸土	31.73	92.10	10.90	489
中层黏质草甸白浆土	24.41	50.10	10.00	315
厚层黄土质白浆土	25.73	99.40	11.20	539
薄层泥炭沼泽土	27.53	43.40	19.80	66
厚层黏壤质潜育草甸土	27.25	91.30	16.60	71
薄层芦苇薹草低位泥炭土	24.99	52.40	11.20	126
薄层沙底黑土	27.55	82.40	10.50	274
薄层砾底草甸土	36.61	58.30	13.10	170
薄层沙质冲积土	29.78	67.40	2.90	838
薄层黄土质白浆土	26.20	56.10	11.80	244
厚层沙砾底潜育草甸土	35.78	84.60	19.50	37
薄层沙砾底潜育草甸土	29.16	58.00	10.00	297
中层黏壤质冲积土	28.30	34.90	21.00	34
中层沙壤质草甸土	32.55	99.40	12.30	128
中层黑土型淹育水稻土	21.79	33.20	13.90	27
中层芦苇薹草低位泥炭土	23.91	43.30	8.30	75
中层砾底草甸土	32.89	99.40	11.20	124
薄层黏壤质草甸土	34.70	94.40	13.20	391
薄层黏质草甸沼泽土	26.98	43.40	14.30	36
中层泥炭沼泽土	31.02	58.90	14.20	73
薄层黏壤质潜育草甸土	25.17	54.10	12.80	97
厚层黏壤质草甸土	25.14	46.10	10.80	146
中层草甸土型淹育水稻土	43.80	93.00	11.20	120
薄层黄土质黑土	26.01	48.80	10.60	99
厚层草甸土型淹育水稻土	25.65	27.90	15.30	26

（续）

土种	平均值（毫克/千克）	最大值（毫克/千克）	最小值（毫克/千克）	样本数（个）
厚层沙壤质草甸土	34.40	62.00	17.60	42
薄层黑土型淹育水稻土	36.50	58.30	13.20	80
中层沙底黑土	25.36	34.00	13.90	20
薄层沙壤质草甸土	26.97	33.90	13.30	22
白浆土型淹育水稻土	25.08	34.20	18.90	20
薄层黏壤质冲积土	39.10	39.10	39.10	3
薄层沙底白浆化黑土	22.00	26.80	19.20	15
薄层黄土质白浆化黑土	17.52	27.30	11.90	12
中层砾底黑土	28.18	30.70	23.70	4
薄层砾底黑土	26.35	56.70	19.50	12
厚层黏质草甸沼泽土	29.70	58.50	11.40	20
中层黄土质黑土	23.81	25.90	13.60	16
厚层黏质潜育白浆土	20.18	32.60	11.90	25
中层黏质潜育白浆土	19.23	21.30	18.60	6
中层黄土质白浆化黑土	18.24	27.00	12.70	22
厚层黄土质白浆化黑土	26.60	28.00	25.20	2

五、土壤速效钾

土壤速效钾是指水溶性钾和黏土矿物晶体外表面吸持的交换性钾，部分钾素植物可以直接吸收利用，对植物生长及其品质起着重要作用。其含量水平的高低反映了土壤供钾能力的程度，是土壤质量的主要指标。

按照含量分级数字出现频率分析，延寿县耕地土壤速效钾各等级面积分布分别为>200毫克/千克占0.05%，150～200毫克/千克占0.24%，100～150毫克/千克占1.75%，50～100毫克/千克占47.1%，30～50毫克/千克占35.97%，<30毫克/千克占14.89%。本次调查的1 311个样本中含量在0～100毫克/千克的占80.16%，这说明由于连年施肥的不合理和有机肥施用量减少，再加上喜钾作物的大面积种植和磷肥氮肥的重施，使土壤速效钾含量大幅度下降。近几年随着粮食产量的大幅度的提高，延寿县耕地土壤施用钾肥有效面积逐步扩大，应增加钾肥施用量（图4-4）。

延寿县耕地土壤多发育在黄土母质上，垦初土壤速效钾是比较丰富。调查表明全县速效钾平均在51.64毫克/千克，变化幅度在2～202毫克/千克；从乡（镇）来看，中和镇最高，为68.21毫克/千克，其次是六团镇，为67.4毫克/千克，太平川种畜场最低，为35.17毫克/千克（表4-26，表4-27）；从土类上看，新积土最高，平均为57.90毫克/千克，其次为暗棕壤和沼泽土，平均为55.37和54.72毫克/千克；最低为水稻土，平均

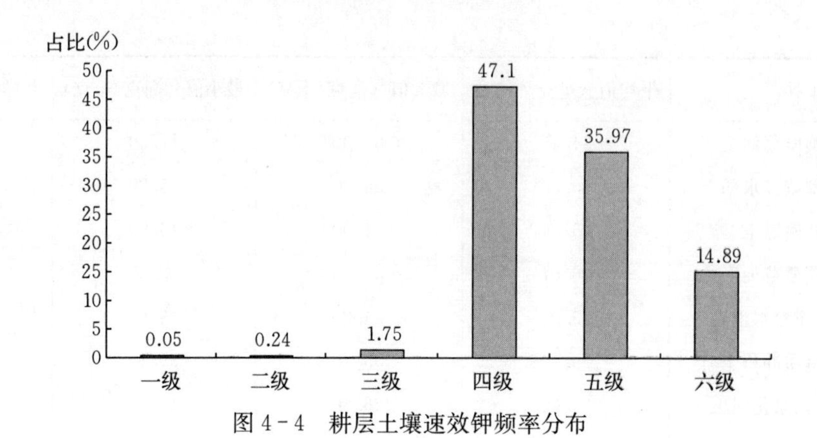

图 4-4　耕层土壤速效钾频率分布

为 42.37 毫克/千克（表 4-28，表 4-29）。从土种上看，薄层砾底黑土速效钾含量最高，为 96.17 毫克/千克，其次为厚层黏壤质潜育草甸土和薄层黏壤质冲积土，分别为 67.23 毫克/千克和 66.00 毫克/千克，薄层黑土型淹育水稻土最低，为 33.73 毫克/千克。

表 4-26　延寿县各乡（镇）耕层土壤速效钾含量统计

乡（镇）	平均值（毫克/千克）	最大值（毫克/千克）	最小值（毫克/千克）	样本数（个）
延寿镇	39.64	200.00	18.00	1 504
延河镇	46.88	123.00	12.00	1 866
寿山乡	62.89	199.00	24.00	726
安山乡	60.74	202.00	14.00	792
玉河乡	48.09	94.00	14.00	1 639
加信镇	35.44	118.00	6.00	1 027
青川乡	55.44	146.00	2.00	1 270
中和镇	68.21	148.00	14.00	521
六团镇	67.40	148.00	13.00	1 525
太平川种畜场	35.17	98.00	12.00	209
全县	51.64	202.00	2.00	11 079

表 4-27　延寿县各乡（镇）耕层土壤速效钾分级面积统计

单位：公顷

乡（镇）	面积	一级	二级	三级	四级	五级	六级
延寿镇	11 315.60	0	12.34	85.56	1 477.02	6 464.54	3 276.14
延河镇	13 405.12	0	0	26.54	5 480.12	5 570.26	2 328.20
寿山乡	8 568.76	0	3.08	160.37	6 256.69	2 082.13	66.49
安山乡	9 856.00	48.61	229.86	541.39	4 239.20	3 148.11	1 648.83
玉河乡	13 670.90	0	0	0	5 970.56	6 365.06	1 335.28

（续）

乡（镇）	面积	一级	二级	三级	四级	五级	六级
加信镇	9 727.51	0	0	1.57	1 795.51	4 003.89	3 926.54
青川乡	10 671.19	0	0	385.22	4 195.21	5 475.19	615.57
中和镇	5 949.05	0	0	311.27	4 316.56	1 054.05	267.17
六团镇	16 072.20	0	0	249.47	13 425.38	1 628.26	769.09
太平川种畜场	1 258.19	0	0	0	172.86	356.28	729.05
合计	100 494.52	48.61	245.28	1 761.39	47 329.11	36 147.77	14 962.36
占耕地面积（%）	100.00	0.05	0.24	1.75	47.10	35.97	14.89

表 4-28 延寿县各土类耕层土壤速效钾分级面积统计

单位：公顷

土类	面积	一级	二级	三级	四级	五级	六级
草甸土	28 460.30	4.63	0	476.63	13 894.68	9 386.22	4 698.14
白浆土	43 645.12	43.98	68.44	797.39	19 362.54	0	6 097.54
暗棕壤	4 933.14	0	0	102.56	2 902.87	1 553.32	374.39
沼泽土	3 032.32	0	0	3.37	2 149.34	440.30	439.31
泥炭土	1 696.38	0	0	3.51	507.90	875.89	309.08
黑土	5 328.19	0	0	60.11	2 241.86	2 348.93	677.29
新积土	9 820.67	0	176.84	316.25	5 253.06	2 340.89	1 733.63
水稻土	3 578.40	0	0	1.57	1 016.86	1 926.99	632.98
合计	100 494.52	48.61	245.28	1 761.39	47 329.11	36 147.77	14 962.36

表 4-29 延寿县各土类耕层土壤速效钾分级面积统计

土类	平均值（毫克/千克）	最大值（毫克/千克）	最小值（毫克/千克）	样本数（个）
草甸土	49.44	202.00	6.00	2 623
白浆土	51.48	202.00	2.00	5 081
暗棕壤	55.37	126.00	16.00	1 184
沼泽土	54.72	111.00	13.00	366
泥炭土	50.16	132.00	15.00	201
黑土	48.37	116.00	6.00	476
新积土	57.90	200.00	6.00	875
水稻土	42.37	118.00	16.00	273

表 4－30　延寿县各土种耕层土壤速效钾分级面积统计

土种	平均值（毫克/千克）	最大值（毫克/千克）	最小值（毫克/千克）	样本数（个）
厚层砾底草甸土	56.50	127.00	27.00	150
厚层黏质草甸白浆土	49.17	200.00	13.00	140
中层黄土质白浆土	51.85	202.00	2.00	3 812
砾沙质暗棕壤	54.05	126.00	16.00	868
薄层泥炭腐殖质沼泽土	49.06	96.00	21.00	171
沙砾质白浆化暗棕壤	59.00	112.00	17.00	316
中层沙砾底潜育草甸土	45.24	103.00	6.00	135
中层黏壤质潜育草甸土	50.59	202.00	14.00	324
中层黏壤质草甸土	47.47	121.00	14.00	489
中层黏质草甸白浆土	56.01	118.00	14.00	315
厚层黄土质白浆土	48.67	120.00	19.00	539
薄层泥炭沼泽土	50.52	88.00	27.00	66
厚层黏壤质潜育草甸土	67.23	104.00	36.00	71
薄层芦苇薹草低位泥炭土	53.79	132.00	30.00	126
薄层沙底黑土	48.36	116.00	6.00	274
薄层砾底草甸土	42.39	104.00	14.00	170
薄层沙质冲积土	57.96	200.00	6.00	838
薄层黄土质白浆土	46.61	123.00	20.00	244
厚层沙砾底潜育草甸土	64.54	97.00	22.00	37
薄层沙砾底潜育草甸土	50.32	129.00	12.00	297
中层黏壤质冲积土	55.85	62.00	51.00	34
中层沙壤质草甸土	53.46	127.00	22.00	128
中层黑土型淹育水稻土	43.89	67.00	29.00	27
中层芦苇薹草低位泥炭土	44.08	98.00	15.00	75
中层砾底草甸土	54.13	129.00	18.00	124
薄层黏壤质草甸土	46.49	100.00	14.00	391
薄层黏质草甸沼泽土	65.83	111.00	24.00	36
中层泥炭沼泽土	65.93	98.00	13.00	73
薄层黏壤质潜育草甸土	44.88	102.00	13.00	97
厚层黏壤质草甸土	48.53	96.00	19.00	146
中层草甸土型淹育水稻土	43.87	118.00	22.00	120
薄层黄土质黑土	44.97	98.00	15.00	99
厚层草甸土型淹育水稻土	45.35	58.00	29.00	26
厚层沙壤质草甸土	48.57	86.00	20.00	42

（续）

土种	平均值（毫克/千克）	最大值（毫克/千克）	最小值（毫克/千克）	样本数（个）
薄层黑土型淹育水稻土	33.73	65.00	16.00	80
中层沙底黑土	48.75	95.00	20.00	20
薄层沙壤质草甸土	44.14	88.00	17.00	22
白浆土型淹育水稻土	62.10	90.00	55.00	20
薄层黏壤质冲积土	66.00	66.00	66.00	3
薄层沙底白浆化黑土	36.40	54.00	15.00	15
薄层黄土质白浆化黑土	42.92	77.00	28.00	12
中层砾底黑土	44.75	54.00	39.00	4
薄层砾底黑土	96.17	97.00	96.00	12
厚层黏质草甸沼泽土	55.95	79.00	43.00	20
中层黄土质黑土	40.00	51.00	24.00	16
厚层黏质潜育白浆土	57.20	85.00	24.00	25
中层黏质潜育白浆土	54.33	59.00	35.00	6
中层黄土质白浆化黑土	53.82	80.00	39.00	22
厚层黄土质白浆化黑土	62.50	67.00	58.00	2

表 4－31 延寿县各土种耕层土壤速效钾分级面积统计

单位：公顷

土种	面积	一级	二级	三级	四级	五级	六级
厚层砾底草甸土	761.34	0	0	62.26	364.32	307.69	27.07
中层砾底草甸土	1 458.79	0	0	125.92	740.70	412.37	174.80
薄层砾底草甸土	2 197.08	0	0	19.89	758.77	667.03	751.39
中层沙砾底潜育草甸土	1 646.76	0	0	17.79	1 072.01	287.55	269.41
厚层沙砾底潜育草甸土	304.78	0	0	0	261.16	42.37	1.25
薄层沙砾底潜育草甸土	2 677.27	0	0	4.62	1 504.69	647.81	520.15
厚层黏壤质潜育草甸土	1 054.06	0	0	20.73	809.62	223.71	0
中层黏壤质潜育草甸土	3 361.71	4.63	0	65.35	1 202.82	1 605.53	483.38
薄层黏壤质潜育草甸土	1 049.52	0	0	32.04	481.54	362.67	173.27
厚层黏壤质草甸土	1 520.43	0	0	0	727.54	424.83	368.06
中层黏壤质草甸土	6 048.26	0	0	115.67	3 047.22	2 080.55	804.82
薄层黏壤质草甸土	4 701.93	0	0	0	2 103.97	1 576.38	1 021.58
厚层沙壤质革甸土	322.59	0	0	0	55.70	264.99	1.90
中层沙壤质草甸土	1 217.36	0	0	12.36	679.11	433.70	92.19
薄层沙壤质草甸土	138.42	0	0	0	80.51	49.04	8.87
厚层黏质草甸白浆土	1 795.88	0	9.75	58.99	568.06	648.09	510.99

（续）

土种	面积	一级	二级	三级	四级	五级	六级
中层黏质草甸白浆土	2 830.58	0	0	12.32	1 711.99	982.58	123.69
厚层黄土质白浆土	3 605.00	0	0	17.57	1 460.60	1 642.59	484.24
中层黄土质白浆土	32 541.04	43.98	58.69	694.93	14 365.20	12 606.42	4 771.82
薄层黄土质白浆土	2 427.52	0	0	13.58	986.28	1 274.51	153.15
厚层黏质潜育白浆土	289.57	0	0	0	183.66	52.26	53.65
中层黏质潜育白浆土	155.53	0	0	0	86.75	68.78	0
砾沙质暗棕壤	3 411.56	0	0	32.72	1 958.49	1 071.52	348.83
沙砾质白浆化暗棕壤	1 521.58	0	0	69.84	944.38	481.80	25.56
中层沙底黑土	250.69	0	0	0	55.61	96.22	98.86
薄层沙底黑土	3 146.25	0	0	60.11	1 356.82	1 482.25	247.07
中层黄土质黑土	116.31	0	0	0	16.41	90.21	9.69
薄层黄土质黑土	1 087.49	0	0	0	508.86	307.04	271.59
薄层沙底白浆化黑土	130.87	0	0	0	27.18	54.29	49.40
中层砾底黑土	16.41	0	0	0	1.28	15.13	0
薄层砾底黑土	104.27	0	0	0	104.27	0	0
中层黄土质白浆化黑土	276.31	0	0	0	154.01	122.30	0
厚层黄土质白浆化黑土	9.86	0	0	0	9.86	0	0
薄层黄土质白浆化黑土	189.73	0	0	0	7.56	181.49	0.68
薄层沙质冲积土	9 425.48	0	176.84	316.25	4 857.87	2 340.89	1 733.63
中层黏壤质冲积土	374.84	0	0	0	374.84	0	0
薄层黏壤质冲积土	20.35	0	0	0	20.35	0	0
中层芦苇薹草低位泥炭土	766.77	0	0	0	96.29	564.77	105.71
薄层芦苇薹草低位泥炭土	929.61	0	0	3.51	411.61	311.12	203.37
中层泥炭沼泽土	841.72	0	0	0	669.03	119.15	53.54
薄层泥炭沼泽土	610.43	0	0	0	370.62	160.54	79.27
薄层泥炭腐殖质沼泽土	1 009.02	0	0	0	625.43	110.45	273.14
厚层黏质草甸沼泽土	199.00	0	0	0	169.54	29.46	0
薄层黏质草甸沼泽土	372.15	0	0	3.37	314.72	20.70	33.36
中层草甸土型淹育水稻土	1 523.97	0	0	1.57	428.36	946.75	147.29
厚层草甸土型淹育水稻土	201.00	0	0	0	43.79	155.88	1.33
中层黑土型淹育水稻土	699.22	0	0	0	122.18	575.65	1.39
薄层黑土型淹育水稻土	977.84	0	0	0	246.16	248.71	482.97
白浆土型淹育水稻土	176.37	0	0	0	176.37	0	0
合计	100 494.52	48.61	245.28	1 761.39	47 329.11	36 147.77	14 962.36

六、土壤全钾

土壤全钾是土壤中各种形态钾的总量，缓效钾的不断释放可以使速效钾维持在适当的水平。当评价土壤的长期供钾能力时，应主要考虑土壤全钾的含量。

调查表明，延寿县耕地土壤全钾平均为 24.18 克/千克，变化幅度在 4.4～29.8 克/千克。从行政区域上看，玉河乡最高，平均为 27.14 克/千克；其次是延寿镇，平均为 25.13 克/千克；安山乡最低，平均为 21.35 克/千克（表 4－32）。从土壤类型上看，泥炭土最高，平均为 25.69 克/千克；其次是暗棕壤，平均为 25.23 克/千克；最低为水稻土，平均为 23.61 克/千克（表 4－33）。

表 4－32　各乡（镇）耕地土壤全钾含量统计

乡（镇）	平均值（克/千克）	最大值（克/千克）	最小值（克/千克）	样本数（个）
延寿镇	25.13	39.60	10.80	1 504
延河镇	23.07	39.50	7.90	1 866
寿山乡	23.04	38.90	10.30	726
安山乡	21.35	37.90	4.50	792
玉河乡	27.14	39.10	7.50	1 639
加信镇	23.40	39.60	11.60	1 027
青川乡	23.52	39.30	4.40	1 270
中和镇	24.00	39.80	7.30	521
六团镇	24.95	39.60	12.20	1 525
太平川种畜场	21.51	38.30	11.60	209
全县	24.18	39.80	4.40	11 079

表 4－33　延寿县各类土壤耕层全钾统计

乡（镇）	平均值（克/千克）	最大值（克/千克）	最小值（克/千克）	样本数（个）
草甸土	24.48	39.60	7.90	2 623
白浆土	23.71	39.60	4.40	5 081
暗棕壤	25.23	39.50	4.50	1 184
沼泽土	24.89	39.00	11.00	366
泥炭土	25.69	39.30	7.90	201
黑土	24.89	39.10	4.50	476
新积土	23.76	39.80	7.50	875
水稻土	23.61	38.00	7.30	273

调查表明，延寿县耕地土壤全钾分级分布上看，6个等级都有，主要集中在2～3级，占总面积的55.56%，各级别分布依次为：大于30克/千克占耕地面积18.94%，25～30克/千克占耕地面积24.91%，20～25克/千克占30.56%，15～20克/千克占17.17%，10～15克/千克占7.80%，小于10克/千克占0.62%（表4-34，表4-35）。

表4-34 延寿县各乡（镇）耕层全钾分级面积统计

单位：公顷

乡（镇）	面积	一级	二级	三级	四级	五级	六级
延寿镇	11 315.60	2 329.74	2 870.07	3 876.23	1 837.95	401.61	0
延河镇	13 405.12	3 284.95	2 413.45	2 777.27	2 501.42	2 223.68	204.35
寿山乡	8 568.76	747.67	2 295.36	3 272.06	980.99	1 272.68	0
安山乡	9 856.00	429.82	2 444.21	3 416.43	2 292.65	1 138.79	134.10
玉河乡	13 670.90	4 793.32	4 026.29	4 031.04	390.58	409.48	20.19
加信镇	9 727.51	1 633.49	1 849.23	2 464.53	3 201.62	578.64	0
青川乡	10 671.19	1 821.20	4 330.62	2 096.48	1 037.28	1 312.25	73.36
中和镇	5 949.05	718.27	834.16	2 373.52	1 387.96	443.60	191.54
六团镇	16 072.20	3 189.20	3 959.65	6 004.72	2 899.77	18.86	0
太平川种畜场	1 258.19	90.48	6.44	399.13	721.46	40.68	0
合计	100 494.52	19 038.14	25 029.48	30 711.41	17 251.68	7 840.27	623.54
占耕地面积（%）	100.00	18.94	24.91	30.56	17.17	7.80	0.62

表4-35 延寿县各类土壤耕层全钾分级面积统计

单位：公顷

土类	面积	一级	二级	三级	四级	五级	六级
草甸土	28 460.30	4 928.73	6 388.45	10 391.56	4 993.38	1 704.01	54.17
白浆土	43 645.12	7 867.24	11 727.91	12 507.73	7 549.29	3 728.00	264.95
暗棕壤	4 933.14	1 341.70	913.37	1 618.85	843.28	167.31	48.63
沼泽土	3 032.32	642.70	790.80	1 110.64	404.12	84.06	0
泥炭土	1 696.38	857.75	306.87	308.11	180.56	40.84	2.25
黑土	5 328.19	1 261.86	1 564.23	1 076.56	857.61	498.07	69.86
新积土	9 820.67	1 274.76	2 708.46	2 869.52	1 753.96	1 196.61	17.36
水稻土	3 578.40	863.40	629.39	828.44	669.48	421.37	166.32
合计	100 494.52	19 038.14	25 029.48	30 711.41	17 251.68	7 840.27	623.54

第二节 土壤微量元素

土壤微量元素是人们依据各种化学元素在土壤中存在的数量划分的一部分含量很低的元素。微量元素与其他大量元素一样，在植物生理功能上是同等重要的，并且是不可相互替代的。土壤养分库中微量元素的不足也会影响作物的生长、产量和品质。因此土壤中微量元素的多少也是耕地地力的重要指标。

一、土壤有效锌

锌是农作物生长发育不可缺少的微量营养元素，在缺锌土壤上容易发生玉米“花白苗”和水稻赤枯病，因此土壤有效锌是影响作物产量和质量的重要因素。

调查表明，延寿县耕地土壤有效锌含量平均值为1.01毫克/千克，变化幅度在0.01～11毫克/千克。延寿县79.13%耕地土壤有效锌含量在中下水平，在生产中应注意补充锌肥。

根据本次土壤普查分级标准，并按照调查样本有效锌含量分级数字出现频率分析，在11 079个图斑中全县9个乡（镇）和1个种畜场中均有小于0.5毫克/千克的缺锌地块，平均含量较高的有寿山乡、安山乡、青川乡（表4-36～表4-41）。

表4-36　各乡（镇）耕地土壤有效锌含量统计

乡（镇）	平均值（毫克/千克）	最大值（毫克/千克）	最小值（毫克/千克）	样本数（个）
延寿镇	0.78	4.00	0.07	1 504
延河镇	1.09	6.55	0.01	1 866
寿山乡	1.39	5.58	0.05	726
安山乡	1.20	11.00	0.11	792
玉河乡	0.65	4.34	0.04	1 639
加信镇	0.75	5.19	0.04	1 027
青川乡	1.56	9.06	0.02	1 270
中和镇	0.85	2.57	0.03	521
六团镇	1.05	4.68	0.03	1 525
太平川种畜场	0.68	2.73	0.23	209
全县	1.01	11.00	0.01	11 079

表4-37　各土壤类型耕地有效锌含量统计

土类	平均值（毫克/千克）	最大值（毫克/千克）	最小值（毫克/千克）	样本数（个）
草甸土	0.94	5.58	0.02	2 623
白浆土	1.03	11.00	0.01	5 081
暗棕壤	1.12	9.06	0.05	1 184
沼泽土	1.21	5.40	0.05	366
泥炭土	1.05	7.51	0.08	201

（续）

土类	平均值（毫克/千克）	最大值（毫克/千克）	最小值（毫克/千克）	样本数（个）
黑土	0.75	2.58	0.05	476
新积土	0.99	5.19	0.05	875
水稻土	0.94	4.34	0.04	273

表 4-38 各土种耕地有效锌含量统计

土种	平均值（毫克/千克）	最大值（毫克/千克）	最小值（毫克/千克）	样本数（个）
厚层砾底草甸土	1.38	4.67	0.18	150
厚层黏质草甸白浆土	1.51	4.19	0.27	140
中层黄土质白浆土	1.03	11.00	0.01	3 812
砾沙质暗棕壤	1.02	9.06	0.05	868
薄层泥炭腐殖质沼泽土	1.21	5.40	0.05	171
沙砾质白浆化暗棕壤	1.37	6.60	0.07	316
中层沙砾底潜育草甸土	1.03	3.46	0.07	135
中层黏壤质潜育草甸土	1.11	5.21	0.02	324
中层黏壤质草甸土	0.74	2.91	0.04	489
中层黏质草甸白浆土	1.16	4.22	0.01	315
厚层黄土质白浆土	0.87	5.26	0.06	539
薄层泥炭沼泽土	1.30	2.23	0.42	66
厚层黏壤质潜育草甸土	1.37	2.81	0.09	71
薄层芦苇薹草低位泥炭土	1.22	7.51	0.08	126
薄层沙底黑土	0.65	2.23	0.05	274
薄层砾底草甸土	0.91	2.35	0.06	170
薄层沙质冲积土	0.99	5.19	0.05	838
薄层黄土质白浆土	1.05	2.96	0.12	244
厚层沙砾底潜育草甸土	1.65	4.67	0.36	37
薄层沙砾底潜育草甸土	0.93	3.52	0.05	297
中层黏壤质冲积土	1.08	1.21	0.39	34
中层沙壤质草甸土	1.28	4.67	0.16	128
中层黑土型淹育水稻土	0.97	2.01	0.29	27
中层芦苇薹草低位泥炭土	0.76	2.07	0.12	75
中层砾底草甸土	0.95	4.27	0.06	124
薄层黏壤质草甸土	0.72	5.58	0.04	391
薄层黏质草甸沼泽土	1.88	4.13	0.63	36
中层泥炭沼泽土	0.99	2.52	0.23	73
薄层黏壤质潜育草甸土	0.68	1.66	0.12	97

（续）

土种	平均值（毫克/千克）	最大值（毫克/千克）	最小值（毫克/千克）	样本数（个）
厚层黏壤质草甸土	0.82	2.14	0.04	146
中层草甸土型淹育水稻土	1.20	2.57	0.04	120
薄层黄土质黑土	0.90	2.58	0.15	99
厚层草甸土型淹育水稻土	0.58	1.10	0.05	26
厚层沙壤质草甸土	0.98	1.87	0.31	42
薄层黑土型淹育水稻土	0.68	4.34	0.04	80
中层沙底黑土	0.92	2.07	0.19	20
薄层沙壤质草甸土	0.85	1.84	0.28	22
白浆土型淹育水稻土	0.87	1.15	0.68	20
薄层黏壤质冲积土	0.36	0.36	0.36	3
薄层沙底白浆化黑土	0.35	0.80	0.11	15
薄层黄土质白浆化黑土	0.65	1.10	0.06	12
中层砾底黑土	1.92	2.50	0.62	4
薄层砾底黑土	0.84	1.78	0.73	12
厚层黏质草甸沼泽土	0.50	1.39	0.09	20
中层黄土质黑土	1.56	2.31	0.20	16
厚层黏质潜育白浆土	0.65	1.59	0.36	25
中层黏质潜育白浆土	0.34	0.56	0.03	6
中层黄土质白浆化黑土	0.54	1.56	0.19	22
厚层黄土质白浆化黑土	1.40	1.50	1.30	2

表 4－39　各乡（镇）耕地有效锌分级面积统计

单位：公顷

乡（镇）	面积	一级	二级	三级	四级	五级
延寿镇	11 315.60	292.16	302.57	1 935.71	4 855.84	3 929.32
延河镇	13 405.12	1 807.15	1 910.02	3 795.96	3 557.40	2 334.59
寿山乡	8 568.76	1 631.41	2 133.59	2 594.95	1 491.32	717.49
安山乡	9 856.00	449.77	1 377.96	3 944.53	2 722.22	1 361.52
玉河乡	13 670.90	370.03	427.44	2 292.02	4 430.67	6 150.74
加信镇	9 727.51	927.44	721.70	1 044.49	2 526.14	4 507.74
青川乡	10 671.19	3 362.97	1 588.31	2 704.99	1 934.20	1 080.72
中和镇	5 949.05	287.04	293.14	1 192.92	2 893.84	1 282.11
六团镇	16 072.20	1 592.28	1 519.62	3 743.76	6 392.30	2 824.24
太平川种畜场	1 258.19	1.56	0.52	76.05	842.05	338.01
合计	100 494.52	10 721.81	10 274.87	23 325.38	31 645.98	24 526.48
占耕地面积（%）	100.00	10.67	10.22	23.21	31.49	24.41

表 4-40　各土壤类型耕地有效锌分级面积统计

单位：公顷

土类	面积	一级	二级	三级	四级	五级
草甸土	28 460.30	2 672.68	2 183.32	5 156.39	9 716.66	8 731.25
白浆土	43 645.12	5 214.89	5 223.14	11 487.73	13 078.38	8 640.98
暗棕壤	4 933.14	721.94	689.16	1 275.24	1 321.45	925.35
沼泽土	3 032.32	390.89	511.80	908.63	720.90	500.10
泥炭土	1 696.38	46.52	172.26	482.00	323.33	672.27
黑土	5 328.19	392.80	302.41	852.91	2 218.42	1 561.65
新积土	9 820.67	927.61	916.03	2 717.58	2 734.21	2 525.24
水稻土	3 578.40	354.48	276.75	444.90	1 532.63	969.64
合计	100 494.52	10 721.81	10 274.87	23 325.38	31 645.98	24 526.48

表 4-41　各土种耕地有效锌分级面积统计

单位：公顷

土种	面积	一级	二级	三级	四级	五级
厚层砾底草甸土	761.34	227.37	54.28	146.43	150.06	183.20
中层砾底草甸土	1 458.79	140.95	88.31	167.98	776.90	284.65
薄层砾底草甸土	2 197.08	217.32	31.85	288.20	908.85	700.86
厚层沙砾底潜育草甸土	304.78	88.78	23.74	60.04	119.22	13.00
中层沙砾底潜育草甸土	1 646.76	147.39	36.16	843.33	363.75	256.13
薄层沙砾底潜育草甸土	2 677.27	263.70	346.84	380.89	843.45	842.39
厚层沙壤质草甸土	322.59	0	61.96	100.79	150.80	9.04
中层沙壤质草甸土	1 217.36	101.23	359.08	219.54	304.55	232.96
薄层沙壤质草甸土	138.42	0	37.50	35.61	48.64	16.67
厚层黏壤质潜育草甸土	1 054.06	258.13	269.59	249.99	260.50	15.85
中层黏壤质潜育草甸土	3 361.71	552.71	162.49	834.50	1 076.16	735.85
薄层黏壤质潜育草甸土	1 049.52	0	32.38	152.78	412.24	452.12
厚层黏壤质草甸土	1 520.43	80.19	63.36	235.62	794.88	346.38
中层黏壤质草甸土	6 048.26	405.02	410.94	635.30	2 347.61	2 249.39
薄层黏壤质草甸土	4 701.93	189.89	204.84	805.39	1 159.05	2 342.76
砾沙质暗棕壤	3 411.56	384.89	495.42	701.15	1 045.30	784.80
沙砾质白浆化暗棕壤	1 521.58	337.05	193.74	574.09	276.15	140.55
厚层黏质草甸白浆土	1 795.88	487.64	35.14	629.25	519.87	123.98
中层黏质草甸白浆土	2 830.58	265.17	647.11	857.45	748.45	312.40
厚层黄土质白浆土	3 605.00	188.41	254.52	1 073.40	1 300.69	787.98

（续）

土种	面积	一级	二级	三级	四级	五级
中层黄土质白浆土	32 541.04	3 707.52	3 766.38	8 458.54	9 791.00	6 817.60
薄层黄土质白浆土	2 427.52	566.15	518.91	395.87	601.68	344.91
厚层黏质潜育白浆土	289.57	0	1.08	73.22	41.12	174.15
中层黏质潜育白浆土	155.53	0	0	0	75.57	79.96
中层黄土质白浆化黑土	276.31	0	3.13	70.64	107.51	95.03
厚层黄土质白浆化黑土	9.86	0	0	9.86	0	0
薄层黄土质白浆化黑土	189.73	0	0	90.86	19.54	79.33
薄层沙底白浆化黑土	130.87	0	0	0	36.80	94.07
中层砾底黑土	16.41	12.15	0	0	4.26	0
薄层砾底黑土	104.27	0	1.07	0	103.20	0
中层沙底黑土	250.69	18.20	0	164.33	33.33	34.83
薄层沙底黑土	3 146.25	129.86	48.73	386.80	1 619.94	960.92
中层黄土质黑土	116.31	75.29	16.41	4.55	18.51	1.55
薄层黄土质黑土	1 087.49	157.30	233.07	125.87	275.33	295.92
中层黏壤质冲积土	374.84	0	0	352.46	11.71	10.67
薄层黏壤质冲积土	20.35	0	0	0	0	20.35
薄层沙质冲积土	9 425.48	927.61	916.03	2 365.12	2 722.50	2 494.22
中层芦苇薹草低位泥炭土	766.77	8.18	96.80	34.20	91.49	536.10
薄层芦苇薹草低位泥炭土	929.61	38.34	75.46	447.80	231.84	136.17
薄层泥炭腐殖质沼泽土	1 009.02	114.25	114.10	449.79	197.88	133. 00
厚层黏质草甸沼泽土	199.00	0	0	27.44	7.65	163.91
薄层黏质草甸沼泽土	372.15	82.02	191.69	96.50	1.94	0
中层泥炭沼泽土	841.72	77.76	65.05	130.72	450.68	117.51
薄层泥炭沼泽土	610.43	116.86	140.96	204.18	62.75	85.68
中层黑土型淹育水稻土	699.22	97.92	6.24	106.15	319.60	169.31
薄层黑土型淹育水稻土	977.84	27.28	0	3.00	697.53	250.03
厚层草甸土型淹育水稻土	201.00	0	0	38.77	96.61	65.62
中层草甸土型淹育水稻土	1 523.97	229.28	270.51	287.89	251.61	484.68
白浆土型淹育水稻土	176.37	0	0	9.09	167.28	0
合计	100 494.52	10 721.81	10 274.87	23 325.38	31 645.98	24 526.48

二、土壤有效铁

铁参与植物体呼吸作用和代谢活动，又为合成叶绿体所必需。因此，作物缺铁会导致叶失绿，严重地甚至枯萎死亡。

调查表明，延寿县耕地土壤有效铁平均值为43.6毫克/千克，变化值在6.51～106.8毫克/千克。根据土壤有效铁的分级标准，土壤有效铁<2.5毫克/千克为严重缺铁（很低）；2.5～4.5毫克/千克为轻度缺铁（低）；4.5～10毫克/千克为基本不缺铁（中等）；10～20毫克/千克为丰铁（高）；>20毫克/千克为极丰（很高）。在11 079土壤样本中，所有地块土壤都在不缺铁范围4.5毫克/千克以上，说明延寿县耕地土壤有效铁较丰富。其中加信镇平均含量最高，为54.58毫克/千克；其次是六团镇，为46.68毫克/千克；延河镇最低，为38.57毫克/千克（表4-42～表4-44）。

表4-42　延寿县各乡（镇）耕层土壤有效铁分析统计

乡（镇）	平均值（毫克/千克）	最大值（毫克/千克）	最小值（毫克/千克）	样本数（个）
延寿镇	41.17	60.70	25.79	1 504
延河镇	38.57	72.19	10.56	1 866
寿山乡	42.78	74.61	18.69	726
安山乡	40.39	65.29	22.92	792
玉河乡	44.56	69.97	6.51	1 639
加信镇	54.58	75.39	33.67	1 027
青川乡	42.17	106.80	21.26	1 270
中和镇	46.27	73.91	25.13	521
六团镇	46.48	75.87	25.98	1 525
太平川种畜场	42.85	56.51	25.78	209
全县	43.64	106.80	6.51	11 079

表4-43　延寿县各土壤类型耕地有效铁含量统计

乡（镇）	平均值（毫克/千克）	最大值（毫克/千克）	最小值（毫克/千克）	样本数（个）
草甸土	45.41	75.74	12.81	2 623
白浆土	42.92	106.80	12.81	5 081
暗棕壤	41.58	106.80	12.81	1 184
沼泽土	42.78	82.83	16.84	366
泥炭土	42.71	70.34	24.70	201
黑土	43.91	75.38	12.10	476
新积土	44.39	75.38	10.56	875
水稻土	48.08	75.39	6.51	273

表 4－44　延寿县各土种耕地有效铁含量统计

土种	平均值（毫克/千克）	最大值（毫克/千克）	最小值（毫克/千克）	样本数（个）
厚层砾底草甸土	40.14	60.31	21.26	150
厚层黏质草甸白浆土	40.85	60.31	15.32	140
中层黄土质白浆土	43.66	106.80	12.81	3 812
砾沙质暗棕壤	41.48	106.80	22.92	868
薄层泥炭腐殖质沼泽土	46.49	82.83	30.14	171
沙砾质白浆化暗棕壤	41.87	84.30	12.81	316
中层沙砾底潜育草甸土	45.43	75.39	28.62	135
中层黏壤质潜育草甸土	44.51	67.92	24.42	324
中层黏壤质草甸土	46.83	73.91	23.12	489
中层黏质草甸白浆土	38.24	66.62	25.56	315
厚层黄土质白浆土	43.09	72.19	25.13	539
薄层泥炭沼泽土	37.07	50.27	21.54	66
厚层黏壤质潜育草甸土	41.98	73.32	24.42	71
薄层芦苇薹草低位泥炭土	41.49	60.51	24.70	126
薄层沙底黑土	45.52	75.38	19.96	274
薄层砾底草甸土	48.71	71.25	23.49	170
薄层沙质冲积土	44.64	75.38	10.56	838
薄层黄土质白浆土	37.89	72.54	25.21	244
厚层沙砾底潜育草甸土	42.52	49.47	29.36	37
薄层沙砾底潜育草甸土	44.98	72.36	19.52	297
中层黏壤质冲积土	38.30	45.86	33.08	34
中层沙壤质草甸土	43.50	59.56	27.11	128
中层黑土型淹育水稻土	42.22	52.42	25.38	27
中层芦苇薹草低位泥炭土	44.77	70.34	31.94	75
中层砾底草甸土	42.49	63.62	18.51	124
薄层黏壤质草甸土	47.94	75.39	18.69	391
薄层黏质草甸沼泽土	39.71	52.18	29.89	36
中层泥炭沼泽土	40.50	59.55	16.84	73
薄层黏壤质潜育草甸土	45.01	67.86	25.98	97
厚层黏壤质草甸土	45.18	67.21	17.16	146
中层草甸土型淹育水稻土	48.85	67.28	29.15	120
薄层黄土质黑土	44.09	67.70	23.70	99
厚层草甸土型淹育水稻土	47.22	52.13	35.47	26
厚层沙壤质草甸土	46.62	75.74	33.12	42

（续）

土种	平均值（毫克/千克）	最大值（毫克/千克）	最小值（毫克/千克）	样本数（个）
薄层黑土型淹育水稻土	49.97	75.39	6.51	80
中层沙底黑土	32.34	47.16	12.10	20
薄层沙壤质草甸土	42.96	69.97	12.81	22
白浆土型淹育水稻土	44.96	58.21	31.26	20
薄层黏壤质冲积土	46.20	46.20	46.20	3
薄层沙底白浆化黑土	42.55	50.77	37.26	15
薄层黄土质白浆化黑土	40.83	52.23	32.10	12
中层砾底黑土	33.93	50.11	26.91	4
薄层砾底黑土	42.61	56.90	38.98	12
厚层黏质草甸沼泽土	43.78	48.71	35.24	20
中层黄土质黑土	43.28	60.09	29.15	16
厚层黏质潜育白浆土	46.15	49.23	38.54	25
中层黏质潜育白浆土	42.56	45.12	36.21	6
中层黄土质白浆化黑土	39.53	50.90	18.51	22
厚层黄土质白浆化黑土	39.02	39.79	38.24	2

三、土壤有效锰

锰是植物生长和发育的必需营养元素之一。它在植物体内直接参与光合作用，锰也是植物许多酶的重要组成部分，影响植物组织中生长素的水平，参与硝酸还原成氨的作用等。本次土壤调查结果表明，延寿县耕地有效锰平均值为 29.67 毫克/千克，变化幅度在 4.4～95.8 毫克/千克。根据土壤有效锰的分级标准，土壤有效锰的临界值为 5.0 毫克/千克（严重缺锰，很低），大于 15 毫克/千克为丰富。调查样本可知，延寿县各乡（镇）土壤有效锰含量均不缺，只有个别地块耕地有缺锰现象。从土壤类型上看，除泥炭土、水稻土外均有不同程度缺锰现象。从有效锰分布频率上看，养分等级一级所占比例最大，即大于 20 毫克/千克为 93.24%，15～20 毫克/千克为 6.15%，10～15 毫克/千克为 0.51%，5～10 毫克/千克为 0.06%，<5 毫克/千克为 0.04%。

表 4-45　延寿县各乡（镇）耕层土壤有效锰分析统计

乡（镇）	平均值（毫克/千克）	最大值（毫克/千克）	最小值（毫克/千克）	样本数（个）
延寿镇	29.99	62.10	11.60	1 504
延河镇	23.63	58.50	4.40	1 866
寿山乡	29.29	78.70	7.50	726
安山乡	30.45	59.00	10.30	792

（续）

乡（镇）	平均值（毫克/千克）	最大值（毫克/千克）	最小值（毫克/千克）	样本数（个）
玉河乡	31.50	68.50	7.90	1 639
加信镇	38.55	69.00	16.40	1 027
青川乡	33.09	95.80	12.70	1 270
中和镇	26.72	68.20	7.30	521
六团镇	26.39	69.00	4.50	1 525
太平川种畜场	32.11	59.60	13.20	209
全县	29.67	95.80	4.40	11 079

表 4-46　延寿县各土壤类型耕地有效锰含量统计

土类	平均值（毫克/千克）	最大值（毫克/千克）	最小值（毫克/千克）	样本数（个）
草甸土	31.75	69.00	4.50	2 623
白浆土	29.07	95.80	4.40	5 081
暗棕壤	27.79	95.80	7.90	1 184
沼泽土	27.49	68.00	9.70	366
泥炭土	29.38	53.30	14.40	201
黑土	30.14	69.00	7.90	476
新积土	29.00	60.80	7.30	875
水稻土	33.41	60.70	10.50	273

表 4-47　延寿县耕层土壤有效锰分布面积统计

单位：公顷

乡（镇）	面积	一级	二级	三级	四级	五级
延寿镇	11 315.60	11 160.37	155.23	0	0	0
延河镇	13 405.12	10 944.12	2 356.73	91.66	4.61	8.00
寿山乡	8 568.76	8 428.33	66.10	67.25	7.08	0
安山乡	9 856.00	9 513.48	342.52	0	0	0
玉河乡	13 670.90	12 359.10	1 029.40	282.40	0	0
加信镇	9 727.51	9 727.51	0	0	0	0
青川乡	10 671.19	10 617.36	53.83	0	0	0
中和镇	5 949.05	5 474.17	425.85	18.79	30.24	0
六团镇	16 072.20	14 220.27	1 749.12	53.67	19.27	29.87
太平川种畜场	1 258.19	1 252.35	5.84	0	0	0
合计	100 494.52	93 697.06	6 184.62	513.77	61.20	37.87
占耕地面积（%）	100.00	93.24	6.15	0.51	0.06	0.04

表 4-48　延寿县各类土壤耕地有效锰分级面积统计

单位：公顷

土类	面积	一级	二级	三级	四级	五级
草甸土	28 460.30	27 335.52	1 022.84	49.32	22.75	29.87
白浆土	43 645.12	40 343.45	3 020.33	242.38	30.96	8.00
暗棕壤	4 933.14	4 462.76	415.35	55.03	0	0
沼泽土	3 032.32	2 755.27	269.86	7.19	0	0
泥炭土	1 696.38	1 669.95	26.43	0	0	0
黑土	5 328.19	4 792.52	485.90	49.77	0	0
新积土	9 820.67	8 897.21	805.89	110.08	7.49	0
水稻土	3 578.40	3 440.38	138.02	0	0	0
合计	100 494.52	93 697.06	6 184.62	513.77	61.20	37.87

四、土壤有效铜

铜是作物体内许多酶的组成成分，与叶绿素的蛋白质合成有关，可增强叶绿素和其他色素的稳定性，参与作物体内氧化还原过程，增强呼吸作用，放出能量，参与碳水化合物及氮代谢。本次土壤调查结果表明，延寿县耕地土壤有效铜平均值为 0.98 毫克/千克，变化幅度在 0.12～4.9 毫克/千克。根据土壤有效铜的分级标准，土壤有效铜的临界值为 0.1 毫克/千克（严重缺铜，很低），大于 1.2 毫克/千克为丰富。调查样本可知除寿山乡、青川乡有缺铜地块以外，延寿县其余乡（镇）耕地均没有缺铜现象。从土壤类型上看，除白浆土、草甸土外均没有缺铜现象。从有效铜分布频率上看，养分等级三级所占比例最大，具体是大于 1.8 毫克/千克为 2.35%，1～1.8 毫克/千克为 42.58%，0.2～1 毫克/千克为 53.39%，0.1～0.2 毫克/千克为 1.64%，<0.1 毫克/千克为 0.05%（表 4-49～表 4-51）。

表 4-49　耕地土壤有效铜面积分级统计

单位：公顷

乡（镇）	面积	一级	二级	三级	四级	五级
延寿镇	11 315.60	24.14	2 610.08	8 097.22	584.16	0
延河镇	13 405.12	227.55	6 084.92	7 090.35	2.30	0
寿山乡	8 568.76	434.79	2 805.57	5 215.79	110.26	2.35
安山乡	9 856.00	434.10	3 987.11	5 302.19	132.60	0
玉河乡	13 670.90	904.59	3 052.34	9 539.11	174.86	0
加信镇	9 727.51	143.63	6 797.85	2 581.91	204.12	0
青川乡	10 671.19	96.51	6 170.39	4 121.34	237.93	45.02
中和镇	5 949.05	3.56	2 189.68	3 678.42	77.39	0
六团镇	16 072.20	88.66	8 864.61	6 999.24	119.69	0
太平川种畜场	1 258.19	3.98	223.07	1 031.14	0	0
合计	100 494.52	2 361.51	42 785.62	53 656.71	1 643.31	47.37
占耕地面积（%）	100.00	2.35	42.57	53.39	1.64	0.05

表 4-50　延寿县耕地土壤有效铜含量统计

乡（镇）	平均值（毫克/千克）	最大值（毫克/千克）	最小值（毫克/千克）	样本数（个）
延寿镇	0.84	2.10	0.31	1 504
延河镇	1.01	2.01	0.32	1 866
寿山乡	1.06	4.90	0.14	726
安山乡	1.04	2.51	0.29	792
玉河乡	0.90	2.17	0.31	1 639
加信镇	1.07	2.09	0.36	1 027
青川乡	0.99	2.30	0.12	1 270
中和镇	0.98	1.86	0.36	521
六团镇	1.06	2.09	0.22	1 525
太平川种畜场	0.90	2.10	0.48	209
全县	0.98	4.90	0.12	11 079

表 4-51　延寿县耕地土壤类型有效铜含量统计

土类	平均值（毫克/千克）	最大值（毫克/千克）	最小值（毫克/千克）	样本数（个）
草甸土	1.00	4.90	0.17	2 623
白浆土	0.98	4.90	0.12	5 081
暗棕壤	0.93	2.08	0.33	1 184
沼泽土	0.92	1.65	0.34	366
泥炭土	0.93	1.65	0.37	201
黑土	0.99	2.49	0.33	476
新积土	1.04	2.51	0.35	875
水稻土	0.96	1.86	0.54	273

第三节　土壤理化性状

一、土 壤 pH

延寿县土壤以白浆土、暗棕壤、草甸土为主，因此耕地土壤酸度应以中性偏酸性为主。调查表明，全县耕地土壤 pH 平均为 6.48，变化幅度在 5.9～7.1。其中 pH 在 5.5～6.5 占 69.79%，6.5～7.5 占 30.21%，土壤 pH 集中在 5.5～6.5（表 4-52～表 4-55）。

表 4-52　延寿县各乡（镇）土壤 pH 分析统计

乡（镇）	平均值	最大值	最小值	样本数（个）
延寿镇	6.50	7.10	6.00	1 504
延河镇	6.56	7.00	5.90	1 866
寿山乡	6.41	7.00	6.00	726
安山乡	6.47	7.00	5.90	792
玉河乡	6.44	6.90	6.00	1 639
加信镇	6.50	6.90	6.00	1 027
青川乡	6.47	7.00	6.00	1 270
中和镇	6.38	6.90	5.90	521
六团镇	6.42	6.80	6.00	1 525
太平川种畜场	6.63	6.90	6.40	209
全县	6.48	7.10	5.90	11 079

表 4-53　延寿县各类土壤 pH 分析统计

土类	平均值	最大值	最小值	样本数
草甸土	6.48	7.00	6.00	2 623
白浆土	6.48	7.00	5.90	5 081
暗棕壤	6.43	7.00	5.90	1 184
沼泽土	6.54	7.00	6.00	366
泥炭土	6.47	7.00	6.00	201
黑土	6.50	6.90	6.00	476
新积土	6.47	7.10	6.00	875
水稻土	6.45	6.90	6.00	273

表 4-54　延寿县各乡（镇）耕地土壤 pH 分布频率统计

单位：公顷

乡（镇）	面积	一级	二级	三级	四级	五级
延寿镇	11 315.60	0	0	4 732.57	6 583.03	0
延河镇	13 405.12	0	0	6 360.51	7 044.61	0
寿山乡	8 568.76	0	0	1 358.31	7 210.45	0
安山乡	9 856.00	0	0	3 557.27	6 298.73	0
玉河乡	13 670.90	0	0	3 508.54	10 162.36	0
加信镇	9 727.51	0	0	3 392.11	6 335.40	0
青川乡	10 671.19	0	0	3 658.04	7 013.15	0
中和镇	5 949.05	0	0	525.98	5 423.07	0
六团镇	16 072.20	0	0	2 073.83	13 998.37	0
太平川种畜场	1 258.19	0	0	1 187.28	70.91	0
合计	100 494.52	0	0	30 354.44	70 140.08	0
占耕地面积（%）	100.00	0	0	30.21	69.79	0

表 4-55 延寿县耕地各土壤类型 pH 分布频率统计

土类	面积	一级	二级	三级	四级
草甸土	28 460.30	0	0	7 690.90	20 769.40
白浆土	43 645.12	0	0	14 466.90	29 178.22
暗棕壤	4 933.14	0	0	1 116.70	3 816.44
沼泽土	3 032.32	0	0	1 110.16	1 922.16
泥炭土	1 696.38	0	0	448.32	1 248.06
黑土	5 328.19	0	0	2 236.72	3 091.47
新积土	9 820.67	0	0	2 938.41	6 882.26
水稻土	3 578.40	0	0	346.33	3 232.07
合计	100 494.52	0	0	30 354.44	70 140.08

二、土壤容重

土壤容重和孔隙度可以反映土壤松紧状况，直接影响农作物生育期，土壤过松或过紧都不利于农作物正常生长和根系发育。土壤过松，根土不易密接，水分不易保存，水气不能协调，影响养分的保存和有效化温度的稳定；土壤过紧，通透性差，影响出苗及根系下扎。

不同含水量的土壤（容重 1.30 克/立方厘米）在冻融交替作用后 20 厘米内土壤容重基本减小，但减小幅度与含水量之间不是完全的正比关系。不同深度土壤容重的变化规律是：高含水量时，表层土壤容重减幅度较大，下层土壤容重减幅相对较小；低含水量时，则相反。冻融交替作用对不同容重土壤（含水量 30%）的表层容重影响较大，它使小容重土壤变得更加致密；使大容重土壤变得疏松。黑土区冻融作用对免耕带来的容重增大问题可以起到一定的减缓作用（表 4-56～表 4-57）。

表 4-56 延寿县各乡（镇）耕层土壤容重分析统计

乡（镇）	样本数（个）	平均值（克/立方厘米）	最小值（克/立方厘米）	最大值（克/立方厘米）
延寿镇	1 504	1.20	0.51	1.44
延河镇	1 866	1.11	0.51	1.44
安山乡	792	1.18	0.9	1.41
青川乡	1 270	1.17	0.51	1.44
加信镇	1 027	1.15	0.9	1.36
中和镇	521	1.19	0.9	1.44
六团镇	1 525	1.15	0.91	1.4
寿山乡	726	1.14	0.9	1.42
玉河乡	1 639	1.11	0.89	1.34
太平川种畜场	209	1.25	1.06	1.41
全县	11 079	1.15	0.51	1.44

表 4-57 延寿县各乡（镇）耕层土壤容重分析统计

土类	样本数（个）	平均值（克/立方厘米）	最小值（克/立方厘米）	最大值（克/立方厘米）
草甸土	2 623	1.15	0.51	1.44
白浆土	5 081	1.15	0.51	1.44
暗棕壤	1 184	1.16	0.71	1.42
沼泽土	366	1.15	0.93	1.41
泥炭土	201	1.15	0.94	1.36
黑土	476	1.13	0.89	1.41
新积土	875	1.14	0.91	1.44
水稻土	273	1.15	0.91	1.44
全县	11 079	1.15	0.51	1.44

第五章　耕地地力评价

本次耕地地力评价是一般性目的评价，并不针对某种土地利用类型，而是根据所在地区特定气候区域以及地形地貌、成土母质、土壤理化性状、农田基础设施等要素相互作用表现出来的综合特征，揭示耕地潜在生产能力的高低。通过耕地地力评价，可以全面了解延寿县的耕地质量现状，为合理调整农业种植结构；生产无公害农产品、绿色食品、有机食品；针对耕地土壤存在的障碍因素，改造中低产田，保护耕地质量，提高耕地的综合生产能力；建立耕地资源数据网络，对耕地质量实行有效的管理等提供科学依据。

第一节　耕地地力评价的原则

耕地地力评价是对耕地的基础地力及其生产能力的全面鉴定。因此，在评价时应遵循以下 3 个原则。

一、综合因素研究与主导因素分析相结合的原则

耕地地力是各类要素的综合体现，综合因素研究是对地形地貌、土壤理化性状以及相关的社会经济因素进行综合研究、分析与评价，以全面了解耕地地力状况。主导因素是指对耕地地力起决定作用的、相对稳定的因子，在评价中要着重对其进行研究分析。

二、定性与定量相结合的原则

影响耕地地力的因素有定性评价和定量评价，评价时定量和定性评价相结合。定量的评价因子按其数值参与计算评价；对非数量化的定性因子要充分应用专家知识，先进行数值化处理，再进行计算评价。

三、采用 GIS 支持的自动化评价方法的原则

充分应用计算机技术，通过建立数据库、评价模型，实现评价流程的全数字化、自动化。应代表我国目前耕地地力评价的最新技术方法。

第二节　耕地地力评价原理和方法

本次评价工作一方面充分收集有关延寿县耕地情况资料，建立起耕地质量管理数据

库；另一方面还进行了外业的补充调查（包括土壤调查和农户的入户调查两部分）和室内化验分析。在此基础上，通过 GIS 系统平台，采用 ARCVIEW 软件对调查的数据和图件进行数值化处理，最后利用扬州土壤肥料工作站开发的《县域耕地资源管理信息系统 V3.2》进行耕地地力评价。主要的工作流程见图 5-1。

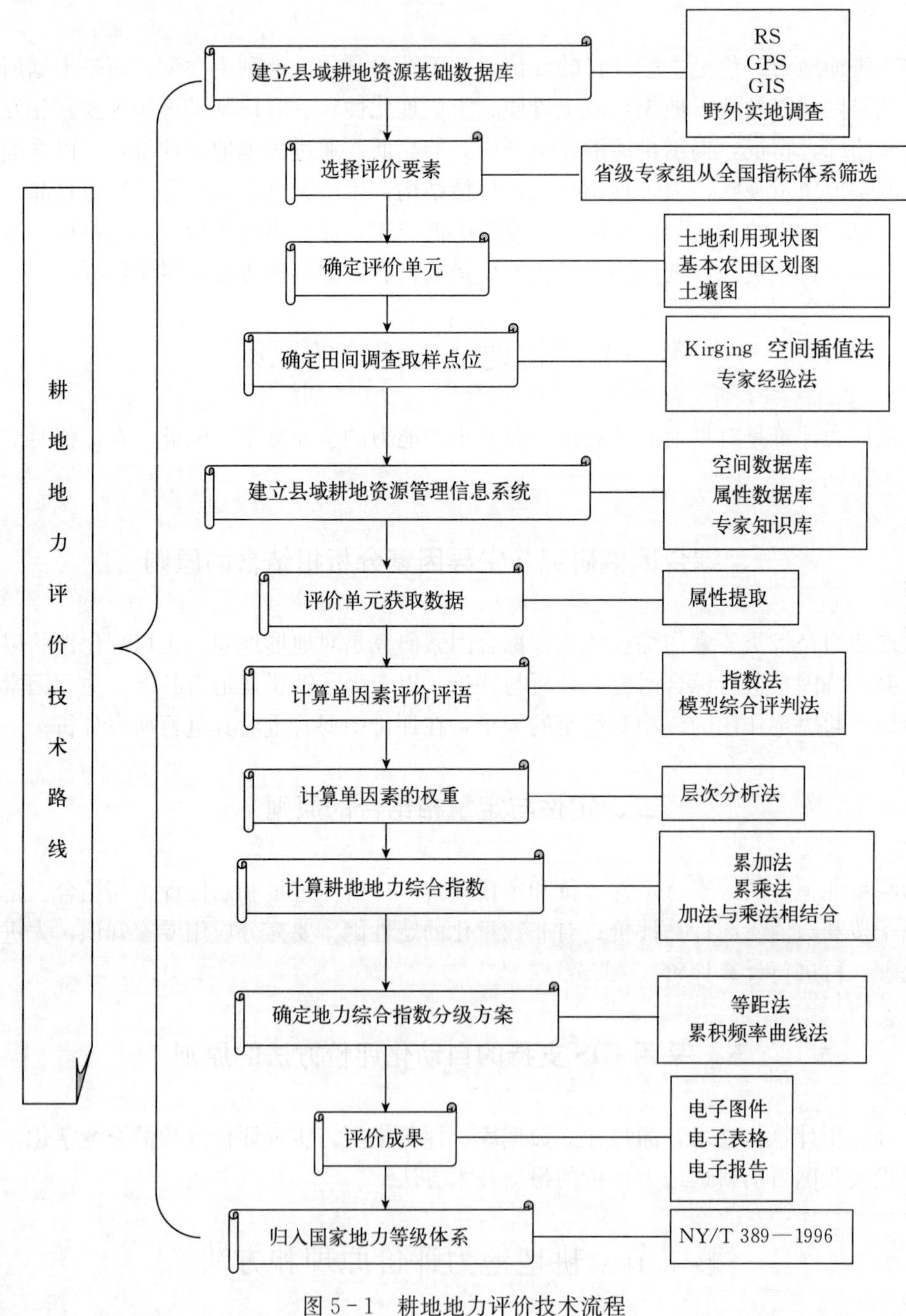

图 5-1 耕地地力评价技术流程

一、确定评价单元

评价单元是由对耕地质量具有关键影响的各耕地要素组成的空间实体，是耕地质量评价的最基本单位、对象和基础图斑。同一评价单元内的耕地自然基本条件、耕地的个体属性和经济属性基本一致，不同耕地评价单元之间，既有差异性，又有可比性。耕地地力评价就是要通过对每个评价单元的评价，确定其地力级别，把评价结果落实到实地和图上。因此，耕地评价单元划分的合理与否，直接关系到耕地地力评价的结果以及工作量的大小。

耕地评价单元目前通用的确定评价单元方法有 4 种，一是以土壤图为基础，将农业生产影响一致的土壤类型归并在一起成为一个评价单元；二是以耕地类型图为基础确定评价单元；三是以土地利用现状图为基础确定评价单元；四是采用网格法确定评价单元。上述方法各有利弊。本次根据《耕地地力调查与质量评价技术规程》的要求，采用综合方法确定评价单元，即用 1∶50 000 土壤图、行政区划图，1∶25 000 土地利用现状图，先数字化，再在计算机上叠加复合生成评价单元图斑，然后进行综合取舍，形成评价单元。这种方法的优点是考虑全面、综合性强。形成的评价单元，同一评价单元内土壤类型相同、土地利用类型相同，既满足了对耕地地力和质量做出评价，又便于耕地利用与管理。本次延寿县调查共确定形成评价单元 11 079 个，总耕地面积 100 494.52 公顷（全县基本农田控制面积）（在形成工作空间的过程中，对数据字段标准化时，县域耕地资源数据字典中全磷的单位为毫克/千克，而现存的所有学术资料与全磷测定的国家标准均为克/千克，因此本次调查使用克/千克。）。

1. 耕地地力评价单元图斑的生成　耕地地力评价单元图斑是在矢量化土壤图、土地利用现状图的基础上，在 ArcMap 中利用矢量图的叠加分析功能，将以上两个图件叠加，生成评价单元图斑。

2. 采样点位图的生成　采样点位的坐标用 GPS 进行野外采集，在 ArcInfo 中将采集的点位坐标转换成与矢量图一致的 1954 北京坐标系。将转换后的点位图转换成可以与 ArcMap 进行交换的 . shp 格式。

二、确定耕地地力评价因子

评价因子是指参与评定耕地地力等级的耕地的诸多属性。影响耕地地力的因素很多，本次评价工作侧重于为农业生产服务，因此本次延寿县耕地地力评价中选取评价因子依据以下原则：

1. 重要性原则　选取的评价因子对耕地地力有比较大的影响，如土壤因素、障碍因素、养分变化等。

2. 易获取性原则　通过常规的方法可以获取。有些评价指标很重要，但是获取不易，无法作为评价指标，可以用相关参数替代。

3. 差异性原则　选取的评价因子在评价区域内变异较大，便于划分耕地地力的等级。如在冲积平原地区，土壤的质地对耕地地力有很大影响，必须列入评价项目之中；但耕地土壤都是由松软的沉积物发育而成，有效土层深厚而且比较均一，就可以不作为参评因素。

4. 稳定性原则 选取的评价因子在时间序列上具有相对的稳定性。如土壤的质地、有机质含量、微量元素等，评价的结果能够有较长的有效期。

5. 评价范围原则 选取评价因素与评价区域的大小有密切的关系。如在一个县的范围内，气候因素变化较小，在进行县域耕地地力评价时，气候因素可以不作为参评因子。

6. 精简性原则 并不是选取的评价因子越多越好，选取的太多，工作量和费用都要增加。一般选 8～15 个因子就能够满足评价的需要。

经专家组充分讨论，同时结合延寿县土壤条件、耕地基础设施状况、农业生产情况、当前农业生产中耕地存在的突出问题等实际情况，并参照《全国耕地地力调查和质量评价技术规程》中所确定的 66 项指标体系，最后确定了 pH、耕层厚度、速效钾、有效磷、有效钼、有机质、全氮、坡度、坡向、土壤侵蚀程度 10 项评价指标。每一个指标的名称、释义、量纲、上下限等定义如下：

（1）有机质：反映土壤中除碳酸盐以外的所有含碳化合物的总含量，数值型，量纲克/千克。

（2）pH：反映土壤酸碱度，代表土壤溶液中氢离子浓度的负对数，数值型，无量纲。

（3）速效钾：反映土壤中容易为作物吸收利用的钾素含量。包括土壤溶液中的以及吸附在土壤胶体上的代换性钾离子。以每千克干土中所含钾的毫克数表示，数值型，量纲毫克/千克。

（4）有效磷：反映耕层土壤中能供作物吸收的磷元素的含量。以每千克干土中所含磷的毫克数表示，数值型，量纲毫克/千克。

（5）有效锌：反映耕层土壤中能供作物吸收的锌的含量，数值型，量纲毫克/千克。

（6）质地：反映土壤中各种粒径土粒的组合比例关系，文本型，无量纲。

（7）障碍层类型：反映构成植物生长障碍的土层类型，文本型，无量纲。

（8）地貌类型：地貌常以成因-形态的差异，划分成若干不同的类型，同一类型具有相同或相似的特征，文本型，无量纲。

（9）地形部位：反映地块在地貌形态中所处的位置，文本型，无量纲。

三、评价单元赋值

根据各评价因子的空间分布图或属性数据库，将各评价因子数据赋值给评价单元。主要采取以下方法：

1. 对点位数据 如全氮、有效磷、速效钾等，采用插值的方法形成删格图与评价单元图叠加，通过统计给评价单元赋值。

2. 对矢量分布图 如腐殖层厚度、容重、地形部位等，直接与评价单元图叠加，通过加权统计、属性提取，给评价单元赋值。

3. 对等高线 使用数字高程模型，形成坡度图、坡向图，与评价单元图叠加，通过统计给评价单元赋值。

四、评价指标的标准化

所谓评价指标标准化就是要对每一个评价单元不同数量级、不同量纲的评价指标数据进行0～1数值型指标的标准化，采用数学方法进行处理；概念型指标标准化，先采用专家经验法，对定性指标进行数值化描述，然后进行标准化处理。

模糊评价法是数值标准化最通用的方法。它是采用模糊数学的原理，建立起评价指标值与耕地生产能力的隶属函数关系，其数学表达式 $\mu=f(x)$，μ 是隶属度，这里代表生产能力；x 代表评价指标值。根据隶属函数关系，可以对于每个 x 算出其对应的隶属度 μ，是0→1中间的数值。在本次评价中将选定的评价指标与耕地生产能力的关系分为戒上型函数、戒下型函数、峰型函数、直线型函数和概念型5种类型的隶属函数。前4种类型可以先通过专家打分的办法对一组评价单元值评估出相应的一组隶属度，根据这两组数据拟合隶属函数，计算所有评价单元的隶属度；后1种是采用专家直接打分评估法，确定每一种概念型的评价单元的隶属度。以下是各个评价指标隶属函数的建立和标准化结果：

1. 隶属函数模型

（1）戒上型函数模型：

$$
y_i=\begin{cases}0 & u_i\leqslant u_t\\ 1/[1+a_i(u_i-c_i)] & u_t<u_i<c_i\\ 1 & c_i\leqslant u_i\end{cases}
$$

式中：y_i——t 第 i 因素评语；

u_i——样品观测值；

c_i——标准指标；

a_i——系数；

u_t——指标下限值。

（2）戒下型函数模型：

$$
y=\begin{cases}0 & u_t\leqslant u_i\\ 1/[1+a_i(u_i-c_i)^2] & c_i<u_i<u_t\\ 1 & u_i\leqslant c_i\end{cases}
$$

式中：u_t——指标上限值。

（3）峰型函数模型：

$$
y=\begin{cases}0 & u_i>u_{t1}\text{或}u<u_{t2}\\ 1/[1+a_i(u_i-c_i)^2] & u_{t1}<u_i<u_{t2}\\ 1 & u_i\leqslant c_i\end{cases}
$$

式中：u_{t1}、u_{t2}——指标上、下限值。

（4）概念型函数模型（散点型）

2. 评价指标隶属函数的建立和标准化结果

（1）有机质：戒上型，见图 5-2 和图 5-3。

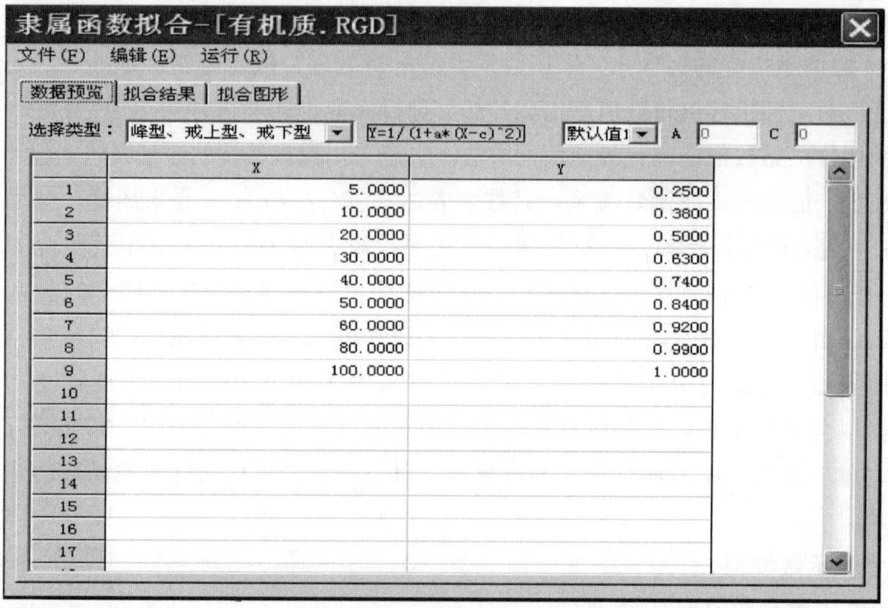

隶属函数拟合-[有机质.RGD]
文件(F) 编辑(E) 运行(R)
数据预览 拟合结果 拟合图形
选择类型：峰型、戒上型、戒下型
Y=1/(1+a*(X-c)^2)
默认值1 A 0 C 0
X Y
1 5.0000 0.2500
2 10.0000 0.3800
3 20.0000 0.5000
4 30.0000 0.6300
5 40.0000 0.7400
6 50.0000 0.8400
7 60.0000 0.9200
8 80.0000 0.9900
9 100.0000 1.0000
10
11
12
13
14
15
16
17

图 5-2 有机质隶属函数评估

隶属函数拟合-[有机质.RGD]
文件(F) 编辑(E) 运行(R)
数据预览 拟合结果 拟合图形
Y=1/(1+0.000 271*(X-81.335 976)^2)
Y
1.00
0.75
0.50
0.25
0
25
50
75
100
X
•原始数据点 —拟合曲线
(-16.894 6,1.161 3)

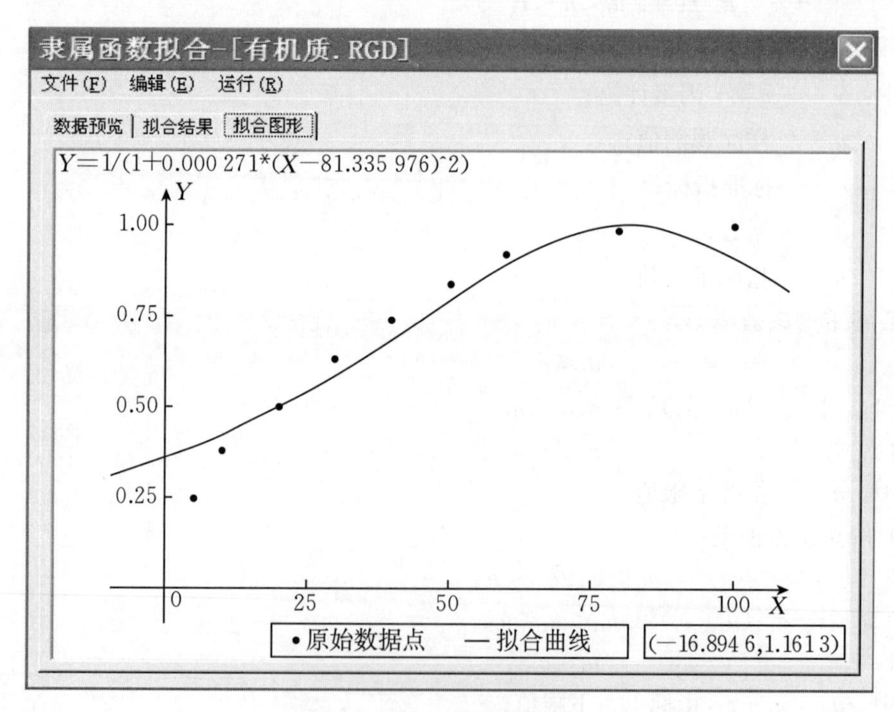

图 5-3 有机质隶属函数拟合

（2）有效磷：戒上型，见图 5－4 和图 5－5。

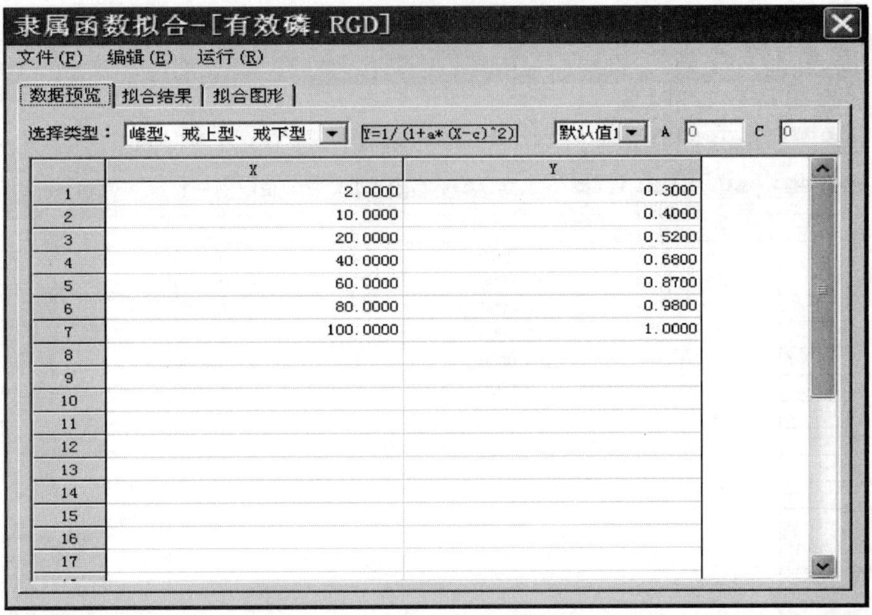

隶属函数拟合-[有效磷.RGD]
文件(F)　编辑(E)　运行(R)
数据预览　拟合结果　拟合图形
选择类型：
峰型、戒上型、戒下型
Y=1/(1+a*(X-c)^2)
默认值1
A　0
C　0
X
Y
1　2.0000　0.3000
2　10.0000　0.4000
3　20.0000　0.5200
4　40.0000　0.6800
5　60.0000　0.8700
6　80.0000　0.9800
7　100.0000　1.0000
8
9
10
11
12
13
14
15
16
17

图 5－4　有效磷隶属函数专家评估

隶属函数拟合-[有效磷.RGD]
文件(F)　编辑(E)　运行(R)
数据预览　拟合结果　拟合图形
Y=1/(1+0.000 239*(X−87.033 289)^2)
(−11.977 8,0.384 0)
Y
1.00
0.75
0.50
0.25
0
25
50
75
100
X
•原始数据点　— 拟合曲线

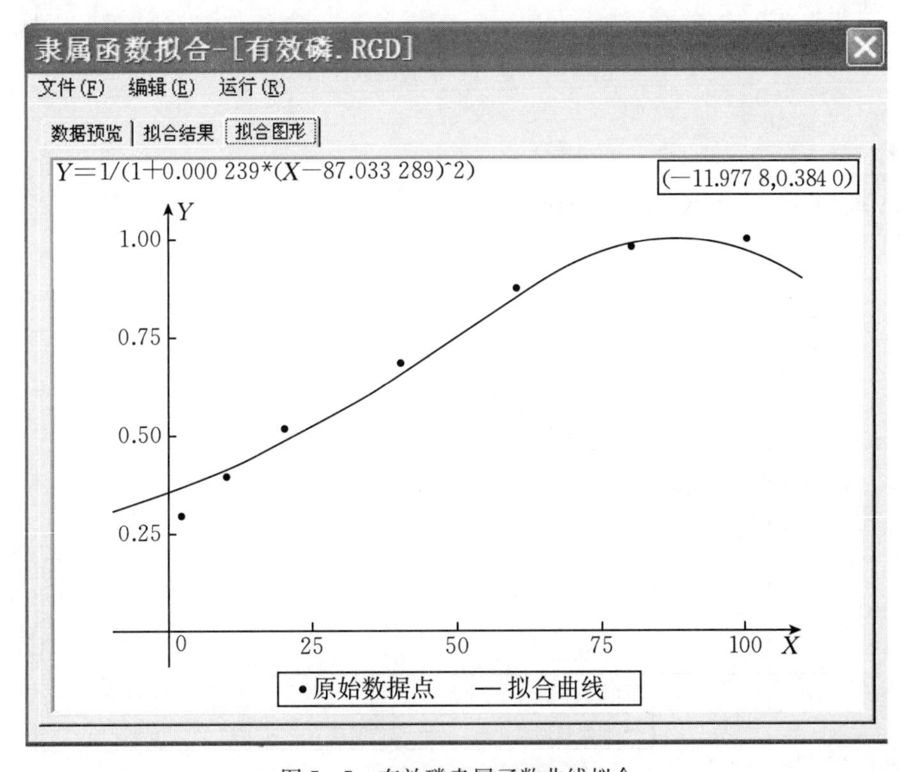

图 5－5　有效磷隶属函数曲线拟合

（3）速效钾：戒上型，见图 5－6 和图 5－7。

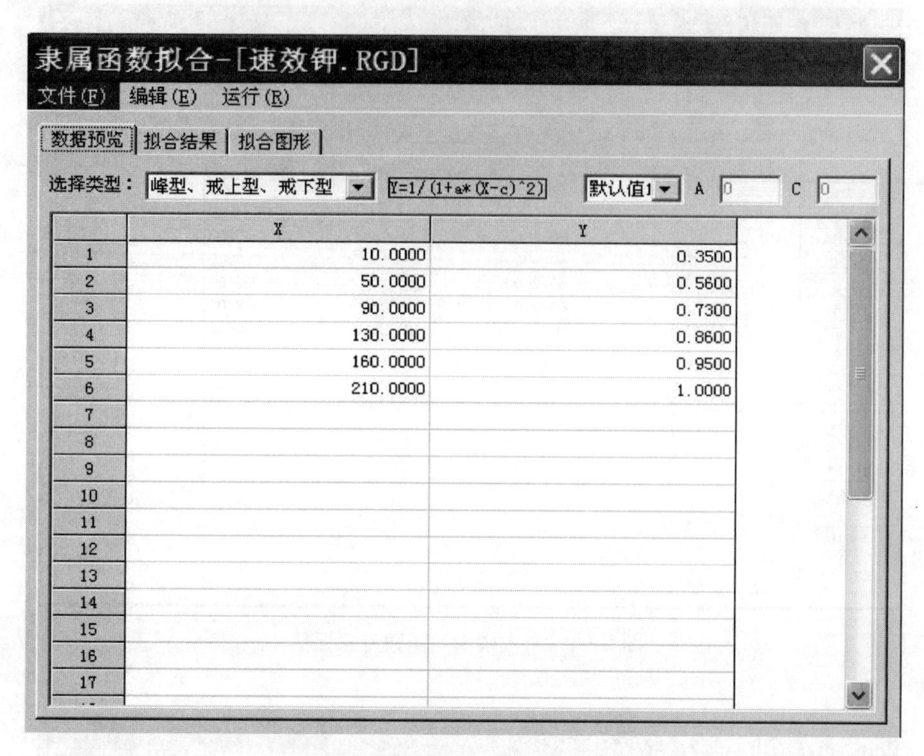

图 5－6　速效钾隶属函数评估

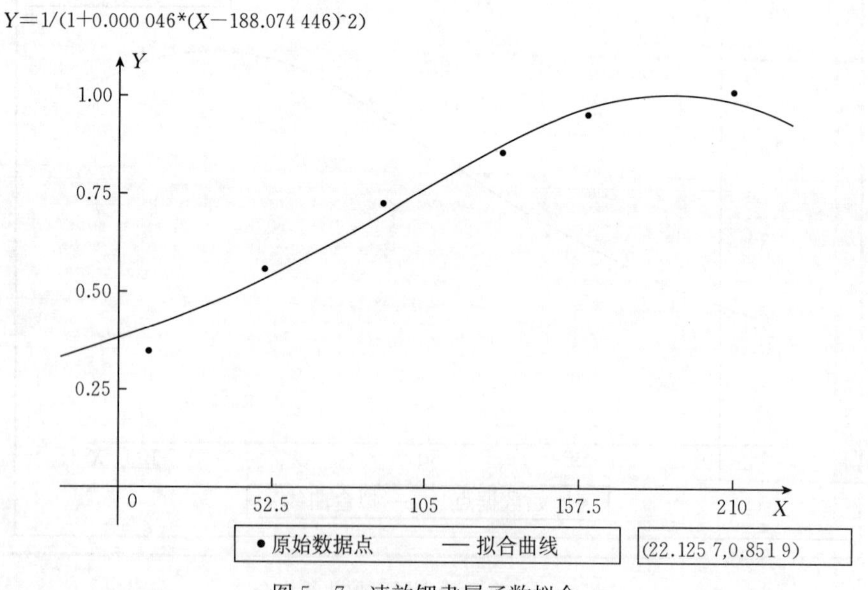

图 5－7　速效钾隶属函数拟合

（4）有效锌：戒上型，见图 5－8 和图 5－9。

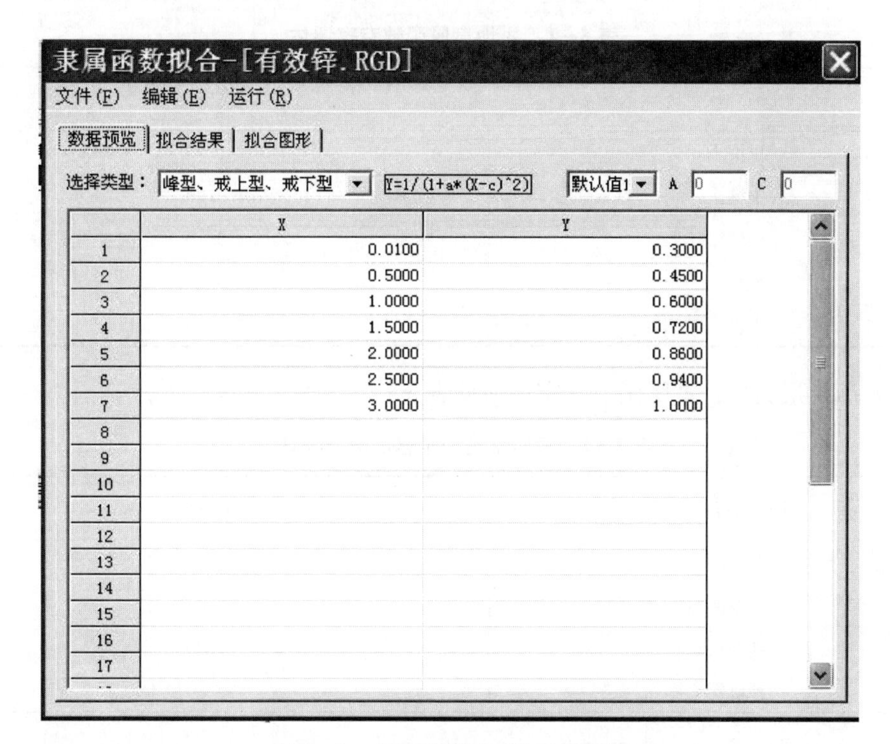

	X	Y
1	0.0100	0.3000
2	0.5000	0.4500
3	1.0000	0.6000
4	1.5000	0.7200
5	2.0000	0.8600
6	2.5000	0.9400
7	3.0000	1.0000
8		
9		
10		
11		
12		
13		
14		
15		
16		
17		

图 5－8　有效锌隶属函数专家评估

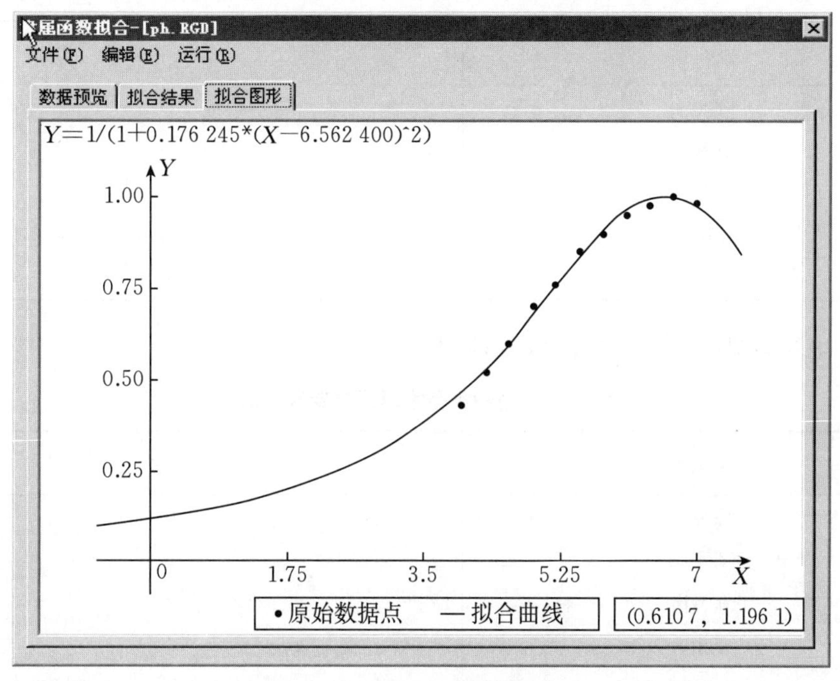

图 5－9　有效锌隶属函数拟合

（5）质地：隶属函数专家评估见表5-1。

表5-1　质地隶属函数专家评估

质地	隶属度
重壤土	1.00
中壤土	0.90
松沙土	0.20
轻黏土	0.75
中黏土	0.40

（6）障碍层类型：隶属函数专家评估见表5-2。

表5-2　障碍层类型隶属函数专家评估

障碍层类型	隶属度
黏盘层	1.00
白浆层	0.85
沙漏层	0.30
沙砾层	0.50

（7）地形部位：隶属函数专家评估见表5-3。

表5-3　地形部位隶属函数专家评估

地形部位	隶属度
平地	1.00
漫岗	0.80
岗地	0.60
低山中上部	0.40
洼地	0.20

（8）地貌类型：隶属函数专家评估见表5-4。

表5-4　地貌类型隶属函数专家评估

地貌类型	隶属度
平原	1.0
河谷平原	0.9
丘陵漫岗	0.7
低山	0.5
河漫滩	0.3

五、各因素权重的确定

单因素权重应用层次分析法进行确定，即按照因素之间的隶属关系排出一定的层次，对每一层次进行相对重要性比较，得出它们之间的关系，从而确定各因素的权重。

1. 构造评价指标层次结构图　根据各评价因素间的关系，构造了层次结构（图 5-10）。

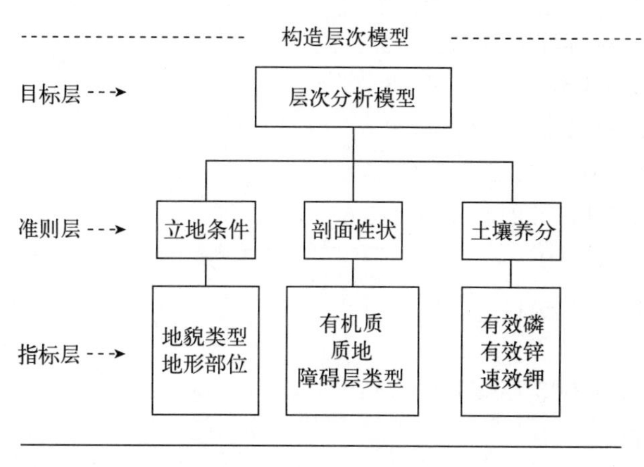

图 5-10　耕地地力评价指标结构

2. 建立层次判断矩阵　采用专家评估法，比较同一层次各因素对上一层次的相对重要性，给出数量化的评估。专家评估的初步结果经合适的数学处理后（包括实际计算的最终结果—组合权重）反馈给专家，请专家重新修改或确认。经多轮反复形成最终的判断矩阵。

3. 确定各评价因素的组合权重　利用层次分析计算方法确定每一个评价因素的综合评价权重。结果如下：

目标层判别矩阵原始资料：

1.000 0　　1.666 7　　3.333 3

0.600 0　　1.000 0　　2.000 0

0.300 0　　0.500 0　　1.000 0

特征向量：[0.526 3，0.315 8，0.157 9]

最大特征根为：3.000 0

CI=1.666 664 814 825 58E−06

RI=0.58

CR=CI/RI=0.000 002 87<0.1

一致性检验通过！

准则层（1）判别矩阵原始资料：

1.000 0　　0.833 3

1.200 0　　1.000 0

特征向量：[0.454 5，0.545 5]

最大特征根为：2.000 0

CI=−2.000 020 000 414 44E-05

RI=0

CR=CI/RI=0.000 000 00<0.1

一致性检验通过！

准则层（2）判别矩阵原始资料：

1.000 0　　1.666 7　　0.833 3

0.600 0　　1.000 0　　0.500 0

1.200 0　　2.000 0　　1.000 0

特征向量：[0.357 1，0.214 3，0.428 6]

最大特征根为：3.000 0

CI=−3.333 340 740 54 115E-06

RI=0.58

CR=CI/RI=0.000 005 75<0.1

一致性检验通过！

准则层（3）判别矩阵原始资料：

1.000 0　　3.333 3　　2.000 0

0.300 0　　1.000 0　　1.000 0

0.500 0　　1.000 0　　1.000 0

特征向量：[0.560 2，0.201 4，0.238 4]

最大特征根为：3.029 1

CI=0.014 563 867 247 277

RI=0.58

CR=CI/RI=0.025 110 12<0.1

一致性检验通过！

层次总排序一致性检验：

CI=2.287 974 882 45 964E-03

RI=0.274 736 360 123 487

CR=CI/RI=0.008 327 89<0.1

总排序一致性检验通过！

层次分析结果表

	层次C			
层次A	立地条件	剖面性状	土壤养分	组合权重

	0.526 3	0.315 8	0.157 9	$\sum C_iA_i$
地貌类型	0.454 5			0.239 2
地形部位	0.545 5			0.287 1
有机质		0.357 1		0.112 8
质地		0.214 3		0.067 7
障碍层类型		0.428 6		0.135 3
有效磷			0.560 2	0.088 5
有效锌			0.201 4	0.031 8
速效钾			0.238 4	0.037 6

六、综合性指标计算

根据加、乘法则，在相互交叉的同类采用加法模型进行综合性指数计算。公式如下：

$$IFI = \sum F_i \times C_i (i = 1,2,3\cdots)$$

式中：*IFI*（Integrated Fertility Index）——耕地地力综合指数；

F_i——第 i 个因素评语；

C_i——第 i 个因素的组合权重。

七、确定综合指数分级方案，划分评价等级

采取累积曲线分级法划分耕地地力等级，用加法模型计算耕地生产性能综合指数（*IFI*），将延寿县耕地地力划分为 4 级（表 5－5）。

表 5－5 延寿县耕地地力指数分级表

地力分级	地力综合指数分级（*IFI*）
一级	＞0.747 5
二级	0.636 6～0.747 5
三级	0.5～0.636 6
四级	＜0.5

八、归并农业部地力等级指标划分标准

耕地地力的另一种表达方式，即以产量表达耕地地力水平。农业部于 1997 年颁布了《全国耕地类型区耕地地力等级划分》农业行业标准，将全国耕地地力根据粮食单产水平划分为 10 个等级。在对延寿县 11 079 个评价单元上的 3 年实际年平均产量调查数据分析

的基础上，筛选了200个点的产量与地力综合指数值（*IFI*）进行了相关分析，建立直线回归方程：$y=672.67x+86.996$（$R^2=0.7872$，达到极显著水平）。式中Y代表自然产量，X代表综合地力指数。根据其对应的相关关系，将用自然要素评价的耕地地力等级分别归入相应的概念型产量表示的地力等级体系。

参照农业部关于本次耕地地力评价规程中所规定的分级标准，并根据第二章、第三节所述的评价结果，将延寿县基本农田划分为4个等级。其中，一级地属于高产农田，二级、三级地属于中产农田、四级属于低产农田，可将延寿县耕地划分到部级地力四级、五级、六级、七等级体系（表5-6、表5-7）。

表5-6　2011年延寿县耕地地力评价统计

耕地等级	综合指数分级（*IFI*）	面积（公顷）	占总耕地面积（%）	国家等级
一级	>0.747 5	20 410.81	20.31	四级
二级	0.747 5～0.636 6	27 630.22	27.49	五级
三级	0.636 6～0.50	32 192.08	32.04	六级
四级	<0.50	20 261.41	20.16	七级
合计	—	100 494.52	100.00	—

表5-7　耕地地力产量标准（国家级）分级统计

国家级	产量（千克/公顷）
四级	9 000～10 500
五级	7 500～9 000
六级	6 000～7 500
七级	4 500～6 000

2011年，延寿县总耕地面积为100 494.52公顷，一级地面积为20 410.81公顷，占总耕地面积的20.31%；二级地面积为27 630.22公顷，占总耕地面积的27.49%。三级地面积为32 192.08公顷，占总耕地面积的32.04%；四级地面积为20 261.41公顷，占总耕地面积的20.16%。

延寿县耕地主要以国家五级地、六级地为主，分别占27.49%、32.04%；国家四级地面积占20.31%，国家七级地面积占20.16%。

第三节　耕地地力评价结果与分析

本次耕地地力调查，将延寿县耕地地力等级划分为4个等级，全县耕地面积100 494.52公顷。其中，一级地面积为20 410.81公顷，占总耕地面积的20.31%；二级地面积为27 630.22公顷，占总耕地面积的27.49%；三级地面积为32 192.08公顷，占总耕地面积的32.04%；四级地面积为20 261.41公顷，占总耕地面积的20.16%（表5-8）。

表 5-8　耕地地力等级面积统计

地力分级	地力综合指数分级（*IFI*）	耕地面积（公顷）	占总耕地面积比例（%）
一级	>0.747 5	20 410.81	20.31
二级	0.747 5～0.636 6	27 630.22	27.49
三级	0.636 6～0.50	32 192.08	32.04
四级	<0.50	20 261.41	20.16
合计	—	100 494.52	100.00

延寿县土壤属性统计见表 5-9。

表 5-9　延寿县土壤属性统计

项目	平均值	最大值	最小值
pH	6.48	7.10	5.90
有机质（克/千克）	32.69	56.90	6.00
有效磷（毫克/千克）	29.12	99.40	2.90
速效钾（毫克/千克）	51.64	202.00	2.00
有效锌（毫克/千克）	1.01	11.00	0.01
耕层厚度（厘米）	15.99	24.00	11.00
障碍层位置（厘米）	18.42	21.00	16.00
障碍层厚度（厘米）	18.15	29.00	3.00
海拔（米）	236.14	441.00	165.00
有效土层厚度（厘米）	20.54	67.00	7.00
容重（克/立方厘米）	1.15	1.44	0.51
全氮（克/千克）	1.91	5.42	0.63
全磷（克/千克）	1.17	2.00	0.70
全钾（克/千克）	24.18	39.80	4.40
有效铜（毫克/千克）	0.98	4.90	0.12
有效锰（毫克/千克）	29.67	95.80	4.40
有效铁（毫克/千克）	43.64	106.80	6.51
碱解氮（毫克/千克）	198.54	479.60	40.30

一、一 级 地

延寿县一级地面积为 20 410.81 公顷，占全县总耕地面积 20.31%，9 个乡（镇）和 1 个种畜场均有分布。其中，分布面积最大的是六团镇，为 3 971.1 公顷；其次是加信镇、延寿镇，面积分别为 3 793.33 公顷、2 501.68 公顷；面积最小的是太平川种畜场，仅为 257.8 公顷（表 5-10，图 5-11）。从土类上看，除草甸土、黑土外，其他土类均无分布。

其中，分布面积最大的是草甸土，为19 717.57公顷，黑土分布面积为3 163.19公顷；土种中共16个土种有一级地分布，其中中层黏壤质草甸土面积最大，为5 657.52公顷（表5-11，表5-12）。

表5-10 延寿县一级地分布面积统计

乡（镇）	面积（公顷）	一级地（公顷）	占乡（镇）面积（%）	占一级地面积（%）
延寿镇	11 315.60	2 501.68	22.11	12.26
延河镇	13 405.12	1 409.27	10.51	6.90
寿山乡	8 568.76	852.07	9.94	4.17
安山乡	9 856.00	1 966.42	19.95	9.63
玉河乡	13 670.90	2 425.45	17.74	11.88
加信镇	9 727.51	3 793.33	39.00	18.58
青川乡	10 671.19	1 680.98	15.75	8.24
中和镇	5 949.05	1 552.71	26.10	7.61
六团镇	16 072.20	3 971.10	24.71	19.46
太平川种畜场	1 258.19	257.80	20.49	1.27
合计	100 494.52	20 410.81	20.31	100.00

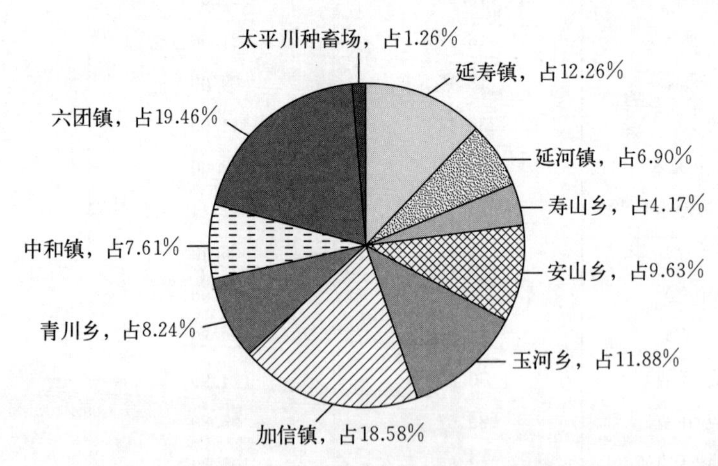

图5-11 延寿县一级地面积分布图

表5-11 延寿县一级地土类分布面积统计

土类	面积（公顷）	一级地（公顷）	占本土类面积（%）	占一级地面积（%）
草甸土	28 460.30	17 247.62	60.60	84.50
白浆土	43 645.12	0	0	0
暗棕壤	4 933.14	0	0	0
沼泽土	3 032.32	0	0	0

（续）

土类	面积（公顷）	一级地（公顷）	占本土类面积（%）	占一级地面积（%）
泥炭土	1 696.38	0	0	0
黑土	5 328.19	3 163.19	59.37	15.50
新积土	9 820.67	0	0	0
水稻土	3 578.40	0	0	0
合计	100 494.52	20 410.81	20.31	100.00

表 5-12　延寿县一级地土种分布面积统计

土种	面积（公顷）	一级地面积（公顷）	占本土种面积（%）	占一级地面积（%）
厚层砾底草甸土	761.34	652.81	85.74	3.20
厚层黏质草甸白浆土	1 795.88	0	0	0
中层黄土质白浆土	32 541.04	0	0	0
砾沙质暗棕壤	3 411.56	0	0	0
薄层泥炭腐殖质沼泽土	1 009.02	0	0	0
沙砾质白浆化暗棕壤	1 521.58	0	0	0
中层沙砾底潜育草甸土	1 646.76	0	0	0
中层黏壤质潜育草甸土	3 361.71	0	0	0
中层黏壤质草甸土	6 048.26	5 657.52	93.54	27.72
中层黏质草甸白浆土	2 830.58	0	0	0
厚层黄土质白浆土	3 605.00	0	0	0
薄层泥炭沼泽土	610.43	0	0	0
厚层黏壤质潜育草甸土	1 054.06	0	0	0
薄层芦苇薹草低位泥炭土	929.61	0	0	0
薄层沙底黑土	3 146.25	1 457.15	46.31	7.14
薄层砾底草甸土	2 197.08	2 197.08	100	10.76
薄层沙质冲积土	9 425.48	0	0	0
薄层黄土质白浆土	2 427.52	0	0	0
厚层沙砾底潜育草甸土	304.78	0	0	0
薄层沙砾底潜育草甸土	2 677.27	0	0	0
中层黏壤质冲积土	374.84	0	0	0
中层沙壤质草甸土	1 217.36	1 217.36	100	5.96
中层黑土型淹育水稻土	699.22	0	0	0
中层芦苇薹草低位泥炭土	766.77	0	0	0
中层砾底草甸土	1 458.79	1 353.26	92.77	6.63
薄层黏壤质草甸土	4 701.93	4 188.15	89.07	20.52

（续）

土种	面积（公顷）	一级地面积（公顷）	占本土种面积（%）	占一级地面积（%）
薄层黏质草甸沼泽土	372.15	0	0	0
中层泥炭沼泽土	841.72	0	0	0
薄层黏壤质潜育草甸土	1 049.52	0	0	0
厚层黏壤质草甸土	1 520.43	1 520.43	100.00	7.45
中层草甸土型淹育水稻土	1 523.97	0	0	0
薄层黄土质黑土	1 087.49	1 087.49	100.00	5.33
厚层草甸土型淹育水稻土	201.00	0	0	0
厚层沙壤质草甸土	322.59	322.59	100.00	1.58
薄层黑土型淹育水稻土	977.84	0	0	0
中层沙底黑土	250.69	250.69	100.00	1.23
薄层沙壤质草甸土	138.42	138.42	100.00	0.68
白浆土型淹育水稻土	176.37	0	0	0
薄层黏壤质冲积土	20.35	0	0	0
薄层沙底白浆化黑土	130.87	130.87	100.00	0.64
薄层黄土质白浆化黑土	189.73	0	0	0
中层砾底黑土	16.41	16.41	100.00	0.08
薄层砾底黑土	104.27	104.27	100.00	0.51
厚层黏质草甸沼泽土	199.00	0	0	0
中层黄土质黑土	116.31	116.31	100.00	0.57
厚层黏质潜育白浆土	289.57	0	0	0
中层黏质潜育白浆土	155.53	0	0	0
中层黄土质白浆化黑土	276.31	0	0	0
厚层黄土质白浆化黑土	9.86	0	0	0
合计	100 494.52	20 410.81	20.31	100.00

根据土壤养分测定结果，各评价指标总结见表5－13，表5－14。

表5－13　延寿县一级地土壤属性统计

项目	平均值	最大值	最小值
pH	6.49	7.00	6.00
有机质（克/千克）	33.98	49.70	18.70
有效磷（毫克/千克）	33.06	99.40	10.60
速效钾（毫克/千克）	49.40	129.00	6.00
有效锌（毫克/千克）	0.91	5.58	0.04
耕层厚度（厘米）	17.44	24.00	12.00

（续）

项目	平均值	最大值	最小值
障碍层位置（厘米）	18.41	20	16.00
障碍层厚度（厘米）	15.37	29.00	6.00
海拔（米）	225.97	406.00	168.00
有效土层厚度（厘米）	30.42	47.00	19.00
容重（克/立方厘米）	1.15	1.44	0.90
全氮（克/千克）	1.88	5.42	0.93
全磷（克/千克）	1.16	1.70	0.70
全钾（克/千克）	24.44	39.50	8.40
有效铜（毫克/千克）	1.02	4.90	0.29
有效锰（毫克/千克）	32.58	69.00	4.50
有效铁（毫克/千克）	45.94	75.74	12.10
碱解氮（毫克/千克）	201.05	479.60	64.40

表 5-14　一级地土壤属性分布频率统计

单位：%

项目	一级	二级	三级	四级	五级	六级
pH	0	0	30.21	69.79	0	0
有机质	0	17.02	61.37	21.51	0.11	0
全氮	10.60	25.01	42.31	21.58	0.50	0
碱解氮	13.36	48.18	28.99	7.64	1.73	0.11
有效磷	3.00	18.29	62.05	16.66	0	0
速效钾	0	0	1.94	48.45	32.83	16.79
有效锌	8.60	7.89	15.32	37.16	31.04	0
质地	76.28	14.86	8.22	0.64	0	0

1. 有机质　延寿县一级地土壤有机质含量平均为 33.98 克/千克，变幅在 18.7～49.7 克/千克。含量为 40～60 克/千克出现频率为 17.02%；含量在 30～40 克/千克出现频率是 61.37%；含量在 20～30 克/千克出现频率为 21.51%；含量在 10～20 克/千克出现频率为 0.11%。

2. pH　延寿县一级地土壤 pH 平均为 6.49，变幅在 6～7。pH 在 6.5 出现频率为 30.21%；pH 在 5.5～6.5 出现频率是 69.79%。

3. 有效磷　延寿县一级地土壤有效磷平均含量为 33.06 毫克/千克，变幅在 10.6～99.4 毫克/千克。含量>60 毫克/千克出现频率为 3%；含量在 40～60 毫克/千克出现频率为18.29%；含量在20～40毫克/千克出现频率为62.05%；含量在10～20毫克/千克出现频率为16.66%；含≤10毫克/千克无分布。

4. 速效钾 延寿县一级地土壤速效钾钾平均含量为49.4毫克/千克，变幅为6～129毫克/千克。含量为100～150毫克/千克出现频率为1.94%；含量在50～100毫克/千克出现频率为48.25%，含量在30～50毫克/千克出现频率为32.83%，含量小于30毫克/千克出现频率为16.79%。

5. 全氮 延寿县一级地土壤全氮平均含量为1.88克/千克，变幅为0.93～5.42克/千克。含量大于2.5克/千克出现频率为10.6%；含量在2.1～2.5克/千克出现频率为25.1%；含量在1.5～2.0克/千克出现频率为42.31%；含量在1～1.5克/千克出现频率为21.58%。含量在1～1.5克/千克出现频率为0.5%。

6. 全磷 延寿县一级地土壤全磷平均含量为1.16克/千克，变幅为0.7～1.7克/千克。

7. 全钾 延寿县一级地土壤全钾平均含量为24.44克/千克，变幅为8.4～39.5克/千克。

8. 有效锌 一级地土壤有效锌平均含量为0.91毫克/千克，最低含量为0.04毫克/千克，最高含量为5.58毫克/千克。

9. 有效铁 一级地土壤有效铁平均含量为45.94毫克/千克，最低含量为12.1毫克/千克，最高含量为75.74毫克/千克。

10. 有效铜 一级地土壤有效铜平均含量为1.02毫克/千克，最低含量为0.29毫克/千克，最高含量为4.9毫克/千克。

11. 有效锰 一级地土壤有效锰平均含量为32.58毫克/千克，最低含量为4.5毫克/千克，最高含量为69毫克/千克。

12. 有效土层厚度 一级地土壤腐殖质厚度平均值为30.32厘米，变动幅度19～47厘米

13. 成土母质 一级地土壤成土母质由黄土母质和冲积母质组成。

14. 质地 一级地土壤质地由壤土和黏土组成，其中壤土占76.28%，中黏土占14.86%，轻黏土占8.22%，松沙土占0.64%。

15. 侵蚀程度 一级地土壤侵蚀程度无明显侵蚀。

16. 高程 一级地海拔一般在168～406米，平均海拔为225.97米。

17. 地貌构成 一级地位于中东部松花江平原，视野宽阔，耕地集中连片，地面比降1/1 000～1/10 000，水利资源丰富，土层深厚，土质肥沃，适合各种作物生长。

二、二级地

延寿县二级地面积为27 630.22公顷，占总耕地面积的27.49%，分布在全县9个乡（镇）和1个种畜场。其中，面积最大的是六团镇，为5 248.13公顷；其次为青川乡和寿山乡，面积分别为5 208公顷和3 763.54公顷，面积最小的是太平川种畜场，仅为56.25公顷（表5-15，图5-12）。

表 5-15　延寿县二级地分布面积统计

乡（镇）	面积（公顷）	二级地（公顷）	占乡（镇）面积（%）	占二级地面积（%）
延寿镇	11 315.60	1992.08	17.60	7.21
延河镇	13 405.12	3 488.95	26.03	12.63
寿山乡	8 568.76	3 763.54	43.92	13.62
安山乡	9 856.00	2 991.51	30.35	10.83
玉河乡	13 670.90	2 210.35	16.17	8.00
加信镇	9 727.51	2 013.51	20.70	7.29
青川乡	10 671.19	5 208.00	48.80	18.85
中和镇	5 949.05	657.90	11.06	2.38
六团镇	16 072.20	5 248.13	32.65	18.99
太平川种畜场	1 258.19	56.25	4.47	0.20
合计	100 494.52	27 630.22	27.49	100.00

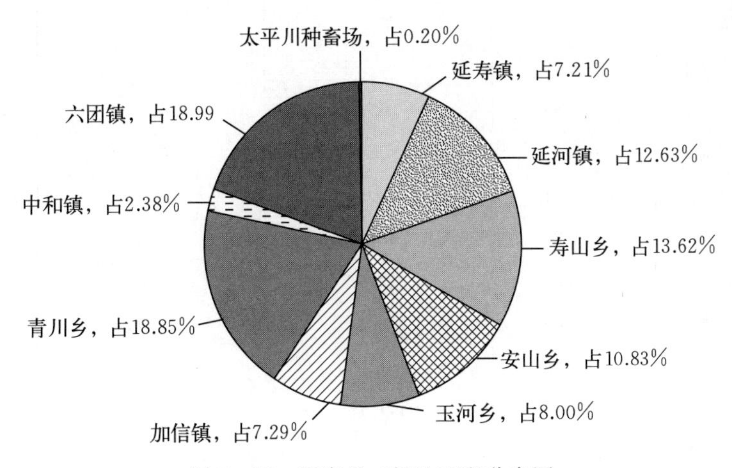

图 5-12　延寿县二级地面积分布图

从土壤组成看，延寿县二级地包括黑土、草甸土、白浆土 3 个土类，其中，白浆土分布面积最大，为 22 747.52 公顷，占本土类耕地面积 52.12%，占二级地面积 82.33%（表 5-16）。土种中共 18 个土种有二级地分布，其中面积最大的土种是中层黄土质白浆土，为 17 226.23 公顷（表 5-17）。

表 5-16　延寿县二级地土类分布面积统计

土类	面积（公顷）	二级地（公顷）	占本土类面积（%）	占二级地面积（%）
草甸土	28 460.30	2 717.70	9.55	9.84
白浆土	43 645.12	22 747.52	52.12	82.32
暗棕壤	4 933.14	0	0	0

（续）

土类	面积（公顷）	二级地（公顷）	占本土类面积（%）	占二级地面积（%）
沼泽土	3 032.32	0	0	0
泥炭土	1 696.38	0	0	0
黑土	5 328.19	2 165.00	40.63	7.84
新积土	9 820.67	0	0	0
水稻土	3 578.4	0	0	0
合计	100 494.52	27 630.22	27.49	100.00

表 5-17　延寿县二级地土种分布面积统计

土种	面积（公顷）	二级地面积（公顷）	占本土种面积（%）	占二级地面积（%）
厚层砾底草甸土	761.34	108.53	14.26	0.39
厚层黏质草甸白浆土	1 795.88	1 099.57	61.23	3.98
中层黄土质白浆土	32 541.04	17 226.23	52.94	62.35
砾沙质暗棕壤	3 411.56	0	0	0
薄层泥炭腐殖质沼泽土	1 009.02	0	0	0
沙砾质白浆化暗棕壤	1 521.58	0	0	0
中层沙砾底潜育草甸土	1 646.76	0	0	0
中层黏壤质潜育草甸土	3 361.71	970.23	28.86	3.51
中层黏壤质草甸土	6 048.26	390.74	6.46	1.41
中层黏质草甸白浆土	2 830.58	1 811.43	64.00	6.56
厚层黄土质白浆土	3 605.00	1 168.27	32.41	4.23
薄层泥炭沼泽土	610.43	0	0	0
厚层黏壤质潜育草甸土	1 054.06	441.73	41.91	1.60
薄层芦苇薹草低位泥炭	929.61	0	0	0
薄层沙底黑土	3 146.25	1 689.10	53.69	6.11
薄层砾底草甸土	2 197.08	0	0	0
薄层沙质冲积土	9 425.48	0	0	0
薄层黄土质白浆土	2 427.52	1 367.72	56.34	4.95
厚层沙砾底潜育草甸土	304.78	14.27	4.68	0.05
薄层沙砾底潜育草甸土	2 677.27	0	0	0
中层黏壤质冲积土	374.84	0	0	0
中层沙壤质草甸土	1 217.36	0	0	0
中层黑土型淹育水稻土	699.22	0	0	0
中层芦苇薹草低位泥炭	766.77	0	0	0
中层砾底草甸土	1 458.79	105.53	7.23	0.38

（续）

土种	面积（公顷）	二级地面积（公顷）	占本土种面积（%）	占二级地面积（%）
薄层黏壤质草甸土	4 701.93	513.78	10.93	1.86
薄层黏质草甸沼泽土	372.15	0	0	0
中层泥炭沼泽土	841.72	0	0	0
薄层黏壤质潜育草甸土	1 049.52	172.89	16.47	0.63
厚层黏壤质草甸土	1 520.43	0	0	0
中层草甸土型淹育水稻	1 523.97	0	0	0
薄层黄土质黑土	1 087.49	0	0	0
厚层草甸土型淹育水稻	201.00	0	0	0
厚层沙壤质草甸土	322.59	0	0	0
薄层黑土型淹育水稻土	977.84	0	0	0
中层沙底黑土	250.69	0	0	0
薄层沙壤质草甸土	138.42	0	0	0
白浆土型淹育水稻土	176.37	0	0	0
薄层黏壤质冲积土	20.35	0	0	0
薄层沙底白浆化黑土	130.87	0	0	0
薄层黄土质白浆化黑土	189.73	189.73	100.00	0.69
中层砾底黑土	16.41	0	0	0
薄层砾底黑土	104.27	0	0	0
厚层黏质草甸沼泽土	199.00	0	0	0
中层黄土质黑土	116.31	0	0	0
厚层黏质潜育白浆土	289.57	74.30	25.66	0.27
中层黏质潜育白浆土	155.53	0	0	0
中层黄土质白浆化黑土	276.31	276.31	100.00	1.00
厚层黄土质白浆化黑土	9.86	9.86	100.00	0.04
合计	100 494.52	27 630.22	27.49	100.00

根据土壤养分测定结果，各养分含量情况总结见表 5－18，表 5－19。

表 5－18　延寿县二级地土壤属性统计

项目	平均值	最大值	最小值
pH	6.48	7.00	5.90
有机质（克/千克）	34.01	49.70	11.20
有效磷（毫克/千克）	33.07	99.40	10.50
速效钾（毫克/千克）	59.68	202.00	14.00
有效锌（毫克/千克）	1.33	11.00	0.01

（续）

项目	平均值	最大值	最小值
耕层厚度（厘米）	16.32	24.00	11.00
障碍层位置（厘米）	18.28	21.00	16.00
障碍层厚度（厘米）	23.21	29.00	5.00
海拔（米）	233.22	433.00	168.00
有效土层厚度（厘米）	17.10	55.00	7.00
容重（克/立方厘米）	1.16	1.44	0.51
全氮（克/千克）	2.04	5.32	0.73
全磷（克/千克）	1.22	2.00	0.70
全钾（克/千克）	23.96	39.60	4.50
有效铜（毫克/千克）	1.03	4.90	0.17
有效锰（毫克/千克）	29.30	95.80	7.30
有效铁（毫克/千克）	43.41	106.80	18.16
碱解氮（毫克/千克）	196.67	479.60	72.50

表 5-19　二级地耕地土壤属性分布频率统计

单位：%

项目	一级	二级	三级	四级	五级	六级
pH	0	0	32.32	67.68	0	0
有机质	0	17.84	61.91	18.27	1.98	0
全氮	18.23	31.05	39.52	8.97	2.23	0
碱解氮	8.94	50.85	29.60	9.11	1.47	0.03
有效磷	3.68	19.94	65.63	10.76	0	0
速效钾	0.18	0.25	2.98	51.57	39.85	5.17
有效锌	20.05	16.71	29.38	22.27	11.59	0
质地	88.49	9.78	1.72	0	0	0

1. 有机质　延寿县二级地土壤有机质含量平均为 34.01 克/千克，变幅在 11.2～49.7 克/千克。含量在 40～60 克/千克出现频率为 17.84%；含量在 30～40 克/千克出现频率是 61.91%；含量在 20～30 克/千克出现频率为 18.27%；含量在 10～20 克/千克出现频率为 1.98%。

2. pH　延寿县二级地土壤 pH 平均含量为 6.48，变幅在 5.9～7。pH 大于 6.5 出现频率为 32.32%；pH 在 5.5～6.5 出现频率是 67.68%。

3. 有效磷　延寿县二级地土壤有效磷平均含量为 33.07 毫克/千克，变幅在 10.5～99.4 毫克/千克。含量>60 毫克/千克出现频率为 3.68%；含量在 40～60 毫克/千克出现频率为 19.94%；含量在 20～40 毫克/千克出现频率为 65.63%；含量在 10～20 毫克/千克出现频率为 10.76%。

4. 速效钾　延寿县二级地土壤速效钾平均含量为 59.68 毫克/千克，变幅为 14～202 毫克/千克。含量大于 200 毫克/千克出现频率为 0.18%. 含量在 150～200 毫克/千克出现频率为 0.25%，含量在 100～150 毫克/千克出现频率为 2.98%，含量在 50～100 毫克/千克出现频率为 51.59%，含量在 30～50 毫克/千克出现频率为 39.85%，含量小于 30 毫克/千克出现频率为 5.17%。

5. 全氮　延寿县二级地土壤全氮平均含量为 2.04 克/千克，变幅为 0.73～5.32 克/千克。含量大于 2.5 克/千克出现频率为 18.23%；含量在 2～2.5 克/千克出现频率为 31.05%；含量在 1.5～2 克/千克出现频率为 39.52%；含量在 1～1.5 克/千克出现频率为 8.97%；含量在 0.5～1 克/千克出现频率为 2.23%。

6. 全磷　延寿县二级地土壤全磷平均含量为 1.22 克/千克，变幅为 0.7～2 克/千克。

7. 全钾　延寿县二级地土壤全钾平均含量为 23.96 克/千克，变幅为 4.5～39.6 克/千克。

8. 有效锌　二级地土壤有效锌平均含量为 1.33 毫克/千克，最低含量为 0.01 毫克/千克，最高含量为 11.0 毫克/千克。

9. 有效铁　二级地土壤有效铁平均含量为 43.41 毫克/千克，最低含量为 18.16 毫克/千克，最高含量为 106.8 毫克/千克。

10. 有效铜　二级地土壤有效铜平均含量为 1.03 毫克/千克，最低含量为 0.17 毫克/千克，最高含量为 4.9 毫克/千克。

11. 有效锰　二级地土壤有效锰平均含量为 29.3 毫克/千克，最低含量为 7.3 毫克/千克，最高含量为 95.8 毫克/千克。

12. 有效土层厚度　二级地土壤有效土层厚度平均为 17.1 厘米，变动范围为 7～55 厘米。

13. 成土母质　二级地土壤成土母质沉积或冲积母质和坡积母质组成。

14. 质地　二级地土壤质地由壤土和黏土组成，其中黏土占 88.49%，中壤土占 9.78%，松沙土占 1.72%。

15. 土壤侵蚀程度　二级地土壤侵蚀程度无明显侵蚀到轻度侵蚀。

16. 高程　海拔高度一般在 168～413 米，平均值为 233.22 米。

17. 地貌构成　东西部平原，海拔高程 30～81 米，地面比降 1/800，地势平坦。土壤主要类型有草甸土、白浆土、黑土。土壤耕层浅，该区自然条件较好，光热水资源潜力大，有利于农业生产。

三、三 级 地

延寿县三级地面积为 32 192.08 公顷，占总耕地面积的 32.03%。其中分布面积最大的是玉河乡，面积为 6 111.96 公顷；其次是延河镇，面积为 5 769.16 公顷；最小的是太平川种畜场，面积为 865.4 公顷（表 5－20，图 5－13）。

表 5-20　延寿县三级地分布面积统计

乡（镇）	面积	三级地	占乡（镇）面积	占三级地面积
延寿镇	11 315.60	4 718.31	41.70	14.66
延河镇	13 405.12	5 769.16	43.04	17.92
寿山乡	8 568.76	2 974.94	34.72	9.24
安山乡	9 856.00	2 282.44	23.16	7.09
玉河乡	13 670.90	6 111.96	44.71	18.99
加信镇	9 727.51	1 790.55	18.41	5.56
青川乡	10 671.19	2 926.00	27.42	9.09
中和镇	5 949.05	1 090.61	18.33	3.39
六团镇	16 072.20	3 662.57	22.79	11.38
太平川种畜场	1 258.19	865.54	68.79	2.69
合计	100 494.52	32 192.08	32.04	100.00

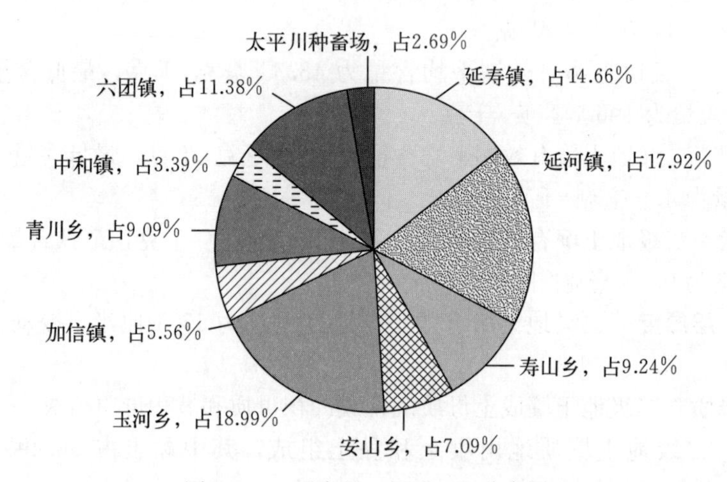

图 5-13　延寿县三级地面积分布图

从土壤组成看，延寿县三级地除黑土外，草甸土、白浆土、暗棕壤、沼泽土、泥炭土、新积土、水稻土 7 个土类均有分布。其中，白浆土面积最大，为 20 897.60 公顷；其次是草甸土为 5 632.83 公顷（表 5-21，图 5-14）。土种中共 21 个土种有三级地分布，其中，中层黄土质白浆土面积分布最大，为 15 314.81 公顷（表 5-22）。

表 5-21　延寿县三级地土壤分布面积统计

土类	面积（公顷）	三级地（公顷）	占本土类面积（%）	占三级地面积（%）
草甸土	28 460.30	5 632.83	19.79	17.50
白浆土	43 645.12	20 897.60	47.88	64.92
暗棕壤	4 933.14	4 734.89	95.98	14.71

（续）

土类	面积（公顷）	三级地（公顷）	占本土类面积（%）	占三级地面积（%）
沼泽土	3 032.32	361.46	11.92	1.12
泥炭土	1 696.38	3.51	0.21	0.01
黑土	5 328.19	0	0	0
新积土	9 820.67	187.96	1.91	0.58
水稻土	3 578.4	373.83	10.45	1.16
合计	100 494.52	32 192.08	32.04	100.00

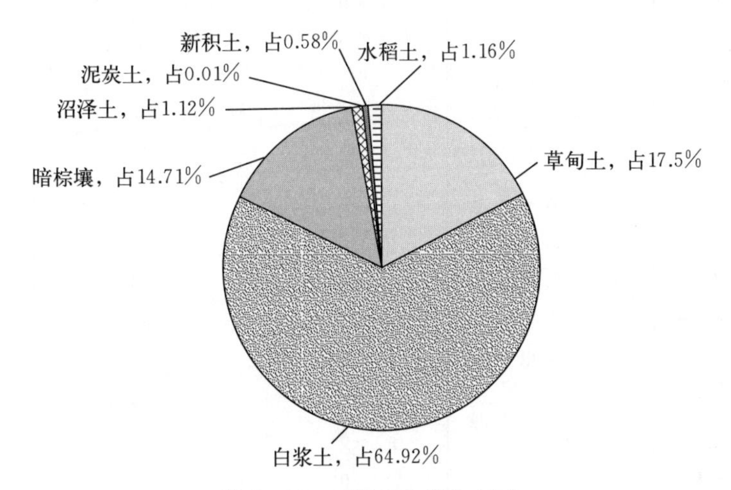

图 5－14　三级地土壤分布图

表 5－22　三级地耕地土种面积分布频率

土种	面积（公顷）	三级地面积（公顷）	占本土种面积（%）	占三级地面积（%）
厚层砾底草甸土	761.34	0	0	0
厚层黏质草甸白浆土	1 795.88	696.31	38.77	2.16
中层黄土质白浆土	32 541.04	15 314.81	47.06	47.57
砾沙质暗棕壤	3 411.56	3 219.88	94.38	10
薄层泥炭腐殖质沼泽土	1 009.02	306.85	30.41	0.95
沙砾质白浆化暗棕壤	1 521.58	1 515.01	99.57	4.71
中层沙砾底潜育草甸土	1 646.76	553.09	33.59	1.72
中层黏壤质潜育草甸土	3 361.71	2 391.48	71.14	7.43
中层黏壤质草甸土	6 048.26	0	0	0
中层黏质草甸白浆土	2 830.58	1 019.15	36.00	3.17
厚层黄土质白浆土	3 605.00	2 436.73	67.59	7.57
薄层泥炭沼泽土	610.43	0	0	0
厚层黏壤质潜育草甸土	1 054.06	612.33	58.09	1.90

（续）

土种	面积（公顷）	三级地面积（公顷）	占本土种面积（%）	占三级地面积（%）
薄层芦苇薹草低位泥炭土	929.61	3.51	0.38	0.01
薄层沙底黑土	3 146.25	0	0	0
薄层砾底草甸土	2 197.08	0	0	0
薄层沙质冲积土	9 425.48	187.96	1.99	0.58
薄层黄土质白浆土	2 427.52	1 059.80	43.66	3.29
厚层沙砾底潜育草甸土	304.78	290.51	95.32	0.90
薄层沙砾底潜育草甸土	2 677.27	908.79	33.94	2.82
中层黏壤质冲积土	374.84	0	0	0
中层沙壤质草甸土	1 217.36	0	0	0
中层黑土型淹育水稻土	699.22	0	0	0
中层芦苇薹草低位泥炭土	766.77	0	0	0
中层砾底草甸土	1 458.79	0	0	0
薄层黏壤质草甸土	4 701.93	0	0	0
薄层黏质草甸沼泽土	372.15	3.37	0.91	0.01
中层泥炭沼泽土	841.72	51.24	6.09	0.16
薄层黏壤质潜育草甸土	1 049.52	876.63	83.53	2.72
厚层黏壤质草甸土	1 520.43	0	0	0
中层草甸土型淹育水稻土	1 523.97	373.83	24.53	1.16
薄层黄土质黑土	1 087.49	0	0	0
厚层草甸土型淹育水稻土	201.00	0	0	0
厚层沙壤质草甸土	322.59	0	0	0
薄层黑土型淹育水稻土	977.84	0	0	0
中层沙底黑土	250.69	0	0	0
薄层沙壤质草甸土	138.42	0	0	0
白浆土型淹育水稻土	176.37	0	0	0
薄层黏壤质冲积土	20.35	0	0	0
薄层沙底白浆化黑土	130.87	0	0	0
薄层黄土质白浆化黑土	189.73	0	0	0
中层砾底黑土	16.41	0	0	0
薄层砾底黑土	104.27	0	0	0
厚层黏质草甸沼泽土	199.00	0	0	0
中层黄土质黑土	116.31	0	0	0
厚层黏质潜育白浆土	289.57	215.27	74.34	0.67
中层黏质潜育白浆土	155.53	155.53	100.00	0.48
中层黄土质白浆化黑土	276.31	0	0	0
厚层黄土质白浆化黑土	9.86	0	0	0
合计	100 494.52	32 192.08	32.04	100.00

根据土壤养分测定结果，各化学性质及物理性状总结见表 5－23 和表 5－24。

表 5－23　三级地耕地土壤属性统计

项目	平均值	最大值	最小值
pH	6.47	7.00	5.90
有机质（克/千克）	31.70	49.70	8.10
有效磷（毫克/千克）	25.73	93.00	8.30
速效钾（毫克/千克）	47.66	132.00	2.00
有效锌（毫克/千克）	0.88	9.06	0.02
耕层厚度（厘米）	15.21	24.00	12.00
障碍层位置（厘米）	18.43	21.00	16.00
障碍层厚度（厘米）	20.12	29.00	3.00
海拔（米）	243.41	441.00	165.00
有效土层厚度（厘米）	18.40	46.00	7.00
容重（克/立方厘米）	1.15	1.42	0.51
全氮（克/千克）	1.87	4.90	0.63
全磷（克/千克）	1.16	1.90	0.70
全钾（克/千克）	24.24	39.50	4.40
有效铜（毫克/千克）	0.94	2.17	0.12
有效锰（毫克/千克）	29.06	95.80	4.40
有效铁（毫克/千克）	42.94	106.80	12.81
碱解氮（毫克/千克）	199.81	479.60	40.30

表 5－24　三级地耕地土壤属性分布频率统计

单位：%

项目	一级	二级	三级	四级	五级	六级
pH	0	0	32.32	67.68	0	0
有机质	0	8.26	57.59	30.64	3.26	0.26
全氮	11.94	22.77	38.81	25.17	1.31	0
碱解氮	14.94	47.44	28.55	7.38	1.29	0.40
有效磷	1.31	5.00	61.69	31.79	0.22	0
速效钾	0	0	0.71	40.58	39.18	19.53
有效锌	6.44	7.50	20.65	36.60	28.81	0
质地	26.76 中壤土	0.95 重壤土	70.37 中黏土	1.91 轻黏土	0	0

1. 有机质　延寿县三级地土壤有机质含量平均为 31.7 克/千克，变幅在 8.1～49.7 克/千克。含量在大于 40 克/千克出现频率为 8.26%；含量在 30～40 克/千克出现频率是 57.97%；含量在 20～30 克/千克出现频率为 30.64%；含量在 10～20 克/千克出现频率

为 3.26%；含量小于 10 克/千克出现频率为 0.26%。

2. pH 延寿县三级地土壤 pH 平均为 6.47，变幅在 5.9～7。pH 在>6.5 出现频率为 30.73%；pH 在 5.5～6.5 出现频率是 69.27%。

3. 全氮 延寿县三级地土壤全氮平均含量为 1.87 克/千克，变幅为 0.63～4.9 克/千克。含量在>2.5 克/千克出现频率为 11.94%；含量在 2～2.5 克/千克出现频率为 22.77%；含量在 1.5～2 克/千克出现频率为 38.81%；含量在 1～1.5 克/千克出现频率为 25.17%；含量在 0.5～1 克/千克出现频率为 1.31%。

4. 碱解氮 延寿县三级地土壤碱解氮平均含量为 199.81 克/千克，变幅为 40.3～479 克/千克。含量在大于 250 克/千克出现频率为 14.94%；含量在 180～250 克/千克出现频率为 47.44%；含量在 150～180 克/千克出现频率为 28.55%；含量在 120～150 克/千克出现频率为 7.38%；含量在 80～120 克/千克出现频率为 1.29%；含量小于 80 克/千克出现频率为 0.4%。

5. 有效磷 延寿县三级地土壤有效磷平均含量为 25.73 毫克/千克，变幅在 8.3～93 毫克/千克。含量>60 毫克/千克出现频率为 1.31%；含量在 40～60 毫克/千克出现频率为 5.00%；含量在 20～40 毫克/千克出现频率为 61.69%；含量在 10～20 毫克/千克出现频率为 31.79%；含量在 5～10 毫克/千克出现频率为 0.22%；含量在小于 5 毫克/千克出现频率为零。

6. 速效钾 延寿县三级地土壤速效钾平均含量为 47.66 毫克/千克，变幅为 2～132 毫克/千克。含量>200 毫克/千克出现频率为零；含量在 150～200 毫克/千克出现频率为零；含量在 100～150 毫克/千克出现频率为 0.71%；含量在 50～100 毫克/千克出现频率为 40.58%；含量在 30～50 毫克/千克出现频率为 39.18%；含量<30 毫克/千克出现频率为 19.53%。

7. 全磷 延寿县三级地土壤全磷平均含量为 1.16 克/千克，变幅为 0.7～1.9 克/千克。

8. 全钾 延寿县三级地土壤全钾平均含量为 24.24 克/千克，变幅为 4.4～39.5 克/千克。

9. 有效锌 三级地土壤有效锌平均含量为 0.88 毫克/千克，最低含量为 0.02 毫克/千克，最高含量为 9.06 毫克/千克。

10. 有效锰 三级地土壤有效锰平均含量为 29.06 毫克/千克，最低含量为 4.4 毫克/千克，最高含量为 95.8 毫克/千克。

11. 有效铜 三级地土壤有效铜平均含量为 0.94 毫克/千克，最低含量为 0.12 毫克/千克，最高含量为 2.17 毫克/千克。

12. 有效铁 三级地土壤有效铁平均含量为 42.94 毫克/千克，最低含量为 12.81 毫克/千克，最高含量为 106.8 毫克/千克。

13. 有效土层厚度 三级地土壤有效土层厚度平均为 18.4 厘米，变动范围为 7～46 厘米。

14. 成土母质 三级地土壤成土母质由洪积、沉积或其他沉积物组成。

15. 质地 三级地土壤质地由中壤土、重壤土、中黏土和轻黏土组成，其中中壤土占

26.76%；重壤土占0.95%；中黏土为70.37%；轻黏土占1.91%。

16. 侵蚀程度　三级地土壤侵蚀程度由微度、轻度组成。

17. 高程　海拔高度一般在165～441米，平均海拔为243.41米。

18. 地貌构成　地势盆状不平，地形细碎，有岗有沟，漫川漫岗，气候温凉，水土流失严重，岗地耕层薄，肥力差，风蚀面积大，地下水位低，水贫乏等。

四、四 级 地

延寿县四级地面积为20 261.41公顷，占总耕地面积的20.16%。其中，分布面积最大的是六团镇，为3 190.40公顷；其次是玉河乡，为2 923.12公顷；最小的是太平川种畜场，面积仅为78.6公顷（表5－25、图5－15）。

表5－25　延寿县四级地乡（镇）分布面积统计

乡（镇）	面积（公顷）	四级地（公顷）	占乡（镇）面积（%）	占四级地面积（%）
延寿镇	11 315.60	2 103.53	18.59	10.38
延河镇	13 405.12	2 737.74	20.42	13.51
寿山乡	8 568.76	978.21	11.42	4.83
安山乡	9 856.00	2 615.63	26.54	12.91
玉河乡	13 670.90	2 923.14	21.38	14.43
加信镇	9 727.51	2 130.12	21.90	10.51
青川乡	10 671.19	856.21	8.02	4.23
中和镇	5 949.05	2 647.83	44.51	13.07
六团镇	16 072.20	3 190.40	19.85	15.74
太平川种畜场	1 258.19	78.60	6.25	0.39
合计	100 494.52	20 261.41	20.16	100.00

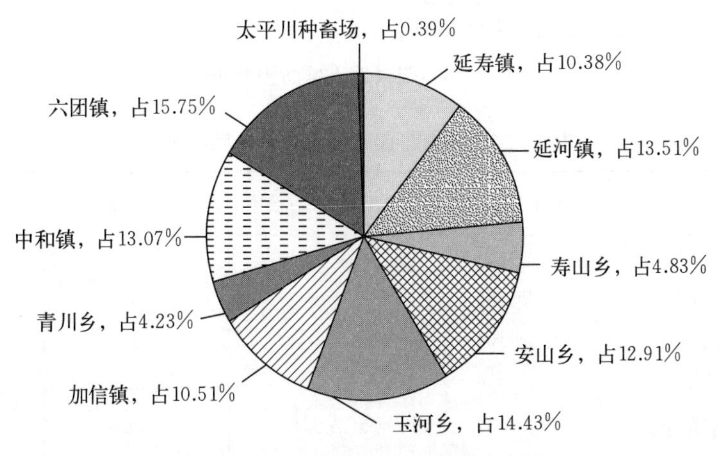

图5－15　延寿县四级地面积分布图

从土壤组成看，延寿县四级地除黑土和白浆土外，其余 6 个土类均有分布。其中，新积土面积最大，为 9 632.71 公顷；其次是草甸土，面积为 2 862.15 公顷；最少是暗棕壤，面积为 198.25 公顷（表 5－26、图 5－16）。土种中共 19 个土种有四级地分布，其中薄层沙质冲积土面积最大，为 9 237.52 公顷（表 5－27）。

表 5－26　延寿县四级地土类分布面积统计

土类	面积（公顷）	四级地（公顷）	占本土类面积（%）	占四级地面积（%）
草甸土	28 460.30	2 862.15	10.06	14.13
白浆土	43 645.12	0	0	0
暗棕壤	4 933.14	198.25	4.02	0.98
沼泽土	3 032.32	2 670.86	88.08	13.18
泥炭土	1 696.38	1 692.87	99.79	8.36
黑土	5 328.19	0	0	0
新积土	9 820.67	9 632.71	98.09	47.54
水稻土	3 578.4	3 204.57	89.55	15.82
合计	100 494.52	20 261.41	20.16	100.00

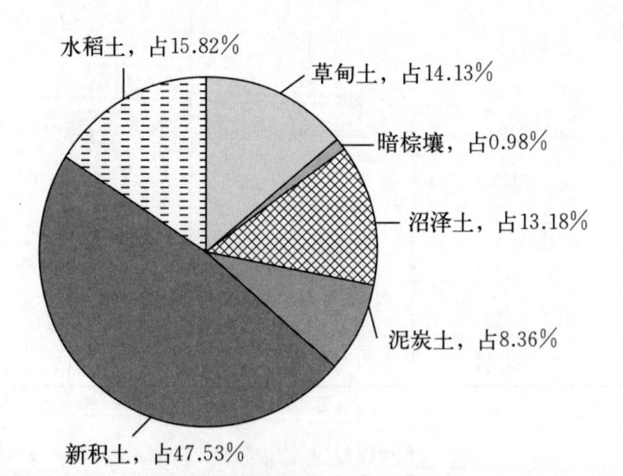

图 5－16　四级地土壤面积分布图

表 5－27　延寿县四级地土种分布面积统计

土种	面积（公顷）	四级地面积（公顷）	占本土种面积（%）	占四级地面积（%）
厚层砾底草甸土	761.34	0	0	0
厚层黏质草甸白浆土	1 795.88	0	0	0
中层黄土质白浆土	32 541.04	0	0	0
砾沙质暗棕壤	3 411.56	191.68	5.62	0.95
薄层泥炭腐殖质沼泽土	1 009.02	702.17	69.59	3.47
沙砾质白浆化暗棕壤	1 521.58	6.57	0.43	0.03

（续）

土种	面积（公顷）	四级地面积（公顷）	占本土种面积（%）	占四级地面积（%）
中层沙砾底潜育草甸土	1 646.76	1 093.67	66.41	5.40
中层黏壤质潜育草甸土	3 361.71	0	0	0
中层黏壤质草甸土	6 048.26	0	0	0
中层黏质草甸白浆土	2 830.58	0	0	0
厚层黄土质白浆土	3 605.00	0	0	0
薄层泥炭沼泽土	610.43	610.43	100.00	3.01
厚层黏壤质潜育草甸土	1 054.06	0	0	0
薄层芦苇薹草低位泥炭	929.61	926.10	99.62	4.57
薄层沙底黑土	3 146.25	0	0	0
薄层砾底草甸土	2 197.08	0	0	0
薄层沙质冲积土	9 425.48	9 237.52	98.01	45.59
薄层黄土质白浆土	2 427.52	0	0	0
厚层沙砾底潜育草甸土	304.78	0	0	0
薄层沙砾底潜育草甸土	2 677.27	1 768.48	66.06	8.73
中层黏壤质冲积土	374.84	374.84	100.00	1.85
中层沙壤质草甸土	1 217.36	0	0	0
中层黑土型淹育水稻土	699.22	699.22	100.00	3.45
中层芦苇薹草低位泥炭	766.77	766.77	100.00	3.78
中层砾底草甸土	1 458.79	0	0	0
薄层黏壤质草甸土	4 701.93	0	0	0
薄层黏质草甸沼泽土	372.15	368.78	99.09	1.82
中层泥炭沼泽土	841.72	790.48	93.91	3.90
薄层黏壤质潜育草甸土	1 049.52	0	0	0
厚层黏壤质草甸土	1 520.43	0	0	0
中层草甸土型淹育水稻	1 523.97	1 150.14	75.47	5.68
薄层黄土质黑土	1 087.49	0	0	0
厚层草甸土型淹育水稻	201.00	201.00	100.00	0.99
厚层沙壤质草甸土	322.59	0	0	0
薄层黑土型淹育水稻土	977.84	977.84	100.00	4.83
中层沙底黑土	250.69	0	0	0
薄层沙壤质草甸土	138.42	0	0	0
白浆土型淹育水稻土	176.37	176.37	100.00	0.87
薄层黏壤质冲积土	20.35	20.35	100.00	0.10
薄层沙底白浆化黑土	130.87	0	0	0

（续）

土种	面积（公顷）	四级地面积（公顷）	占本土种面积（%）	占四级地面积（%）
薄层黄土质白浆化黑土	189.73	0	0	0
中层砾底黑土	16.41	0	0	0
薄层砾底黑土	104.27	0	0	0
厚层黏质草甸沼泽土	199.00	199.00	100.00	0.98
中层黄土质黑土	116.31	0	0	0
厚层黏质潜育白浆土	289.57	0	0	0
中层黏质潜育白浆土	155.53	0	0	0
中层黄土质白浆化黑土	276.31	0	0	0
厚层黄土质白浆化黑土	9.86	0	0	0
合计	100 494.52	20 261.41	20.16	

根据土壤养分测定结果，各评价指标总结见表 5－28，表 5－29。

表 5－28　延寿县四级地耕地土壤属性统计

项目	平均值	最大值	最小值
pH	6.48	7.10	5.90
有机质（克/千克）	31.89	56.90	6.00
有效磷（毫克/千克）	27.56	59.90	2.90
速效钾（毫克/千克）	51.32	200.00	6.00
有效锌（毫克/千克）	0.92	7.51	0.04
耕层厚度（厘米）	15.95	24.00	12.00
障碍层位置（厘米）	18.58	21.00	16.00
障碍层厚度（厘米）	8.81	25.00	3.00
海拔（米）	232.96	373.00	168.00
有效土层厚度（厘米）	21.27	67.00	7.00
容重（克/立方厘米）	1.14	1.44	0.51
全氮（克/千克）	1.84	4.31	0.80
全磷（克/千克）	1.17	1.70	0.70
全钾（克/千克）	24.12	39.80	7.30
有效铜（毫克/千克）	0.97	2.51	0.19
有效锰（毫克/千克）	28.91	60.80	7.30
有效铁（毫克/千克）	43.48	75.39	6.51
碱解氮（毫克/千克）	195.96	418.60	72.50

表 5-29 四级地耕地土壤属性分布频率

单位:%

项目	一级	二级	三级	四级	五级	六级
pH	0	0	26.50	73.50	0	0
有机质	0	14.57	52.62	29.43	3.29	0.09
全氮	8.48	23.95	48.91	17.20	1.47	0
碱解氮	11.26	45.19	32.19	9.46	1.73	0.17
有效磷	0	10.63	66.91	22.25	0.19	0.02
速效钾	0	0.87	1.54	49.97	28.75	18.86
有效锌	6.69	8.06	26.81	30.23	28.21	0
质地	3.47 重壤土	22.48 中黏土	71.12 轻黏土	2.93 中壤土	0	0

1. 有机质 延寿县四级地土壤有机质平均含量为 31.89 克/千克，变幅在 6～56.9 克/千克。含量＞40 克/千克出现频率为 14.57％；含量在 30～40 克/千克出现频率是 52.62％；含量在 20～30 克/千克出现频率为 29.43％；含量在 10～20 克/千克出现频率为 3.29％；含量＜10 克/千克出现频率为 0.09％。

2. pH 延寿县四级地土壤 pH 平均为 6.48，变幅在 5.9～7.1。pH 在 6.5～7.5 出现频率是 26.5％；pH 在 5.5～6.5 出现频率为 73.5％。

3. 有效磷 延寿县四级地土壤有效磷平均含量为 27.56 毫克/千克，变幅在 2.9～59.9 克/千克。含量＞60 毫克/千克出现频率为零；含量在 40～60 毫克/千克出现频率为 10.63％；含量在 20～40 毫克/千克出现频率为 66.91％；含量在 10～20 毫克/千克出现频率为 22.25％；含量在 5～10 毫克/千克出现频率为 0.19％；含量＜5 毫克/千克出现频率为 0.02％。

4. 速效钾 延寿县四级地速效钾平均含量为 51.32 毫克/千克，变幅为 6～200 毫克/千克。含量在 150～200 毫克/千克出现频率为 0.87％，含量在 100～150 毫克/千克的为 1.54％，含量在 50～100 毫克/千克出现频率为 49.97％，含量在 30～50 毫克/千克出现频率为 28.75％，含量小于 30 毫克/千克出现频率为 18.86％。

5. 全氮 延寿县四级地土壤全氮平均含量为 1.84 克/千克，变幅为 0.8～4.31 克/千克。含量大于 2.5 克/千克出现频率为 8.48％；含量在 2～2.5 克/千克出现频率为 23.95％；含量在 1.5～2 克/千克出现频率为 48.91％；含量在 1～1.5 克/千克出现频率为 17.2％；含量 0.5～1 克/千克的为 1.47％。

6. 全磷 延寿县四级地全磷平均含量为 1.17 克/千克，变幅为 0.7～1.7 克/千克。

7. 全钾 延寿县四级地全钾平均含量为 24.12 克/千克，变幅为 7.3～39.8 克/千克。

8. 有效锌 四级地土壤有效锌平均含量为 0.92 毫克/千克，最低含量为 0.04 毫克/千克，最高含量为 7.51 毫克/千克。

9. 有效铁 四级地土壤有效铁平均含量为 43.48 毫克/千克，最低含量为 6.51 毫克/

千克，最高含量为75.39毫克/千克。

10. 有效铜 四级地土壤有效铜平均含量为0.97毫克/千克，最低含量为0.19毫克/千克，最高含量为2.51毫克/千克。

11. 有效锰 四级地土壤有效锰平均含量为28.91毫克/千克，最低含量为7.3毫克/千克，最高含量为60.8毫克/千克。

12. 有效土层厚度 四级地土壤有效土层厚度平均为21.27厘米，变动范围为7～67厘米。

13. 成土母质 四级地土壤成土母质由岩石半风化物、冲积质、沉积坡积母质组成。

14. 土壤质地 四级地土壤质地由轻黏土、中黏土组成，其中重壤土占3.47%，中黏土占22.48%，轻黏土占71.12%，中壤土占2.93%。

15. 土壤侵蚀程度 四级地土壤侵蚀程度由无明显、轻度、中度组成。

16. 高程 海拔高度一般在168～373米，平均为232.96米。

17. 地貌构成 四级地土壤地貌构成由侵蚀剥蚀浅山、丘陵漫岗、侵蚀剥蚀低丘陵、起伏的冲积洪积台地与高阶地、河漫滩、倾斜的侵蚀剥蚀高台地、平坦的河流高阶地、侵蚀剥蚀小起伏低山、高河漫滩、倾斜的河流高阶地地貌构成。

五、耕地地力等级评价实地验证结果

按照《耕地地力调查与质量评价技术规程》要求，组织相关人员，分成4个组，深入到乡村，从11079个图斑中随机抽取40个图斑，即从4个地力等级中每个等级抽取10个图斑，每个图斑选取3个地块，进行了实地核查验证，核查结果见表5-30。对核查结果进行了回归分析，符合要求在85%以上，也符合延寿县的实际情况（表5-30）。

表5-30 耕地地力评价结果等级核查表

单位：千克

内部标识码	地力等级	平均产量	农户姓名	产量	农户姓名	产量	农户姓名	产量
1	一	11 625	杨廷	9 845	王德发	11 918	蔡广金	13 112
77	一	10 453	李秀清	9 261	郑将盛	9 656	宋德贵	12 442
204	一	11 621	段成仁	10 923	刘金库	11986	赵春军	11 954
227	一	9 457	侯爱国	11 262	赵太成	9 796	白春明	7 313
449	一	10 852	王义宪	9 263	时长明	11 416	万忠华	11 877
454	一	10 586	李伟	10 835	王忠发	9 961	张沛东	10 962
611	一	10 918	杨福	9 797	卢长仁	10 532	徐广财	12 425
717	一	9 743	陈贵民	9 817	吴志祥	9 495	姜存华	9 917
729	一	11 653	陈延彬	11 773	包志成	10 989	张新民	12 197
782	一	10 542	程君	11 705	刘振广	9 967	黄宝山	9 954
51	二	8 575	钱兴国	8 821	李洪军	9 204	闫化勇	7 700

（续）

内部标识码	地力等级	平均产量	农户姓名	产量	农户姓名	产量	农户姓名	产量
198	二	7 595	满其花	7 234	白龙哲	8 042	张建平	7 509
398	二	8 384	王珍	7 597	王连兵	8 392	张凤明	9 163
530	二	8 643	白德金	7 992	毛树国	8 141	李玉林	9 796
570	二	8 613	冯兴强	7 988	陈福荣	8 152	初波	9 699
602	二	8 359	曹建富	8 221	张仁德	8 769	毕召光	8 087
685	二	7 390	李金义	7 561	陶书海	8 035	赵长河	6 574
814	二	8 432	黄宝山	8 272	陶书海	8 545	郑德祥	8 479
854	二	9 215	刘振广	9 617	赵长有	9 301	张淑秀	8 727
966	二	8 615	董延忠	8 280	司典元	8 990	木永才	8 575
21	三	7 231	龙腾江	7 490	王忠涛	6 920	韩先福	7 283
46	三	7 875	钱兴国	7 970	郝建文	7 380	王忠涛	8 275
80	三	6 435	逯宝昌	6 784	许广双	6 317	蒋平	6 204
101	三	7 024	李秀清	7 132	刘国全	6 933	赵春军	7 007
119	三	7 269	张军	7 411	胥振江	7 032	宋祥	7 364
180	三	6 664	赵云祥	6 146	高井财	6 842	刘文彬	7 004
254	三	6 397	尚立柱	6 741	王道顺	6 014	苏桂林	6 436
280	三	7 219	王长江	6 528	刘文彬	7 431	白龙哲	7 698
338	三	7 175	韩胜利	7 426	段连柱	6 854	辛延祥	7 245
469	三	6 396	姜则恒	6 732	魏井富	6 118	吕恩	6 338
590	四	5 248	毛宝贵	6 027	刘继伦	5 876	汤河臣	3 841
652	四	4 827	王维林	4 613	王友	4 992	黄德	4 876
781	四	5 103	华忠义	4 829	宝延廷	5 213	刘巨延	5 267
861	四	6 293	张连生	5 831	张淑秀	6 403	孙良海	6 645
877	四	5 018	胡贵刚	5 372	张克先	4 829	柴春友	4 853
977	四	4 892	程少波	4 534	吴志祥	4 917	张宝	5 225
1 205	四	5 726	苗林发	5 835	张永成	5 143	孙国庆	6 200
1 413	四	5 207	谭佩举	4 819	李春祥	5 418	刘守忠	5 384
1 467	四	5 749	岳　顺	6 017	孙明军	5 492	张仰兴	5 738
1 567	四	4 859	关德全	4 583	袁付	5 685	曹红军	4 309

第六章　耕地地力评价与区域配方施肥

通过耕地地力评价，建立了较完善的土壤数据库，科学合理地划分了区域施肥单元，避免了过去人为划分施肥单元指导测土配方施肥的弊端。过去在测土施肥确定施肥单元，多是采用区域土壤类型、基础地力产量、农户常年施肥量等粗略的为农民提供配方。本次地力评价是采用地理信息系统提供的多项评价指标，综合各种施肥因素和施肥参数来确定较精确的施肥单元。主要根据耕地质量评价情况，按照耕地所在地的养分状况、自然条件、生产条件及产量状况，结合延寿县多年的测土配方施肥肥效小区试验工作，按照不同地力等级情况确定了玉米、水稻两大主栽作物的施肥比例，同时对施肥配方按照高产区和中低产区进行了细化，在大配方的基础上，制订了按土测值、目标产量及种植品种特性确定的精准施肥配方。延寿县共确定了 11 079 个施肥单元，其中不重复图斑代码 254 个。综合评价了各施肥单元的地力水平，为精确科学地开展测土配方施肥工作提供依据。本次地力评价为延寿县所确定的施肥分区，具有一定的针对性、精确性和科学性，完成了测土配方施肥技术从估测分析到精准实施的提升过程。

第一节　区域耕地施肥区划分

延寿县境内玉米种植区，按产量、地形、地貌、土壤类型、≥10 ℃的有效积温、土壤养分及土壤属性等可划分为 3 个测土施肥区域（图 6－1）。

一、高产田施肥区

通过对延寿县耕地进行评价，将全县耕地划分为 4 个等级，一级地面积是 20 410.81 公顷，占总耕地面积的 20.31%，也是延寿县高产田施肥区。各乡（镇）都有分布。其中在一级地分布中，延寿镇面积为 2 501.68 公顷，占一级地面积 12.26%；延河镇面积 1 409.27公顷，占一级地面积 6.90%；寿山乡面积 852.07 公顷，占一级地面积 4.17%；安山乡面积 1 966.42 公顷，占一级地面积 9.63%；玉河乡面积 2 425.45 公顷，占一级地面积 11.88%；加信镇面积 3 793.33 公顷，占一级地面积 18.58%；青川乡面积 1 680.98 公顷，占一级地面积 8.24%；中和镇面积 1 552.71 公顷，占一级地面积 7.61%；六团镇面积 3 971.10 公顷，占一级地面积 19.46%；太平川种畜场面积 257.80 公顷，占一级地面积 1.27%。

一级地所处地势平缓，主要分布在中部、东部的河谷平原低阶地、平岗地及坡度相对较小的岗坡地上；一级地耕层深厚，大多数在 20～45 厘米，基本没有侵蚀和障碍因素。黑土层深厚，绝大多数在 25 厘米以上，深的可达 60 厘米以上。结构较好，多为粒状或小

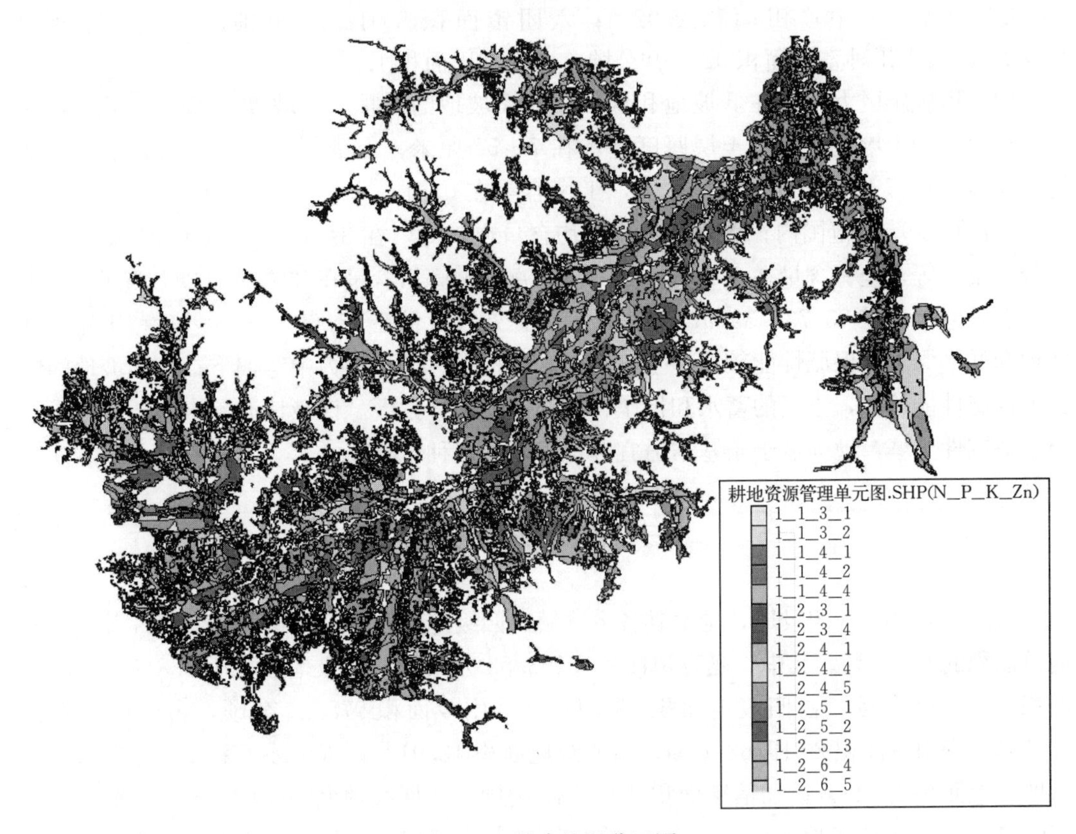

图 6-1　综合施肥分区图

团块结构。质地适宜，一般为中壤、重壤、轻黏土。微生物活动旺盛，潜在肥力容易发挥，施肥见效快。容重适中，平均为 1.16 克/立方厘米左右。土壤有机质含量平均为 32.36 克/千克，变幅在 18.7～49.7 克/千克，壤 pH 平均为 6.49，变幅在 6～7；土壤有效磷平均含量为 33.06 毫克/千克，变幅在 10.6～99.4 毫克/千克；土壤速效钾平均含量为 49.4 毫克/千克，变幅为 6～129 毫克/千克；全氮平均含量为 1.88 克/千克，变幅为 0.93～5.42 克/千克。其他微量元素除有效锌外，都达到了丰富水平。该级耕地保肥性能好，抗旱、排涝能力强，属高肥适应性广土壤；适于种植大豆、玉米、杂粮等作物，产量水平较高。

二、中产田施肥区

二级、三级地是延寿县中产田施肥区，主要分布在延寿县地势较平坦的漫岗和平原区，面积总计为 59 822.30 公顷，占总耕地面积的 59.53%。其中，延寿镇面积 6 710.39 公顷，占中产田面积 11.22%；延河镇面积 9 258.11 公顷，占中产田面积 15.48%；寿山乡面积 6 738.48 公顷，占中产田面积 11.26%；安山乡面积 5 273.95 公顷，占中产田面积 8.82%；玉河乡面积 8 322.31 公顷，占中产田面积 13.91%；加信镇面积 3 804.06 公顷，占中产田面积 6.36%；青川乡面积 8 134.00 公顷，占中产田面积 13.60%；中和镇面积

1 748.51公顷，占中产田面积 2.92%；六团镇面积 8 910.70 公顷，占中产田面积 14.89%；太平川种畜场面积 921.79 公顷，占中产田面积 1.54%。

中产田施肥区大都处在低坡地和低平原或岗坡地的岗顶上，坡度大部分小于 2°，有轻度至中度的土壤侵蚀。黑土层厚度基本在 7～55 厘米，土壤多为块状结构和小粒状结构，质地为重壤土至轻黏土和中黏土，土壤容重在 0.51～1.44 克/立方厘米；土壤呈中性，pH 在 5.9～7 范围内；土壤有机质平均含量也较高，在 31.7～34.01 克/千克。其他养分含量中等，全氮含量在 1.46～1.97 克/千克，碱解氮含量在 237.09～244.79 毫克/千克，有效磷含量在 25.73～33.07 毫克/千克，速效钾含量在 47.66～59.68 毫克/千克。低坡地和低平原上的保肥性能较好，土壤的蓄水和抗旱、排涝能力中等偏下；在岗坡地的岗顶上保肥性能较差，土壤的蓄水和抗旱、排涝能力中等偏下。该级地亦属中低适应性土壤至中适应性土壤，勉强适于至基本适宜种植玉米等多种作物。

三、低产田施肥区

低产田施肥区为四级地，延寿县各乡（镇）四级地面积为 20 261.41 公顷，占全县耕地总面积的 20.16%。其中，延寿镇面积 2 103.53 公顷，占四级地面积 10.38%；延河镇面积 2 737.74 公顷，占四级地面积 13.51%；寿山乡面积 978.21 公顷，占四级地面积 4.83%；安山乡面积 2 615.63 公顷，占四级地面积 12.91%；玉河乡面积 2 923.14 公顷，占四级地面积 14.43%；加信镇面积 2 130.12 公顷，占四级地面积 10.51%；青川乡面积 856.21 公顷，占四级地面积 4.23%；中和镇面积 2 647.83 公顷，占四级地面积 13.07%；六团镇面积 3 190.40 公顷，占四级地面积 15.74%；太平川种畜场 1 258.19 公顷，占四级地面积 0.39%。

四级地大部分处于低洼平原或低山中上部，所处地形低平或坡度较大，坡度一般小于 1°或 3°以上。土壤有侵蚀，侵蚀程度为中度，土体多存在障碍因素。黑土层较薄，一般为 7～25 厘米。结构较差，多为块状结构。质地不良，多为轻黏土。土壤容重偏高，平均为 1.14 克/立方厘米左右，土壤呈中性偏酸，pH 在 5.9～7.1 范围内。土壤有机质含量平均 31.89 克/千克。养分含量较低，全氮平均 1.84 克/千克，碱解氮平均 195.96 毫克/千克，有效磷平均 27.56 毫克/千克，速效钾平均 51.32 毫克/千克。保肥性能较差，蓄水、抗旱和排涝能力不强。该级地属低肥、低适应性土壤，适于种植耐瘠薄作物。

第二节　施肥分区施肥方案

一、施肥区土壤理化性状

根据以上 3 个施肥分区，统计各施肥分区理化性状见表 6－1。

高产田施肥区有效磷偏高、速效钾偏低，其他养分适中；中产田施肥区速效钾偏低，其他养分适中；低产田施肥区有机质、有效磷、速效钾均偏低。

表 6-1　区域施肥区土壤理化性状统计

区域施肥区	pH	有机质（克/千克）	有效磷（毫克/千克）	速效钾（毫克/千克）	碱解氮（毫克/千克）
高产田施肥区	6.49	33.98	33.06	49.40	201.05
中产田施肥区	6.47	32.86	29.40	53.67	198.24
低产田施肥区	6.48	31.89	27.56	51.32	195.96

二、推荐施肥原则

合理施肥是指在一定的气候和土壤条件下，为栽培某种作物所采用的正确施肥措施，包括有机肥料和化学肥料的配合，各种营养元素的比例搭配、化肥品种的选择、经济的施肥量、适宜的施肥时期和施肥方法等。合理施肥所要求的两个重要指标是提高肥料利用率和提高经济效益，增产增收。试验证明，在作物生长发育时期所需的其他各项条件都适宜时，合理施肥的增产作用可达到全部增产作用的50%以上。可见合理施肥是一项重要的增产措施。要想做到合理施肥，必须坚持如下几项基本原则：

1. 根据作物不同生育时期所需的营养特性进行合理施肥　在各个生育时期作物对养分的吸收数量、比例是不同的。总的规律是作物生长初期吸收数量、强度都较低，随着作物的生长，对营养物质的吸收逐渐增加，形成养分吸收高峰，到成熟阶段又趋于减少。养分吸收高峰和各生长期对养分吸收的数量和比例的要求，不同作物是有差别的，如禾本科作物的养分吸收高峰大致在拔节期，而开花期对养分需求量则有所下降。玉米不同生育时期对氮、磷、钾的吸收与干物质积累过程相一致，幼株吸收养分的速率慢，开花期以后增快，植株开始衰老，吸收速率降低。在籽粒开始形成以前，植株已吸收60%的氮、55%的磷和60%的钾。

2. 根据土壤养分状况合理施肥　土壤是农业生产的宝贵财富。土壤中的有机质和氮、磷、钾等是作物养分的基本来源。由于土壤类型、熟化程度和利用方式不同，各种土壤养分含量是不一样的。能够及时供给作物生长发育的氮素称速效氮，这部分氮素以无机态（铵态和硝态）和简单的有机态存在于土壤中。土壤中的磷大部分是难溶态的，作物很难吸收利用，只有少部分是水溶态的，这部分称为有效磷，据试验，一般当有效磷低于5毫克/千克时，作物会出现严重的缺磷现象，有效磷高于20毫克/千克时，磷素能满足作物生长。土壤中的钾多以无机态存在。因此在施肥上应根据土壤养分状况，增施有机肥、稳施氮肥、巧施磷肥、普施钾肥，并配合施用锌、硼、钼等微肥。

3. 采用合理的施肥方法　根据肥料特性不同，其性质也不一样，因此，在合理施肥上采用的施肥方法也不尽相同。

4. 以有机肥为主，化肥为辅，基肥为主，追肥为辅，氮、磷、钾肥料配合　有机肥料不仅肥源广阔，施用经济，而且含有作物所需要的多种营养元素，长期施用可以改善土壤物理性状，提高土壤肥力，这是化学肥料所不能比拟的。所以在作物施肥上应本着有机肥为主，化肥为辅的原则进行施肥。

三、推荐施肥方案

延寿县按高产田施肥区域、中产田施肥区域、低产田施肥区域3个施肥区域的施肥原则，根据不同施肥单元，特制订玉米各个施肥区域推荐施肥方案。

（一）分区施肥属性查询

本次耕地地力调查，共采集土样1 311个，确定了速效钾、有效磷、有效锌、有机质、地貌类型、地形部位、质地、障碍层类型8项评价指标。在地力评价数据库中建立了耕地资源管理单元图、土壤养分分区图。形成了有相同属性的施肥管理单元254个，按不同作物、不同地力等级产量指标和地块、农户综合生产条件可形成针对地域分区特点的区域施肥配方；针对农户特定生产条件，分户制订施肥配方。

（二）施肥单元关联施肥分区代码

根据“3414”试验、肥效校正试验、多年氮磷钾最佳施肥量试验建立起来的施肥参数体系和土壤养分丰缺指标体系，选择适合延寿县区域特定施肥单元的测土施肥配方推荐方法（养分平衡法、丰缺指标法、氮磷钾比例法、以磷定氮法、目标产量法），计算不同级别施肥分区代码的推荐施肥量（N、P_2O_5、K_2O）（表6-2）。

表6-2　施肥分区代码与作物施肥推荐关联查询表

施肥分区代码	碱解氮含量（毫克/千克）	施肥量纯氮（千克/亩）	有效磷含量（毫克/千克）	施肥量五氧化二磷（千克/亩）	速效钾含量（毫克/千克）	施肥量氯化钾（千克/亩）
1	＞250	2.0	＞60	3.0	＞200	2.5
2	180～250	2.4	40～60	3.8	200～150	3.2
3	150～180	2.8	20～40	4.6	100～150	3.9
4	120～150	3.2	10～20	5.4	50～100	4.6
5	80～120	3.6	10～5	6.2	30～50	5.3
6	＜80	4.0	＜5	7.0	＜30	6.0

附录

附录1　延寿县水稻适宜性评价

水稻是延寿县的第一大作物，种植面积保持在53 865.31公顷左右。水稻产量高，虽然适应性较差，需要良好的水源条件，但依然面积比较大。水稻在不同的土壤上表现不一样，差异明显，因此，适宜性评价时将地貌类型、地形部位、障碍层类型的值进行了调整，其余指标与地力评价指标相同。

一、评价指标的标准化

1. 地貌类型　见附表1-1。

附表1-1　水稻地貌类型隶属度评估

地貌类型	隶属度
平原	0.8
河谷平原	0.9
丘陵漫岗	0.5
低山	0.2
河漫滩	1.0

2. 地形部位　见附表1-2。

附表1-2　水稻地形部位隶属度评估

地形部位	隶属度
平地	0.85
漫岗	0.60
岗地	0.40
低山中上部	0.20
洼地	1.00

3. 障碍层类型　见附表1-3。

附表1-3　水稻障碍层类型隶属度评估

障碍层类型	隶属度
黏盘层	1.00
白浆层	0.75
沙漏层	0.60
沙砾层	0.30

二、确定指标权重

采用层次分析法确定每一个评价因素对耕地综合地力的贡献大小。

（一）构造评价指标层次结构图

根据各个评价因素间的关系，构造了层次结构（附图 1-1）。

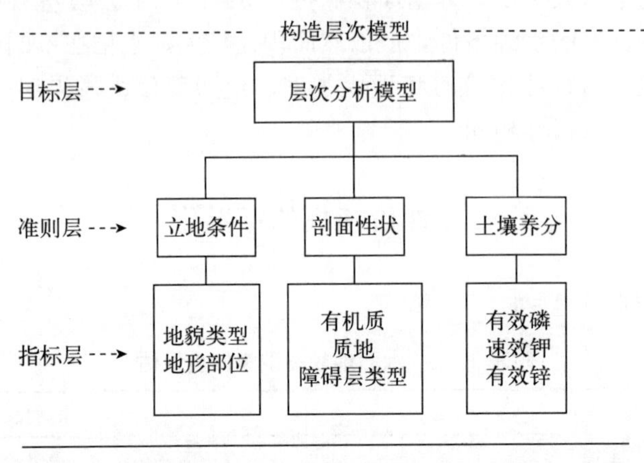

附图 1-1　层次分析构造矩阵

（二）建立判断矩阵

采用专家评估法，比较同一层次各因素对上一层次的相对重要性，给出数量化的评估。专家评估的初步结果经合适的数学处理后（包括实际计算的最终结果——组合权重）反馈给专家，请专家重新修改或确认，经多轮反复形成最终的判断矩阵。

（三）确定各评价因素的综合权重

利用层次分析计算方法确定每一个评价因素的综合评价权重。结果如下：

目标层判别矩阵原始资料：

1.000 0　　1.428 6　　5.000 0

0.700 0　　1.000 0　　3.333 3

0.200 0　　0.300 0　　1.000 0

特征向量：[0.528 5，0.364 0，0.107 5]

最大特征根为：3.000 3

CI=1.338 944 587 13 257E-04

RI=0.58

$CR=CI/RI$=0.000 230 85 $<$ 0.1

一致性检验通过!

准则层（1）判别矩阵原始资料：

1.000 0　　0.769 2

1.300 0　　1.000 0

特征向量：[0.434 8，0.565 2]

最大特征根为：2.000 0

CI=－2.000 020 000 39 223E－05

RI=0

CR=CI/RI=0.000 000 00 ＜ 0.1

一致性检验通过！

准则层（2）判别矩阵原始资料：

1.000 0	0.666 7	0.333 3
1.500 0	1.000 0	0.500 0
3.000 0	2.000 0	1.000 0

特征向量：[0.181 8，0.272 7，0.545 5]

最大特征根为：3.000 0

CI=－8.333 379 628 57 783E－06

RI=0.58

CR=CI/RI=0.000 014 37 ＜ 0.1

一致性检验通过！

准则层（3）判别矩阵原始资料：

1.000 0	2.000 0	5.000 0
0.500 0	1.000 0	2.500 0
0.200 0	0.400 0	1.000 0

特征向量：[0.588 2，0.294 1，0.117 6]

最大特征根为：3.000 0

CI=0

RI=0.58

CR=CI/RI=0.000 000 00 ＜ 0.1

一致性检验通过！

层次总排序一致性检验：

CI=－1.360 424 248 03 013E－05

RI=0. 273 451 210 565 478

CR=CI/RI=0.000 049 75 ＜ 0.1

总排序一致性检验通过！

层次分析结果表

层次 C 层次 A	立地条件	剖面性状	土壤养分	组合权重

	0.528 5	0.364 0	0.107 5	$\sum C_iA_i$
地貌类型	0.434 8			0.229 8
地形部位	0.565 2			0.298 7
有机质		0.181 8		0.066 2
质地		0.272 7		0.099 3
障碍层类型		0.545 5		0.198 6
有效磷			0.588 2	0.063 2
速效钾			0.294 1	0.031 6
有效锌			0.117 6	0.012 6

水稻适宜性指数分级见附表 1-4。

附表 1-4　水稻适宜性指数分级

地力分级	地力综合指数分级（*IFI*）
高度适宜	＞0.88
适宜	0.6～0.88
勉强适宜	0.515～0.6
不适宜	＜0.515

（四）评价结果与分析

本次水稻适宜性评价将延寿县耕地划分为 4 个适宜性等级：高度适宜耕地面积 21 321.56 公顷，占全县耕地总面积的 21.22%；适宜耕地面积 30 118.8 公顷，占全县耕地总面积 29.97%；勉强适宜耕地面积 37 806.24 公顷，占全县耕地总面积的 37.62%；不适宜耕地面积 11 247.92 公顷，占全县耕地总面积的 11.19%（附表 1-5）。

附表 1-5　水稻不同适宜性耕地地块数及面积统计

适应性	地块个数	面积（公顷）	占总耕地面积（%）
高度适宜	1 969	21 321.56	21.22
适宜	2 809	30 118.80	29.97
勉强适宜	4 197	37 806.24	37.62
不适宜	2 104	11 247.92	11.19
合计	11 079	100 494.52	100.00

从水稻不同适宜性耕地的地力等级的分布特征来看，耕地等级的高低与地形部位、地貌类型、障碍层类型及土壤质地密切相关。高度适宜耕地从行政区域看，主要分布在中部、东部的几个乡（镇），该地区土壤类型以新积土、草甸土和黑土为主，地势较平缓低洼，坡度一般不超过 1°；低产土壤则主要分布在西部、东南部、南部的部分地区，该地

区的坡度较大和低山丘陵地区，远河流域，行政区域包括延寿镇、延河镇、玉河乡等乡（镇），土壤类型主要是白浆土、暗棕壤，地势起伏较大（附表1-6～附表1-8）。

附表1-6　水稻适宜性乡（镇）面积分布统计

单位：公顷

乡（镇）	面　积	高度适宜	适宜	勉强适宜	不适宜
延寿镇	11 315.60	2 096.49	3 599.75	3 594.46	2 024.90
延河镇	13 405.12	2 908.70	2 315.89	5 646.38	2 534.15
安山乡	9 856.00	2 850.57	2 472.77	3 917.86	614.80
青川乡	10 671.19	892.86	2 634.36	6 220.81	923.16
加信镇	9 727.51	2 894.61	4 974.93	1 800.33	57.64
中和镇	5 949.05	1 440.12	3 393.19	525.22	590.52
六团镇	16 072.20	3 806.64	5 212.81	5 995.92	1 056.83
寿山乡	8 568.76	1 890.11	944.28	4 594.24	1 140.13
玉河乡	13 670.90	2 438.84	4 242.18	4 985.17	2 004.71
太平川种畜场	1 258.19	102.62	328.64	525.85	301.08
总计	100 494.52	21 321.56	30 118.80	37 806.24	11 247.92

附表1-7　水稻适宜性土类面积分布统计

单位：公顷

土类	面积	高度适宜	适宜	勉强适宜	不适宜
草甸土	28 460.30	5 062.44	23 397.86	0	0
白浆土	43 645.12	0	0	37 330.34	6 314.78
暗棕壤	4 933.14	0	0	0	4 933.14
沼泽土	3 032.32	3 032.32	0	0	0
泥炭土	1 696.38	26.40	1 669.98	0	0
黑土	5 328.19	0	4 852.29	475.90	0
新积土	9 820.67	9 820.67	0	0	0
水稻土	3 578.40	3 379.73	198.67	0	0
总计	100 494.52	21 321.56	30 118.80	37 806.24	11 247.92

附表1-8　水稻不同适宜性耕地相关属性平均值

适宜性	高度适宜	适宜	勉强适宜	不适宜	全县
碱解氮（毫克/千克）	194.13	199.73	199.85	198.45	198.54
pH	6.48	6.48	6.48	6.45	6.48
有机质（克/千克）	33.55	32.63	33.94	29.48	32.69
有效磷（毫克/千克）	30.69	30.67	29.40	25.02	29.12

（续）

适宜性	高度适宜	适宜	勉强适宜	不适宜	全县
速效钾（毫克/千克）	53.91	48.80	55.02	46.58	51.64
有效锌（毫克/千克）	1.06	0.89	1.11	0.91	1.01
容重（克/立方厘米）	1.15	1.15	1.15	1.16	1.15
全氮（克/千克）	1.91	1.85	1.99	1.84	1.91
全磷（克/千克）	1.18	1.16	1.19	1.16	1.17
全钾（克/千克）	24.09	24.66	23.49	25.01	24.18
有效铜（毫克/千克）	0.99	1.00	1.02	0.89	0.98
有效锰（毫克/千克）	29.92	31.40	29.49	27.48	29.67
有效铁（毫克/千克）	44.66	45.16	43.51	40.94	43.64

1. 高度适宜 延寿县水稻高度适宜耕地总面积 21 321.56 公顷，占全县耕地总面积的 21.22%。主要分布在延寿镇、延河镇、安山乡、加信镇、六团镇、玉河乡等乡（镇），面积最大的是六团镇，为 3 806.64 公顷。土壤类型以新积土、沼泽土、水稻土、草甸土为主。

水稻高度适宜耕地所处地形相对平缓低洼，侵蚀和障碍因素较小。耕层各项养分含量高。土壤结构较好，质地适宜，一般为重壤土到轻黏土。容重适中，土壤大都呈中性到偏酸性，pH 在 6～7.1。养分含量丰富，有效锌平均值为 1.06 毫克/千克，有效磷平均值为 30.69 毫克/千克，速效钾平均值为 53.91 毫克/千克。保水保肥性能较好，有一定的排涝能力。该耕地适于种植水稻，障碍层次较好，产量水平高（附表 1－9）。

附表 1－9 水稻高度适宜耕地相关指标统计

养分	平均值	最大值	最小值
碱解氮（毫克/千克）	194.13	418.60	72.50
pH	6.48	7.10	6.00
有机质（克/千克）	33.55	56.90	6.00
有效磷（毫克/千克）	30.69	93.00	2.90
速效钾（毫克/千克）	53.91	202.00	6.00
有效锌（毫克/千克）	1.06	5.40	0.02
容重（克/立方厘米）	1.15	1.44	0.91
全氮（克/千克）	1.91	5.32	0.80
全磷（克/千克）	1.18	2.00	0.70
全钾（克/千克）	24.09	39.80	7.30
有效铜（毫克/千克）	0.99	2.51	0.17
有效锰（毫克/千克）	29.92	69.00	7.30
有效铁（毫克/千克）	44.66	82.83	6.51

2. 适宜 延寿县水稻适宜耕地总面积 30 118.8 公顷，占全县耕地总面积 29.97%。主要分布在六团镇、玉河乡、加信镇和延寿镇等乡（镇），面积最大为六团镇，为

5 212.81公顷。土壤类型以黑土、草甸土为主。

水稻适宜地块所处地形平缓，侵蚀和障碍因素小；各项养分含量较高；质地适宜，一般为重壤土，容重适中，土壤大都呈中性至微酸性，pH 在 6～7。养分含量较丰富，有效锌平均值为 0.89 毫克/千克，有效磷平均值为 30.67 毫克/千克，速效钾平均值为 48.8 毫克/千克，有机质值为 32.63 克/千克，保肥性能好，该耕地适于种植水稻，产量水平较高（附表 1－10）。

附表 1－10　水稻适宜耕地相关指标统计

养分	平均值	最大值	最小值
碱解氮（毫克/千克）	199.73	479.60	64.40
pH	6.48	7.00	6.00
有机质（克/千克）	32.63	49.70	9.20
有效磷（毫克/千克）	30.67	99.40	8.30
速效钾（毫克/千克）	48.80	129.00	6.00
有效锌（毫克/千克）	0.89	7.51	0.04
容重（克/立方厘米）	1.15	1.44	0.51
全氮（克/千克）	1.85	5.42	0.73
全磷（克/千克）	1.16	1.70	0.70
全钾（克/千克）	24.66	39.60	7.50
有效铜（毫克/千克）	1.00	4.90	0.17
有效锰（毫克/千克）	31.40	69.00	4.50
有效铁（毫克/千克）	45.16	75.74	12.10

3. 勉强适宜　延寿县水稻勉强适宜耕地总面积 37 806.24 公顷，占全县耕地总面积的 37.64%。主要分布在延寿镇、延河镇、安山乡、青川乡、六团镇、寿山乡、玉河乡等乡（镇），其中，青川乡面积最大，为 6 220.81 公顷；其次是六团镇，为 5 995.92 公顷。土壤类型以黑土、白浆土为主。

水稻勉强适宜地块所处地形低山丘陵漫岗，侵蚀和障碍因素大。各项养分含量偏低。质地较差，一般为重壤土或沙壤土。土壤呈中性偏酸性，pH 在 5.9～7。养分含量较低，有效锌平均值为 1.11 毫克/千克，有效磷平均值为 29.4 毫克/千克，速效钾平均值为 55.02 毫克/千克。该耕地勉强适于种植水稻，产量水平较低（附表 1－11）。

4. 不适宜　延寿县水稻不适宜耕地总面积 11 247.92 公顷，占全县耕地总面积 11.19%。主要分布在延寿镇、延河镇、六团镇、寿山乡、玉河乡等乡（镇），面积最大的是延河镇，为 2 534.15 公顷。土壤类型以暗棕壤、白浆土为主。

水稻不适宜地块所处地形低山丘陵区，侵蚀和障碍因素大，缺乏水稻生长所必需的水源。各项养分含量低。土壤大都中性或酸性，pH 在 5.9～7。养分含量较低，有效锌平均 0.91 毫克/千克，有效磷平均值为 25.02 毫克/千克，速效钾平均值为 46.58 毫克/千克。该耕地不适于种植水稻，产量水平低（附表 1－12）。

附表 1-11　水稻勉强适宜耕地相关指标统计

养分	平均值	最大值	最小值
碱解氮（毫克/千克）	199.85	479.60	40.30
pH	6.48	7.00	5.90
有机质（克/千克）	33.94	49.70	14.80
有效磷（毫克/千克）	29.40	99.40	9.30
速效钾（毫克/千克）	55.02	202.00	13.00
有效锌（毫克/千克）	1.11	11.00	0.01
容重（克/立方厘米）	1.15	1.44	0.51
全氮（克/千克）	1.99	4.90	0.63
全磷（克/千克）	1.19	1.90	0.70
全钾（克/千克）	23.49	39.60	4.50
有效铜（毫克/千克）	1.02	4.90	0.12
有效锰（毫克/千克）	29.49	95.80	4.40
有效铁（毫克/千克）	43.51	106.80	15.32

附表 1-12　水稻不适宜耕地相关指标统计

养分	平均值	最大值	最小值
碱解氮（毫克/千克）	198.45	479.60	80.50
pH	6.45	7.00	5.90
有机质（克/千克）	29.48	49.40	8.10
有效磷（毫克/千克）	25.02	71.20	8.30
速效钾（毫克/千克）	46.58	126.00	2.00
有效锌（毫克/千克）	0.91	9.06	0.02
容重（克/立方厘米）	1.16	1.42	0.71
全氮（克/千克）	1.84	4.90	0.73
全磷（克/千克）	1.16	1.70	0.70
全钾（克/千克）	25.01	39.50	4.40
有效铜（毫克/千克）	0.89	2.08	0.19
有效锰（毫克/千克）	27.48	95.80	7.90
有效铁（毫克/千克）	40.94	106.80	12.81

附录 2　延寿县耕地地力调查与平衡施肥专题调查报告

第一节　概　况

延寿县从“八五”计划开始就是国家重点商品粮及副食品生产基地县，在各级政府的领导下，农业生产特别是粮食生产取得了长足的发展。进入 20 世纪 80 年代以后，粮食产量连续大幅度增长，1986 年全县粮食总产突破 19 万吨大关。其中化肥施用量达 3 212 吨。之后化肥施用量逐年增加，是促使粮食增产的决定性的因素之一。2006 年全县化肥施用量突破 2.7 万吨，粮食总产达 30 万吨。可以说化肥的使用已经成为促进粮食增产不可取代的一项重要措施。

一、开展专题调查的背景

（一）延寿县肥料使用的改革

延寿县垦殖已有近 100 多年的历史，肥料应用也有近 50 年的历史。从肥料应用和发展历史来看，大致可分为 4 个阶段：

1. 20 世纪 60 年代以前　耕地主要依靠有机肥料来维持作物生产和保持土壤肥力，作物产量不高，施肥面积约占耕地的 80%，主要种植大豆、水稻、玉米等作物，主要以有机肥为主。

2. 20 世纪 70～80 年代　仍以有机肥为主、化肥为辅，化肥主要靠国家计划拨付，总量达 300 多吨，应用作物主要是粮食作物和少量经济作物，除氮肥外，磷肥得到了一定范围的推广应用。主要是硝铵、硫铵、氨水和过磷酸钙。

3. 20 世纪 80～90 年代　十一届三中全会后，农民有了土地的自主经营权，随着化肥在粮食生产作用的显著提高，农民对化肥形成了强烈的依赖，化肥开始大面积推广应用，化肥总量接近 2 万吨，平均公顷用肥达 0.24 吨，施用有机肥的面积和数量逐渐减少。20 世纪 90 年代末开展了因土、因作物的诊断配方施肥，氮、磷、钾的配施在农业生产得到应用，氮肥主要是硝铵、尿素、硫铵、氢铵，磷肥以磷酸二铵为主，钾肥、复合肥、微肥、生物肥和叶面肥推广面积也逐渐增加。

4. 20 世纪 90 年代至今　随着农业部配方施肥技术的深化和推广，黑龙江省土壤肥料管理站先后开展了推荐施肥技术和测土配方施肥技术的研究和推广，广大土肥科技工作者积极参与，针对当地农业生产实际进行了施肥技术的重大改革。

（二）延寿县肥料化肥肥效演变分析

延寿县 1986—2007 年的化肥和粮食产量统计见附表 2 - 1。

延寿县 1986—2007 年耕地面积从 45 523 公顷增加至 76 178 公顷。耕作方式从牛马犁过渡到以大中型拖拉机为主，作物品种从农家品种更新为杂交种和优质高产品种，肥料投入以农家肥为主过渡到以化肥为主导，并且化肥用量连年大幅度增加，农家肥用量大幅度减少，粮食产量也连年大幅度提高（附图 2-1）。

附表 2-1 化肥施用量与粮食总产统计

项目	1986 年	1989 年	1992 年	1995 年	1998 年	2001 年	2004 年	2007 年
化肥（吨）	3 212	9 317	12 254	16 850	21 230	20 496	27 328	50 003
粮食总产（吨）	194 809	89 195	202 799	204 580	272 175	246 959	302 237	309 524

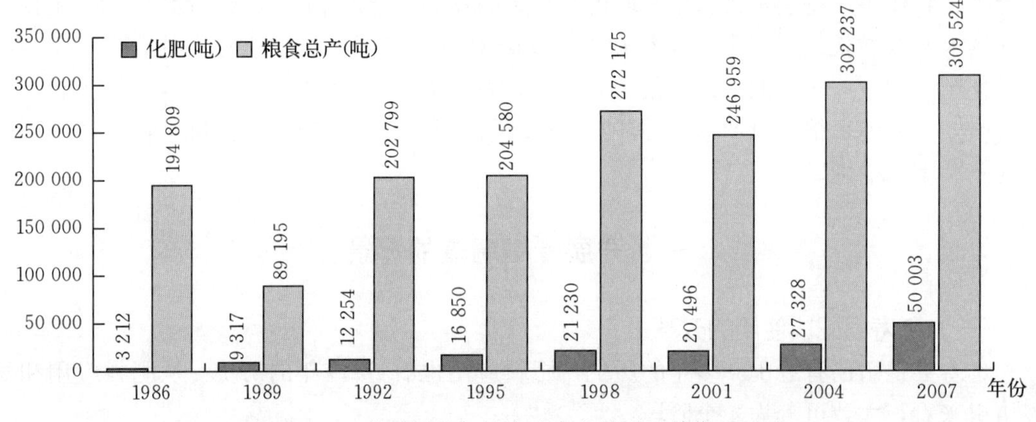

附图 2-1 化肥用量与粮食总产的关系（单位：万吨）

综上所述，看到了延寿县 1986—2007 年肥料与粮食产量的变化规律。前 7 年化肥用量逐年递增，农肥逐年递减；1998 年时农肥用量降至最低，全县 70%以上耕地不施农肥，化肥用量高峰出现在 2007 年，达 5 万吨，但粮食产量并没有达到理想指标。随着化肥用量和粮食产量的逐年增加，从 1995 年以后，全县作物开始出现缺素症状，1998 年大面积缺锌，同年出现玉米大面积缺钾症状。因此，这一时段全县耕地土壤地力过度开发利用呈逐年下降趋势。1986—1989 年，化肥投入维持在 1 万吨以内，粮食总产也维持 20 万吨以内；1990—2003 年，化肥投入维持在 1 万～2 万吨，总产维持在 20 万～27 万吨；2004 年以来，施肥量逐年增加，在 2 万吨以上，粮食产量也突破了 30 万吨。地力下降造成的粮食增产幅度下降，引起了国家、省、市、县各级政府的高度重视，随后在全县范围内开展耕地培肥技术的全面普及推广工作。大力推广农家肥、化肥、生物肥相结合的施肥方式，全县 9 个乡（镇）和 1 个种畜场，完成了 1 个周期的土壤测试和配方施肥。从此延寿县从盲目施肥走向科学施肥，结束了贫钾历史，开始了大面积推广应用钾肥，提出了稳氮、调磷、增钾的施肥原则，使化肥的施用量趋于合理，粮食产量开始逐年提高，收到了良好的经济效益、社会效益和生态效益。

二、开展专题调查的必要性

耕地是作物生长基础，了解耕地土壤的地力状况和供肥能力是实施平衡施肥最重要的技术环节，因此开展耕地地力调查，查清耕地各种营养元素的状况，对提高科学施肥技术水平，提高化肥的利用率，改善作物品质，防止环境污染，维持农业可持续发展等都有着重要的意义。

（一）开展耕地地力调查，提高平衡施肥技术水平，是稳定粮食生产、保证粮食安全的需要

保证和提高粮食产量是人类生存的基本需要。粮食安全不仅关系到经济发展和社会稳定，还有深远的政治意义。近几年来，我国一直把粮食安全作为各项工作的重中之重，随着经济和社会的不断发展，耕地逐渐减少和人口不断增加的矛盾将更加激烈，21 世纪人类将面临粮食等农产品不足的巨大压力，延寿县作为国家粮食生产基地，是保持国家粮食安全的坚强支柱，必须充分发挥科技，保证粮食的持续稳产和高产。平衡施肥技术是节本增效、增加粮食产量的一项重要技术，随着作物品种的更新、布局的变化，土壤的基础肥力也发生了变化，在原有基础上建立起来的平衡施肥技术不能适应新形势下粮食生产的需要，必须结合本次耕地地力调查和评价结果对平衡施肥技术进行重新研究，制订适合本地生产实际的平衡施肥技术措施。

（二）开展耕地地力调查，提高平衡施肥技术水平，是增加农民收入的需要

延寿县是以农业为主的农业大县，粮食生产收入占农民收入的很大比重，是维持农民生产和生活所需的根本。在现有条件下，自然生产力低下，农民不得不靠投入大量花费来维持粮食的高产，化肥投入占整个生产投入的 50%以上，但化肥效益却逐年下降，如何科学合理的搭配肥料品种和施用技术，以期达到提高化肥利用率，增加产量、提高效益的目的，要实现这一目的必须结合本次耕地地力调查与之进行平衡施肥技术的研究。

（三）开展耕地地力调查，提高平衡施肥技术水平，是实现绿色农业的需要

随着中国经济的发展，对农产品提出了更高的要求，农产品流通不畅就是由于质量低、成本高造成的，农业生产必须从单纯地追求高产、高效向绿色（无公害）农产品方向发展，这对施肥技术提出了更高、更严的要求，这些问题的解决都必须要求了解和掌握耕地土壤肥力状况、掌握绿色（无公害）农产品对肥料施用的质化和量化的要求，对平衡施肥技术提出了更高、更严的要求，所以，必须进行平衡施肥的专题研究。

第二节　调查方法和内容

一、样点布设

依据《耕地地力调查与质量评技术规程》，利用延寿县归并土种后的数据土壤图、基本农田保护图和土地利用现状图叠加产生的图斑作为耕地地力调查的调查单元。延寿县基本农田面积 100 494.52 公顷，大田样点密度为 100 公顷，本次共设 1 311 个。点布设基本覆盖了全县主要的土壤类型，面积在 10 000 公顷。

二、调查内容

布点完成后，对取样农户农业生产基本情况进行了入户调查。

三、肥料施用情况

1. 农家肥 分为牲畜过圈肥、秸秆肥、堆肥、沤肥、绿肥、沼气肥等，单位为千克。

2. 有机商品肥 指经过工厂化生产并已经商品化，在市场上购买的有机肥。

3. 有机无机复合肥 指经过工厂化并已经商品化，在市场销售的有机无机复（混）肥。

4. 氮素化肥、磷素化肥、钾素化肥 应填写肥料的商品名称，养分含量，购买价格、生产企业。

5. 无机复（混）肥 调查地块施入的复（混）肥的含量，购买价格等。

6. 微肥 被调查地块施用微肥的数量，购买价格、生产企业等。

7. 微生物肥料 指调查地块施用微生物肥料的数量。

8. 叶面肥 用于叶面喷施的肥料，如喷施宝、双效微肥等。

四、样品采集

土样采集是在作物成熟收获后进行的。在采样时，首先向农民了解作物种植情况，按照《耕地地力调查与质量评价技术规程》要求逐项填写调查内容，并用GPS定位仪进行定位，在选定的地块上进行采样，大田采样深度为0～20厘米，每块地平均选取15个点，用四分法留取土样1千克做化验分析。

第三节　专题调查的结果与分析

一、耕地肥力状况调查结果与分析

本次耕地地力评价工作，共对1 311个土样的有机质、全氮、有效磷、速效钾和微量元素等进行了分析，平均含量见附表2-2。

附表2-2　延寿县耕地养分含量平均

项目	平均值	最大值	最小值
pH	6.48	7.10	5.90
有机质（克/千克）	32.69	56.90	6.00
有效磷（毫克/千克）	29.12	99.40	2.90
速效钾（毫克/千克）	51.64	202.00	2.00
有效锌（毫克/千克）	1.01	11.00	0.01
耕层厚度（厘米）	15.99	24.00	11.00
障碍层位置（厘米）	18.42	21.00	16.00
障碍层厚度（厘米）	18.15	29.00	3.00

（续）

项目	平均值	最大值	最小值
海拔（米）	236.14	441.00	165.00
有效土层厚度（厘米）	20.54	67.00	7.00
容重（克/立方厘米）	1.15	1.44	0.51
全氮（克/千克）	1.91	5.42	0.63
全磷（克/千克）	1.17	2.00	0.70
全钾（克/千克）	24.18	39.80	4.40
有效铜（毫克/千克）	0.98	4.90	0.12
有效锰（毫克/千克）	29.67	95.80	4.40
有效铁（毫克/千克）	43.64	106.80	6.51
碱解氮（毫克/千克）	198.54	479.60	40.30
有效锰（毫克/千克）	29.67	95.80	4.40
有效铁（毫克/千克）	43.64	106.80	6.51

（一）大量元素

1 土壤有机质　调查结果表明，耕地土壤有机质含量平均为 32.69 克/千克，变化幅度在 6.0～56.9 克/千克。在《黑龙江省第二次土壤普查技术规程》分级基础上，将延寿县耕地土壤有机质分为 6 级，其中，土壤有机质含量大于 60 克/千克的无分布，含量为 40～60克/千克的占 13.94%，含量为 30～40 克/千克的占 58.54%，含量为 20～30 克/千克的占 25.14%，含量为 10～20 克/千克的占 2.27%，含量≤10 克/千克占 0.1%。

2. 土壤全氮　延寿县耕地土壤中氮素含量平均为 1.91 克/千克，变化幅度在 0.63～5.42 克/千克。在延寿县各主要类型的土壤中，沼泽土、暗棕壤全氮最高，分别为 2.22 克/千克和 2.03 克/千克；黑土最低，平均为 1.73 克/千克。按照面积分级统计分析，全县耕地土壤全氮含量中＞2.5 克/千克占 29.46%，2.0～2.5 克/千克占 19.53%，1.5～2 克/千克占 25.26%，1.0～1.5 克/千克占 16.77%，0.5～1.0 克/千克占 8.97%。

3. 土壤有效磷　本次调查延寿县耕地土壤有效磷平均值为 29.12 毫克/千克，变化幅度在 2.90～99.40 毫克/千克。与第二次土壤普查的调查结果（第二次土壤普查为 6 毫克/千克）进行比较，延寿县耕地磷素状况大幅度上升，增加了 3.9 倍。有效磷多在 10～40 毫克/千克，占耕地面积的 80.16%。各等级分布分别为＞60 毫克/千克占耕地面积 2.04%，40～60 毫克/千克占耕地面积 12.94%，20～40 毫克/千克占耕地面积 63.9%，10～20 毫克/千克占耕地面积 21.01%，5～10 毫克/千克占耕地面积 0.11%，＜5 毫克/千克在耕地面积中所占比例极小，仅为 3.82 公顷。

4. 土壤速效钾　调查表明，延寿县土壤速效钾平均值为 51.64 毫克/千克，变化幅度在 2～202 毫克/千克。全县各等级面积分布分别为＞200 毫克/千克占 0.05%，150～200 毫克/千克占 0.24%，100～150 毫克/千克占 1.75%，50～100 毫克/千克占 47.1%，30～50毫克/千克占 35.97%，＜30 毫克/千克占 14.89%。

5. 土壤碱解氮　延寿县土壤碱解氮主要集中在 180～250 毫克/千克，其中，＞250 毫克/千克占 12.23%，180～250 毫克/千克占 48.08%，150～180 毫克/千克占 29.66%，120～150毫克/千克占 8.33%，80～120 毫克/千克占 1.52%，<80 毫克/千克占 0.19%。

（二）微量元素

虽然作物对土壤微量元素需求量不大，但它们同大量元素一样，在植物生理功能上是同样重要和不可替代的。微量元素的缺乏不仅会影响作物生长发育、产量和品质，而且会造成一些生理性病害。如缺锌导致玉米“花白病”和水稻赤枯病。因此，现在耕地地力评价中把微量元素作为衡量耕地地力的一项重要指标。

1. 土壤有效锌 依据土壤微量元素丰缺标准，本次调查有效锌平均值为 1.01 毫克/千克，变化幅度在 0.01～11 毫克/千克。延寿县耕地土壤有效锌含量<0.5 毫克/千克的占 24.41%，>2 毫克/千克的占 10.67%。因此，延寿县耕地土壤有效锌处中等偏下水平，对高产作物玉米，尤其又是对锌敏感作物，应施锌肥。

2. 土壤有效铁 在调查的 1 311 个样本中，延寿县耕地有效铁平均值为 43.64 毫克/千克，变化幅度在 6.51～106.8 毫克/千克。因此延寿县土壤中富铁，这是本次地力评价的新发现。

3. 土壤有效锰 在调查的 1 311 个土样中，延寿县耕地有效锰平均为 29.67 毫克/千克，变化幅度在 4.4～95.8 毫克/千克。说明延寿县耕地土壤中除延寿镇、六团镇外没有缺锰地块，总体上延寿县有效锰相当丰富。

4. 土壤有效铜 延寿县耕地土壤有效铜平均值为 0.98 毫克/千克，变化幅度在 0.12～4.9毫克/千克。根据土壤有效铜的分级标准，土壤有效铜的临界值为 0.1 毫克/千克（严重缺铜，很低），>1.2 毫克/千克为丰富。调查样本可知除寿山乡、青川乡有缺铜地块以外，延寿县其余乡（镇）耕地均没有缺铜现象。从有效铜分布频率上看，养分等级三级所占比例最大，即>1.8 毫克/千克的占 2.35%，1～1.8 毫克/千克的占 42.58%，0.2～1 毫克/千克的占 53.39%，0.1～0.2 毫克/千克的占 1.64%，<0.1 毫克/千克的仅占 0.05%。

二、施肥情况调查结果与分析

本次调查农户肥料施用情况，共计调查 365 户农民（附表 2－3）。

附表 2－3 延寿县主要土类施肥情况统计表

单位：千克/公顷

项目	有机肥	N	P_2O_5	K_2O	$N:P_2O_5:K_2O$
白浆土	10 500	35	50	27.5	1∶1.2∶0.8
草甸土	12 315	32	47.2	28.2	1∶1.35∶0.8

在调查 365 户农户中，只有 67 户施用有机肥，占调查户数的 18.36%，平均施用量 684 千克/亩左右，主要是禽畜过圈粪和秸秆肥等。延寿县 2007 年平均施用化肥纯养分量 295 千克/公顷，其中氮肥 105 千克/公顷，主要来自尿素、复合肥和磷酸二铵；磷肥 135 千克/公顷，主要来自磷酸二铵和复合肥；钾肥 55 千克/公顷，主要来自复合肥和硫酸钾、

氯化钾等。延寿县总体施肥较高，比例1∶1.3∶0.8，磷肥和钾肥的比例有较大幅度的提高，但与科学施肥比例相比还有一定的差距。

从肥料品种看，延寿县的化肥品种已由过去的单质尿素、磷酸二铵、钾肥向高浓度复合化、长效化复合（混）肥方向发展，复合肥比例已上升到57%左右。在调查的365户农户中有79%农户能够做到氮、磷、钾搭配施用，21%农户主要使用磷酸二铵、尿素；旱田施用硫酸锌等微肥，施用比例23.2%，水田施用比例为24.3%；叶面肥大田主要用于玉米苗期约占62%、水稻约占46%。

第四节　耕地土壤养分与肥料施用存在的问题

一、耕地土壤养分失衡

本次调查表明，延寿县耕地土壤中大量营养元素有所改善，特别是土壤有效磷增加的幅度比较大，这有利于土壤磷库的建立。但需要特别指出的是，延寿县耕地中土壤有效锌含量有所下降，1 311个样本调查中有15.2%低于临界值，因此应重视锌肥的施用。

二、重化肥轻农肥的倾向严重，有机肥投入少、质量差

目前，农业生产中普遍存在着重化肥轻农肥的现象，过去传统的积肥方法已不复存在。由于农村农业机械的普及提高，有机肥源相对集中在少量养殖户家中，这势必造成农肥施用的不均衡和施用总量的不足；在农肥的积造上，由于没有专门的场地，农肥积造过程基本上是露天存放，风吹雨淋势必造成养分的流失，使有效养分降低，影响有机肥的施用效果。

三、化肥的使用比例不合理

随着高产品种的普及推广，化肥的施用量逐年增加，但施用化肥数量并不是完全符合作物生长所需，化肥投入氮肥偏少，磷肥适中，钾肥不足，造成了N、P、K比例不平衡。加之施用方法不科学，特别是有些农民为了省工省时，未从耕地土壤的实际情况出发，实行一次性施肥不追肥，这样在保水保肥条件不好的瘠薄性地块，容易造成养分流失、脱肥，尤其是氮肥流失严重，降低肥料的利用率，作物高产限制因素未消除，大量的化肥投入并未发挥出群体增产优势，高投入未能获得高产出。因此应根据延寿县各土壤类型的实际情况，有针对性地制订新的施肥指导意见。

四、平衡施肥服务不配套

平衡施肥技术已经普及推广了多年，并已形成一套比较完善的技术体系，但在实际应用过程中，技术推广与物资服务相脱节，购买不到所需肥料，造成平衡施肥难以发挥应有

的科技优势。而在现有的条件下不能为农民提供测、配、产、供、施配套服务。今后要探索一条方便快捷、科学有效的技物相结合的服务体系。

第五节　平衡施肥规划和对策

一、平衡施肥规划

依据《耕地地力调查与质量评价技术规程》，延寿县基本农田保护区耕地分为4个等级（附表2-4）。

附表2-4　各地力等级基本农田统计

项目	一级	二级	三级	四级	合计
面积（公顷）	20 410.81	27 630.22	32 192.08	20 261.41	100 494.52
占基本农田比例（%）	20.31	27.49	32.03	20.16	100.00

根据各类土壤评等定级标准，把延寿县各类土壤划分为3个耕地类型：高肥力土壤，包括一级地；中肥力土壤，包括二级、三级地；低肥力土壤，包括四级地。

根据3个耕地土壤类型制订延寿县平衡施肥总体规划。

水稻平衡施肥技术　根据耕地地力等级、水稻种植方式、产量水平及有机肥使用情况，确定延寿县水稻平衡施肥技术指导意见（附表2-5）。

附表2-5　延寿县水稻不同肥力施肥模式

地力等级	目标产量（千克/公顷）	有机肥（千克/公顷）	N	P_2O_5	K_2O	N、P、K比例
高肥力	9 875	14 000	105	52	80	1∶0.5∶0.80
中肥力	7 500	12 000	100	48	70	1∶0.5∶0.7
低肥力	4 000	10 500	90	45	60	1∶0.5∶0.67

根据水稻需氮的两个高峰期（分蘖期和幼穗分化期），采用前重、中轻、后补的施肥原则。前期40%的氮肥做底肥，分蘖肥占30%，粒肥占30%；磷肥做底肥一次施入；钾肥底肥和拔节肥各占50%。除氮、磷、钾肥外，水稻对硫、锌等微量元素需要量也较大，因此要适当施用硫酸锌和含硅等微肥，每公顷施用量1千克左右。

二、平衡施肥对策

延寿县通过开展耕地地力评价、施肥情况调查和平衡施肥技术，总结延寿县总体施肥概况为：总量偏高、比例失调、方法不尽合理。具体表现在氮肥普遍偏低，磷肥投入偏高，钾和微量元素肥料相对不足。根据延寿县农业生产实际，科学合理施用总的原则是：增氮、减磷、加钾和补微。围绕种植业生产制订出平衡施肥的相应对策和措施。

（一）增施优质有机肥料，保持和提高土壤肥力

积极引导农民转变观念，从农业生产的长远利益和大局出发，加大有机肥积造数量，提高有机肥质量，扩大有机肥施用面积，制订出沃土工程的近期目标。一是在根茬还田的基础上，逐步实行高根茬还田，增加土壤有机质含量；二是大力发展畜牧业，通过过腹还田，补充、增加堆肥和沤肥数量，提高肥料质量；三是大力推广畜禽养殖场，将粪肥工厂化处理，发展有机复合肥生产，实现有机肥的产业化、商品化市场；四是针对不同类型土壤制订出不同的技术措施，并对这些土壤进行跟踪化验，建立技术档案，设点监测观察结果。

（二）加大平衡施肥的配套服务

推广平衡施肥技术，关键在技术和物资的配套服务，解决有方无肥、有肥不专的问题，因此要把平衡施肥技术落到实处，必须实行“测、配、产、供、施”一条龙服务，通过配肥站的建立，生产出各施肥区域所需的专用型肥料，农民依据配肥站贮存的技术档案购买到自己所需的配方肥，确保技术实施到位。

（三）制订和实施耕地保养的长效机制

在《黑龙江省基本农田保护条例》的基础上，尽快制订出适合当地农业生产实际，能有效保护耕地资源，提高耕地质量的地方性政策法规，建立科学耕地养护机制，使耕地发展利用向良性方向发展。

附录3　延寿县耕地地力评价与土壤改良利用专题报告

第一节　概　　况

一、延寿县概况

由于多年来，广大农民为了追求高产，盲目增施化肥，重用地、轻养地，导致耕地质量呈严重退化趋势，已成为限制延寿县粮食增产的重要因素。所以提高耕地质量，是确保粮食稳产、高产的重要基础。而耕地地力评价是对耕地基础地力的评价，也就是对耕地土壤的地形、地貌条件、成土母质、农田基础设施及培肥水平、土壤理化性状等综合因素构成的耕地生产力的评价。通过这次地力评价，利用"县域耕地资源管理信息系统"将全县耕地划分为四个等级，一级地面积为 20 410.81 公顷，占总耕地面积的 20.31%；二级地面积 27 630.22 公顷，占总耕地面积的 27.50%；三级地面积为 32 192.08 公顷，占总耕地面积的 32.03%；四级地面积为 20 261.41 公顷，占总耕地面积的 20.16%。一级地属县域内高产土壤，主要分布在延寿县中东部平原草甸土、白浆土区，面积总计为 20 410.81 公顷，占总耕地面积的 20.31%；二级、三级地属县域内中产土壤，主要分布在延寿县西中部漫岗平原草甸土、白浆土、黑土区，面积总计为 59 822.3 公顷，占总耕地面积的 59.52%；四级地属县域内低产土壤，主要分布在延寿县沿江中部低山暗棕壤区，面积为 20 281.41 公顷，占总耕地面积的 20.16%；中低产田面积合计为 80 083.71 公顷，占总耕地面积的 79.69%。因此，了解耕地的地力及状况对提升耕地质量、改造中低产田极为重要（附表 3-1）。

附表 3-1　地力评价等级面积分布

项目	一级	二级	三级	四级	合计
面积（公顷）	20 410.81	27 630.22	32 192.08	20 261.41	100 494.52
占基本农田比例（%）	20.31	27.50	32.03	20.16	100.00

二、土壤资源与农业生产概况

（一）土壤资源概况

延寿县基本农田土壤总面积为 100 494.52 公顷，其中耕地面积 100 494.52 公顷，占总土壤地面积的 100%。耕地主要土壤类型有黑土、草甸土、沼泽土、水稻土、白浆土、暗棕壤，其中以草甸土面积最大，其次为白浆土和水稻土。

（二）农业生产概况

延寿县是典型的农业区，种植制度为一年一熟制，种植作物以大豆、水稻、玉米三大作物为主。据延寿县统计局统计，2007 年全县玉米播种面积 11 796 公顷，总产量 81 569 吨；大豆播种面积 31 704 公顷，总产量 45 986 吨；水稻播种面积 25 378 公顷，总产量 169 544 吨。

第二节　专题调查方法

一、评价原则

本次延寿县耕地地力评价是完全按照全国耕地地力评价技术规程进行的。在工作中主要坚持了以下几个原则：一是统一的原则，即统一调查项目、统一调查方法、统一野外编号、统一调查表格、统一组织化验、统一进行评价；二是充分利用现有成果的原则，即以延寿县第二次土壤普查、延寿县土地利用现状调查、延寿县行政区划等已有的成果作为评价的基础资料；三是应用高新技术的原则，即在调查方法、数据采集及处理、成果表达等方面全部采用了高新技术。

二、调查内容

本次延寿县耕地地力调查的内容是根据当地政府的要求和生产实践的需求确定的，充分考虑了成果的实用性和公益性。主要有以下几个方面：一是耕地的立地条件，包括地形地貌、地形部位；二是土壤属性，包括耕层理化性状和耕层养分状况，具体有耕层厚度、质地、容重、pH、有机质、全氮、有效磷、速效钾、有效锌、有效铜、有效铁等；三是土壤障碍因素，包括障碍层类型等；四是农田基础设施条件，包括抗旱能力、排涝能力和农田防护林网建设等；五是农业生产情况，包括良种应用、化肥施用、病虫害防治、轮作制度、耕翻深度、秸秆还田和灌溉保证率等。

三、评价方法

在收集延寿县有关耕地情况资料、进行外业补充调查（包括土壤调查和农户的入户调查两部分）及室内化验分析的基础上，建立起延寿县耕地地力管理数据库，通过 GIS 系统平台，采用 ARCINFO 软件对调查的数据和图件进行数值化处理，最后利用扬州土肥站开发的《全国耕地地力评价软件系统 V3.2》进行耕地地力评价。

（一）建立空间数据库

将延寿县土壤图、行政区划图、土地利用现状图等基本图件扫描后，用屏幕数字化的方法进行数字化，即建成延寿县地力评价系统空间数据库。

（二）建立属性数据库

将收集、调查和分析化验的数据资料按照数据字典的要求规范整理后，输入数据库系统，即建成延寿县地力评价系统属性数据库。

（三）确定评价因子

根据全国耕地地力调查评价指标体系，经过专家采用经验法进行选取，将延寿县耕地地力评价因子确定如下：立地条件包括≥10 ℃的耕层厚度，理化性状包括土壤质地和pH，土壤养分包括有机质、有效锌、有效磷、速效钾，土壤管理包括地貌类型和灌溉保证率。

（四）确定评价单元

把数字化后的延寿县土壤图、行政区划图和土地利用现状图3个图层进行叠加，形成的图斑即为延寿县耕地资源管理评价单元，共确定形成评价单元11 079个。

（五）确定指标权重

组织专家对所选定的各评价因子进行经验评估，确定指标权重。

（六）数据标准化

选用隶属函数法和专家经验法等数据标准化方法，对延寿县耕地评价指标进行数据标准化，并对定性数据进行数值化描述。

（七）计算综合地力指数

选用累加法计算每个评价单元的综合地力指数。

（八）划分地力等级

根据综合地力指数分布，确定分级方案，划分地力等级。

（九）归入全国耕地地力等级体系

依据《全国耕地类型区、耕地地力等级划分》，归纳整理各级耕地地力要素主要指标，结合专家经验，将延寿县各级耕地归入全国耕地地力等级体系。

（十）划分中低产田类型

依据《全国中低产田类型划分与改良技术规范》，分析评价单元耕地土壤主导障碍因素，划分并确定延寿县中低产田类型。

第三节　调查结果

一、一 级 地

延寿县一级地面积20 410.81公顷，占全县耕地面积的20.31%，9个乡（镇）和1个种畜场均有分布。其中，分布面积最大的是六团镇，为3 971.1公顷；其次是加信镇、延寿镇，面积分别为3 793.33公顷、2 501.68公顷；面积最小的是太平川种畜场，仅为257.80公顷（附表3-2和附图3-1）。

附表3-2　延寿县一级地分布面积统计

乡（镇）	面积（公顷）	一级地（公顷）	占乡（镇）面积（%）	占一级地面积（%）
延寿镇	11 315.60	2 501.68	22.11	12.26
延河镇	13 405.12	1 409.27	10.51	6.90
寿山乡	8 568.76	852.07	9.94	4.17
安山乡	9 856.00	1 966.42	19.95	9.63
玉河乡	13 670.90	2 425.45	17.74	11.88

（续）

乡（镇）	面积（公顷）	一级地（公顷）	占乡（镇）面积（%）	占一级地面积（%）
加信镇	9 727.51	3 793.33	39.00	18.58
青川乡	10 671.19	1 680.98	15.75	8.24
中和镇	5 949.05	1 552.71	26.10	7.61
六团镇	16 072.20	3 971.10	24.71	19.46
太平川种畜场	1 258.19	257.80	20.49	1.26
合计	100 494.52	20 410.81	20.31	100.00

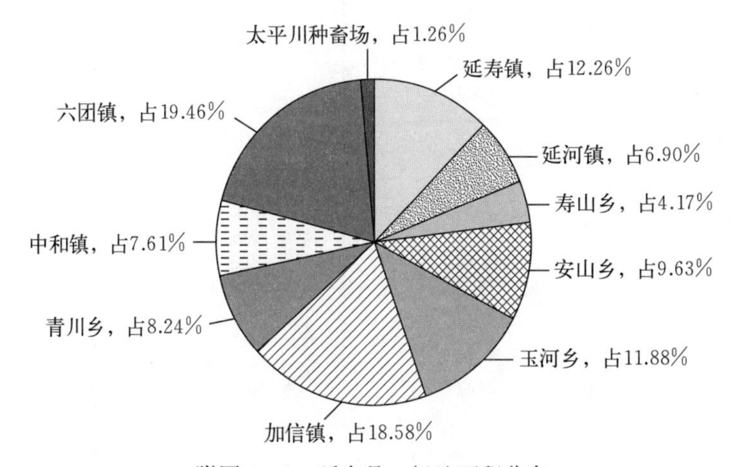

附图 3－1　延寿县一级地面积分布

从土壤类型情况看，一级地总面积为 20 410.81 公顷，占全县耕地面积的 20.31%。其中，分布面积最大的是草甸土，为 17 247.62 公顷；其次是黑土，其他土壤类型无分布（附表 3－3）。

附表 3－3　延寿县一级地土类分布面积统计

土类	面积（公顷）	一级地（公顷）	占本土类面积（%）	占一级地面积（%）
草甸土	28 460.30	17 247.62	60.60	84.50
白浆土	43 645.12	0	0	0
暗棕壤	4 933.14	0	0	0
沼泽土	3 032.32	0	0	0
泥炭土	1 696.38	0	0	0
黑土	5 328.19	3 163.19	59.37	15.50
新积土	9 820.67	0	0	0
水稻土	3 578.4	0	0	0
合计	100 494.52	20 410.81	20.31	100.00

根据土壤养分测定结果，各评价指标总结见附表 3－4，附表 3－5。

附表 3-4　延寿县一级地土壤属性统计

项目	平均值	最大值	最小值
pH	6.49	7.00	6.00
有机质（克/千克）	33.98	49.70	18.70
有效磷（毫克/千克）	33.06	99.40	10.60
速效钾（毫克/千克）	49.40	129.00	6.00
有效锌（毫克/千克）	0.91	5.58	0.04
耕层厚度（厘米）	17.44	24.00	12.00
障碍层位置（厘米）	18.41	20.00	16.00
障碍层厚度（厘米）	15.37	29.00	6.00
海拔（米）	225.97	406.00	168.00
有效土层厚度（厘米）	30.42	47.00	19.00
容重（克/立方厘米）	1.15	1.44	0.90
全氮（克/千克）	1.88	5.42	0.93
全磷（克/千克）	1.16	1.70	0.70
全钾（克/千克）	24.44	39.50	8.40
有效铜（毫克/千克）	1.02	4.90	0.29
有效锰（毫克/千克）	32.58	69.00	4.50
有效铁（毫克/千克）	45.94	75.74	12.10
碱解氮（毫克/千克）	201.05	479.60	64.40

附表 3-5　一级地土壤属性分布频率统计

单位：%

项目	一级	二级	三级	四级	五级	六级
pH	0	0	30.21	69.79	0	0
有机质	0	17.02	61.37	21.51	0.11	0
全氮	10.60	25.01	42.31	21.58	0.50	0
碱解氮	13.36	48.18	28.99	7.64	1.73	0.11
有效磷	3.00	18.29	62.05	16.66	0	0
速效钾	0	0	1.94	48.45	32.83	16.79
有效锌	8.60	7.89	15.32	37.16	31.04	0
质地	76.28	14.86	8.22	0.64	0	0

1. 有机质　延寿县一级地土壤有机质含量平均为 33.98 克/千克，变幅在 18.7～49.7

克/千克。含量为 40～60 克/千克出现频率为 17.02%；含量在 30～40 克/千克出现频率为 61.37%；含量在 20～30 克/千克出现频率为 21.51%；含量在 10～20 克/千克出现频率为 0.11%。

2. pH 延寿县一级地土壤 pH 平均为 6.49，变幅在 6～7。pH 大于 6.5 出现频率为 30.21%；pH 在 5.5～6.5 出现频率是 69.79%。

3. 有效磷 延寿县一级地土壤有效磷平均含量为 33.06 毫克/千克，变幅在 10.6～99.4 毫克/千克。含量>60 毫克/千克出现频率为 3%；含量在 40～60 毫克/千克出现频率为 18.29%；含量在 20～40 毫克/千克出现频率为 62.05%；含量在 10～20 毫克/千克出现频率为 16.66%。

4. 速效钾 延寿县一级地土壤速效钾平均含量为 49.4 毫克/千克，变幅为 6～129 毫克/千克。含量为 100～150 毫克/千克出现频率为 1.94%；含量在 50～100 毫克/千克出现频率为 48.25%，含量在 30～50 毫克/千克出现频率为 32.83%，含量<30 毫克/千克出现频率为 16.79%。

5. 全氮 延寿县一级地土壤全氮平均含量为 1.88 克/千克，变幅为 0.93～5.42 克/千克。含量>2.5 克/千克出现频率为 10.6%；含量在 2.1～2.5 克/千克出现频率为 25.1%；含量在 1.5～2.0 克/千克出现频率为 42.31%；含量在 1～1.5 克/千克出现频率为 21.58%。含量在 1～1.5 克/千克出现频率为 0.5%。

6. 全磷 延寿县一级地土壤全磷平均含量为 1.16 克/千克，变幅为 0.7～1.7 克/千克。

7. 全钾 延寿县一级地土壤全钾平均含量为 24.44 克/千克，变幅为 8.4～39.5 克/千克。

8. 有效锌 一级地土壤有效锌平均含量为 0.91 毫克/千克，最低含量为 0.04 毫克/千克，最高含量为 5.58 毫克/千克。

9. 有效铁 一级地土壤有效铁平均含量为 45.94 毫克/千克，最低含量为 12.1 毫克/千克，最高含量为 75.74 毫克/千克。

10. 有效铜 一级地土壤有效铜平均含量为 1.02 毫克/千克，最低含量为 0.29 毫克/千克，最高含量为 4.9 毫克/千克。

11. 有效锰 一级地土壤有效锰平均含量为 32.58 毫克/千克，最低含量为 4.5 毫克/千克，最高含量为 69 毫克/千克。

12. 有效土层厚度 一级地土壤腐殖质厚度平均值为 30.32 厘米，变动幅度 19～47 厘米。

13. 成土母质 一级地土壤成土母质由黄土母质和冲积母质组成。

14. 质地 一级地土壤质地由壤土和黏土组成，其中壤土占 76.28%；中黏土占 14.86%；轻黏土占 8.22%；松沙土占 0.64%。

15. 侵蚀程度 一级地土壤侵蚀程度无明显侵蚀。

16. 高程 一级地海拔高度一般在 168～406 米，平均海拔为 229.7 米。

17. 地貌构成 一级地位于中东部松花江平原，视野宽阔，耕地集中连片，地面比降 1/1 000～1/10 000，水利资源丰富，土层深厚，土质肥沃，适合各种作物生长。

二、二级地

延寿县二级地面积为 27 630.22 公顷，占总耕地面积的 27.49%，分布在全县 9 个乡（镇）和 1 个种畜场。其中面积最大的是六团镇，为 5 248.13 公顷；其次为青川乡和寿山乡，面积分别为 5 208 公顷和 3 763.54 公顷；面积最小的是太平川种畜场，仅为 56.25 公顷（附表 3-6 和附图 3-2）。

附表 3-6　延寿县二级地分布面积统计

乡（镇）	面积（公顷）	二级地（公顷）	占乡（镇）面积（%）	占二级地面积（%）
延寿镇	11 315.60	1 992.08	17.60	7.21
延河镇	13 405.12	3 488.95	26.03	12.63
寿山乡	8 568.76	3 763.54	43.92	13.62
安山乡	9 856.00	2 991.51	30.35	10.83
玉河乡	13 670.90	2 210.35	16.17	8.00
加信镇	9 727.51	2 013.51	20.70	7.29
青川乡	10 671.19	5 208.00	48.80	18.85
中和镇	5 949.05	657.90	11.06	2.38
六团镇	16 072.20	5 248.13	32.65	18.99
太平川种畜场	1 258.19	56.25	4.47	0.20
合计	100 494.52	27 630.22	27.49	100.00

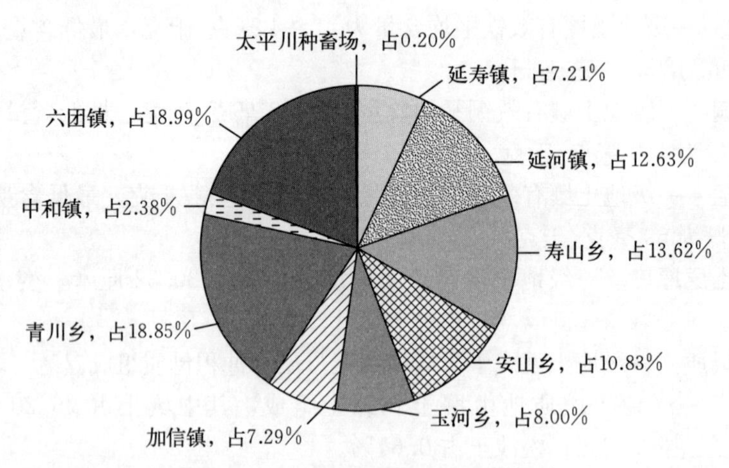

附图 3-2　延寿县二级地面积分布图

从土壤组成看，延寿县二级地包括黑土、草甸土、白浆土 3 个土类，其中，白浆土分布面积最大，为 22 747.52 公顷，占本土类耕地面积 52.12%，占二级地面积 82.33%（附表 3-7）。

附表 3-7　延寿县二级地土壤分布面积统计

土类	面积（公顷）	二级地（公顷）	占本土类面积（%）	占二级地面积（%）
草甸土	28 460.30	2 717.70	9.55	9.84
白浆土	43 645.12	22 747.52	52.12	82.32
暗棕壤	4 933.14	0	0	0
沼泽土	3 032.32	0	0	0
泥炭土	1 696.38	0	0	0
黑　土	5 328.19	2 165.00	40.63	7.84
新积土	9 820.67	0	0	0
水稻土	3 578.4	0	0	0
合　计	100 494.52	27 630.22	27.49	100.00

根据土壤养分测定结果，各养分含量情况总结见附表 3-8 和附表 3-9。

附表 3-8　延寿县二级地土壤属性统计

项目	平均值	最大值	最小值
pH	6.48	7.00	5.90
有机质（克/千克）	34.01	49.70	11.20
有效磷（毫克/千克）	33.07	99.40	10.50
速效钾（毫克/千克）	59.68	202.00	14.00
有效锌（毫克/千克）	1.33	11.00	0.01
耕层厚度（厘米）	16.32	24.00	11.00
障碍层位置（厘米）	18.28	21.00	16.00
障碍层厚度（厘米）	23.21	29.00	5.00
海拔（米）	233.22	433.00	168.00
有效土层厚度（厘米）	17.10	55.00	7.00
容重（克/立方厘米）	1.16	1.44	0.51
全氮（克/千克）	2.04	5.32	0.73
全磷（克/千克）	1.22	2.00	0.70
全钾（克/千克）	23.96	39.60	4.50
有效铜（毫克/千克）	1.03	4.90	0.17
有效锰（毫克/千克）	29.30	95.80	7.30
有效铁（毫克/千克）	43.41	106.80	18.16
碱解氮（毫克/千克）	196.67	479.60	72.50

1. 有机质　延寿县二级地土壤有机质含量平均为 34.01 克/千克，变幅在 11.2～49.7 克/千克。含量在大于 40 克/千克出现频率为 17.84%；含量在 30～40 克/千克出现频率是 61.91%；含量在 20～30 克/千克出现频率为 18.27%；含量在 10～20 克/千克出现频

率为1.98%。

附表3-9　二级地耕地土壤属性分布频率统计

单位:%

项目	一级	二级	三级	四级	五级	六级
pH	0	0	32.32	67.68	0	0
有机质	0	17.84	61.91	18.27	1.98	0
全　氮	18.23	31.05	39.52	8.97	2.23	0
碱解氮	8.94	50.85	29.60	9.11	1.47	0.03
有效磷	3.68	19.94	65.62	10.76	0	0
速效钾	0.18	0.25	2.98	51.57	39.85	5.17
有效锌	20.05	16.71	29.38	22.27	11.59	0
质　地	88.49	9.78	1.73	0	0	0

2. pH　延寿县二级地土壤pH平均为6.48，变幅在5.9～7。pH>6.5出现频率为32.32%；pH在5.5～6.5出现频率是67.68%。

3. 有效磷　延寿县二级地土壤有效磷平均含量为33.07毫克/千克，变幅在10.5～99.4毫克/千克。含量>60毫克/千克出现频率为3.68%；含量在40～60毫克/千克出现频率为19.94%；含量在20～40毫克/千克出现频率为65.62%；含量在10～20毫克/千克出现频率为10.76%。

4. 速效钾　延寿县二级地土壤速效钾平均含量为59.68毫克/千克，变幅为14～202毫克/千克。含量大于200毫克/千克出现频率为0.18%. 含量在150～200毫克/千克出现频率为0.25%，含量在100～150毫克/千克出现频率为2.98%，含量在50～100毫克/千克出现频率为51.59%，含量在30～50毫克/千克出现频率为39.85%，含量<30毫克/千克出现频率为5.17%。

5. 全氮　延寿县二级地土壤全氮平均含量为2.04克/千克，变幅为0.73～5.32克/千克。含量>2.5克/千克出现频率为18.23%；含量在2～2.5克/千克出现频率为31.05%；含量在1.5～2克/千克出现频率为39.52%；含量在1～1.5克/千克出现频率为8.97%；含量在0.5～1克/千克出现频率为2.23%。

6. 全磷　延寿县二级地土壤全磷平均含量为1.22克/千克，变幅为0.7～克/千克。

7. 全钾　延寿县二级地土壤全钾平均含量为23.96克/千克，变幅为4.5～39.6克/千克。

8. 有效锌　二级地土壤有效锌平均含量为1.33毫克/千克，最低含量为0.01毫克/千克，最高含量为11.0毫克/千克。

9. 有效铁　二级地土壤有效铁平均含量为43.41毫克/千克，最低含量为18.16毫克/千克，最高含量为106.8毫克/千克。

10. 有效铜　二级地土壤有效铜平均含量为1.03毫克/千克，最低含量为0.17毫克/千克，最高含量为4.9毫克/千克。

11. 有效锰　二级地土壤有效锰平均含量为 29.3 毫克/千克，最低含量为 7.3 毫克/千克，最高含量为 95.8 毫克/千克。

12. 有效土层厚度　二级地土壤有效土层厚度平均为 17.1 厘米，变动范围为 7～55 厘米。

13. 成土母质　二级地土壤成土母质沉积或冲积母质和坡积母质组成。

14. 质地　二级地土壤质地由壤土和黏土组成，其中黏土占 88.49%；中壤土占 9.78%；松沙土占 1.72%。

15. 侵蚀程度　二级地土壤侵蚀程度无明显侵蚀到轻度侵蚀。

16. 高程　海拔高度一般在 168～413 米，平均值为 233.22 米。

17. 地貌构成　东西部平原，海拔 30～81 米，地面比降 1/800 地势平坦。土壤主要类型有草甸土、白浆土、黑土。土壤耕层浅，该区自然条件较好，光热水资源潜力大，有利于农业生产。

三、三 级 地

延寿县三级地面积为 32 192.08 公顷，占总耕地面积的 32.04%。其中分布面积最大的是玉河乡，面积为 6 111.96 公顷；其次是延河镇，面积为 5 769.16 公顷；最小的是太平川种畜场，面积为 865.4 公顷（附表 3－10 和附图 3－3）。

附表 3－10　延寿县三级地分布面积统计

乡（镇）	面积（公顷）	三级地（公顷）	占乡（镇）面积（%）	占三级地面积（%）
延寿镇	11 315.60	4 718.31	41.70	14.66
延河镇	13 405.12	5 769.16	43.04	17.92
寿山乡	8 568.76	2 974.94	34.72	9.24
安山乡	9 856.00	2 282.44	23.16	7.09
玉河乡	13 670.90	6 111.96	44.71	18.99
加信镇	9 727.51	1 790.55	18.41	5.56
青川乡	10 671.19	2 926.00	27.42	9.09
中和镇	5 949.05	1 090.61	18.33	3.39
六团镇	16 072.20	3 662.57	22.79	11.38
太平川种畜场	1 258.19	865.54	68.79	2.69
合计	100 494.52	32 192.08	32.04	100.00

从土壤组成看，延寿县三级地除黑土外，草甸土、白浆土、暗棕壤、沼泽土、泥炭土、新积土、水稻土 7 个土类均有分布。其中，白浆土面积最大，为 20 897.60 公顷；其次是草甸土，为 5 632.83 公顷（附表 3－11 和附图 3－4）。

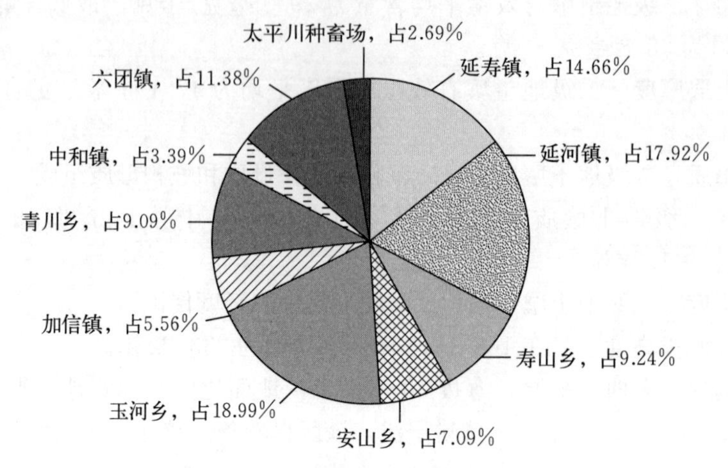

附图 3-3　延寿县三级地面积分布图

附表 3-11　延寿县三级地土壤分布面积统计

土类	面积（公顷）	三级地（公顷）	占本土类面积（%）	占三级地面积（%）
草甸土	28 460.30	5 632.83	19.79	17.50
白浆土	43 645.12	20 897.60	47.88	64.92
暗棕壤	4 933.14	4 734.89	95.98	14.71
沼泽土	3 032.32	361.46	11.92	1.12
泥炭土	1 696.38	3.51	0.21	0.01
黑土	5 328.19	0	0	0
新积土	9 820.67	187.96	1.91	0.58
水稻土	3 578.4	373.83	10.45	1.16
合计	100 494.52	32 192.08	32.04	100.00

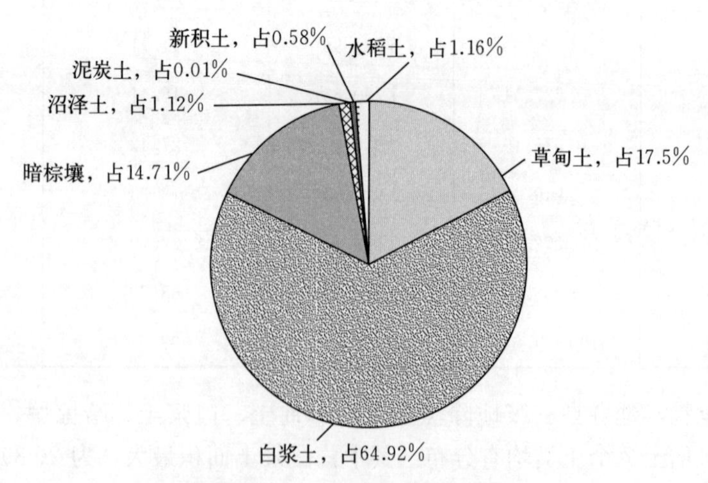

附图 3-4　三级地土壤分布图

根据土壤养分测定结果，各化学性质及物理性状总结见附表 3－12 和附表 3－13。

附表 3－12　三级地耕地土壤属性统计

项目	平均值	最大值	最小值
pH	6.47	7.00	5.90
有机质（克/千克）	31.70	49.70	8.10
有效磷（毫克/千克）	25.73	93.00	8.30
速效钾（毫克/千克）	47.66	132.00	2.00
有效锌（毫克/千克）	0.88	9.06	0.02
耕层厚度（厘米）	15.21	24.00	12.00
障碍层位置（厘米）	18.43	21.00	16.00
障碍层厚度（厘米）	20.12	29.00	3.00
海拔（米）	243.41	441.00	165.00
有效土层厚度（厘米）	18.40	46.00	7.00
容重（克/立方厘米）	1.15	1.42	0.51
全氮（克/千克）	1.87	4.90	0.63
全磷（克/千克）	1.16	1.90	0.70
全钾（克/千克）	24.24	39.50	4.40
有效铜（毫克/千克）	0.94	2.17	0.12
有效锰（毫克/千克）	29.06	95.80	4.40
有效铁（毫克/千克）	42.94	106.80	12.81
碱解氮（毫克/千克）	199.81	479.60	40.30

附表 3－13　三级地耕地土壤属性分布频率统计

单位：%

项目	一级	二级	三级	四级	五级	六级
pH	0	0	32.32	67.68	0	0
有机质	0	8.26	57.59	30.64	3.26	0.26
全氮	11.94	22.77	38.81	25.17	1.31	0
碱解氮	14.94	47.44	28.55	7.38	1.29	0.40
有效磷	1.31	5.00	61.69	31.79	0.22	0
速效钾	0	0	0.71	40.58	39.18	19.53
有效锌	6.44	7.50	20.65	36.60	28.81	0
质　地	26.76	0.95	70.37	1.91	0	0
	中壤土	重壤土	中黏土	轻黏土		

1. 有机质　延寿县三级地土壤有机质含量平均为 31.7 克/千克，变幅在 8.1～49.7 克/千克。含量在大于 40 克/千克出现频率为 8.26%；含量在 30～40 克/千克出现频率是

57.97%；含量在20～30克/千克出现频率为30.64%；含量在10～20克/千克出现频率为3.26%，含量小于10克/千克出现频率为0.26%。

2. pH 延寿县三级地土壤pH平均为6.47，变幅在5.9～7。pH>6.5出现频率为32.32%；pH在5.5～6.5出现频率是67.68%。

3. 全氮 延寿县三级地土壤全氮平均含量为1.87克/千克，变幅为0.63～4.9克/千克。含量>2.5克/千克出现频率为11.94%；含量在2～2.5克/千克出现频率为22.77%；含量在1.5～2克/千克出现频率为38.81%；含量在1～1.5克/千克出现频率为25.17%；含量在0.5～1克/千克出现频率为1.31%。

4. 碱解氮 延寿县三级地土壤碱解氮平均含量为199.81克/千克，变幅为40.3～479克/千克。含量在大于250克/千克出现频率为14.94%；含量在180～250克/千克出现频率为47.44%；含量在150～180克/千克出现频率为28.55%；含量在120～150克/千克出现频率为7.38%；含量在80～120克/千克出现频率为1.29%；含量<80克/千克出现频率为0.4%。

5. 有效磷 延寿县三级地土壤有效磷平均含量为25.73毫克/千克，变幅在8.3～93毫克/千克。含量>60毫克/千克出现频率为1.31%；含量在40～60毫克/千克出现频率为5.00%；含量在20～40毫克/千克出现频率为61.69%；含量在10～20毫克/千克出现频率为31.79%；含量在5～10毫克/千克出现频率为0.22%；含量<5毫克/千克出现频率为零。

6. 速效钾 延寿县三级地土壤速效钾平均含量为47.86毫克/千克，变幅为2～132毫克/千克。含量大于200毫克/千克出现频率为零，含量在150～200毫克/千克出现频率为零，含量在100～150毫克/千克出现频率为0.71%，含量在50～100毫克/千克出现频率为40.58%，含量在30～50毫克/千克出现频率为39.18%，含量<30毫克/千克出现频率为19.53%。

7. 全磷 延寿县三级地土壤全磷平均含量为1.16克/千克，变幅为0.7～1.9克/千克。

8. 全钾 延寿县三级地土壤全钾平均含量为24.24克/千克，变幅为4.4～39.5克/千克。

9. 有效锌 三级地土壤有效锌平均含量为0.88毫克/千克，最低含量为0.02毫克/千克，最高含量为9.06毫克/千克。

10. 有效锰 三级地土壤有效锰平均含量为29.06毫克/千克，最低含量为4.4毫克/千克，最高含量为95.8毫克/千克。

11. 有效铜 三级地土壤有效铜平均含量为0.94毫克/千克，最低含量为0.12毫克/千克，最高含量为2.17毫克/千克。

12. 有效铁 三级地土壤有效铁平均含量为42.94毫克/千克，最低含量为12.81毫克/千克，最高含量为106.8毫克/千克。

13. 有效土层厚度 三级地土壤有效土层厚度平均为18.4厘米，变动范围为7～46厘米。

14. 成土母质 三级地土壤成土母质由洪积、沉积或其他沉积物组成。

15. 质地 三级地土壤质地由中壤土、重壤土、中黏土和轻黏土组成，其中中壤土占

26.76%；重壤土占 0.95%；中黏土为 70.37%，轻黏土占 1.91%。

16. 侵蚀程度 三级地土壤侵蚀程度由微度、轻度组成。

17. 高程 海拔高度一般在 165～441 米，平均海拔为 243.41 米。

18. 地貌构成 地势盆状不平，地形细碎，有岗有沟，漫川漫岗，气候温凉，水土流失严重，岗地耕层薄，肥力差，风蚀面积大，地下水位低，水贫乏等。

四、四 级 地

延寿县四级地面积为 20 261.41 公顷，占总耕地面积的 20.16%。其中，分布面积最大的是六团镇，为 3 190.40 公顷；其次是玉河乡，面积为 2 923.12 公顷；最小的是太平川种畜场，面积仅为 78.6 公顷（附表 3－14 和附图 3－5）。

附表 3－14 延寿县四级地乡（镇）分布面积统计

乡（镇）	面积（公顷）	四级地（公顷）	占乡（镇）面积（%）	占四级地面积（%）
延寿镇	11 315.60	2 103.53	18.59	10.38
延河镇	13 405.12	2 737.74	20.42	13.51
寿山乡	8 568.76	978.21	11.42	4.83
安山乡	9 856.00	2 615.63	26.54	12.91
玉河乡	13 670.90	2 923.14	21.38	14.43
加信镇	9 727.51	2 130.12	21.90	10.51
青川乡	10 671.19	856.21	8.02	4.23
中和镇	5 949.05	2 647.83	44.51	13.07
六团镇	16 072.20	3 190.40	19.85	15.75
太平川种畜场	1 258.19	78.60	6.25	0.39
合计	100 494.52	20 261.41	20.16	100.00

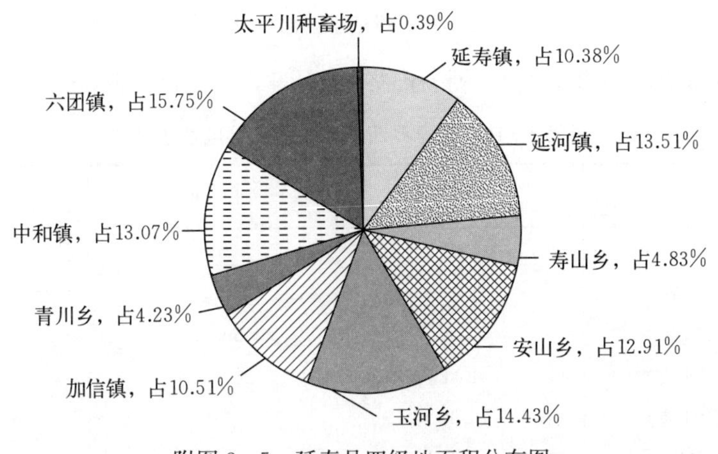

附图 3－5 延寿县四级地面积分布图

从土壤组成看，延寿县四级地除黑土和白浆土外，其余6个土类均有分布。其中，新积土面积最大，为9 632.71公顷；其次是草甸土，面积为2 862.15公顷；最小是暗棕壤，面积为198.25公顷（附图3-6）。

附表3-15　延寿县四级地土壤分布面积统计

土类	面积（公顷）	四级地（公顷）	占本土类面积（%）	占四级地面积（%）
草甸土	28 460.30	2 862.15	10.06	14.13
白浆土	43 645.12	0	0	0
暗棕壤	4 933.14	198.25	4.02	0.98
沼泽土	3 032.32	2 670.86	88.08	13.18
泥炭土	1 696.38	1 692.87	99.79	8.36
黑土	5 328.19	0	0	0
新积土	9 820.67	9 632.71	98.09	47.53
水稻土	3 578.4	3 204.57	89.55	15.82
合计	100 494.52	20 261.41	20.16	100.00

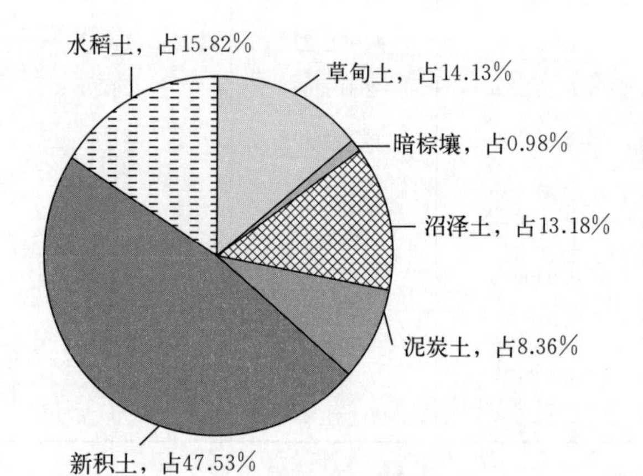

附图3-6　四级地土壤面积分布图

根据土壤养分测定结果，各评价指标总结见附表3-16和附表3-17。

附表3-16　延寿县四级地耕地土壤属性统计

项目	平均值	最大值	最小值
pH	6.48	7.10	5.90
有机质（克/千克）	31.89	56.90	6.00
有效磷（毫克/千克）	27.56	59.90	2.90
速效钾（毫克/千克）	51.32	200.00	6.00
有效锌（毫克/千克）	0.92	7.51	0.04
耕层厚度（厘米）	15.95	24.00	12.00

（续）

项目	平均值	最大值	最小值
障碍层位置（厘米）	18.58	21.00	16.00
障碍层厚度（厘米）	8.81	25.00	3.00
海拔（米）	232.96	373.00	168.00
有效土层厚度（厘米）	21.27	67.00	7.00
容重（克/立方厘米）	1.14	1.44	0.51
全氮（克/千克）	1.84	4.31	0.80
全磷（克/千克）	1.17	1.70	0.70
全钾（克/千克）	24.12	39.80	7.30
有效铜（毫克/千克）	0.97	2.51	0.19
有效锰（毫克/千克）	28.91	60.80	7.30
有效铁（毫克/千克）	43.48	75.39	6.51
碱解氮（毫克/千克）	195.96	418.60	72.50

附表 3-17　四级地耕地土壤属性分布频率

单位:%

项目	一级	二级	三级	四级	五级	六级
pH	0	0	26.50	73.50	0	0
有机质	0	14.57	52.62	29.43	3.29	0.09
全氮	8.48	23.95	48.91	17.20	1.47	0
碱解氮	11.26	45.19	32.19	9.46	1.73	0.17
有效磷	0	10.63	66.91	22.25	0.19	0.02
速效钾	0	0.87	1.54	49.97	28.75	18.86
有效锌	6.69	8.06	26.81	30.23	28.21	0
质地	3.47	22.48	71.12	2.93	0	0
	重壤土	中黏土	轻黏土	中壤土		

1. 有机质　延寿县四级地土壤有机质平均含量为 31.89 克/千克，变幅在 6～56.9 克/千克。含量>40 克/千克出现频率为 14.57%；含量在 30～40 克/千克出现频率是 52.62%；含量在 20～30 克/千克出现频率为 29.43%；含量在 10～20 克/千克出现频率为 3.29%，含量<10 克/千克出现频率为 0.09%。

2. pH　延寿县四级地土壤 pH 平均为 6.48，变幅在 5.9～7。pH 在 6.5～7.5 出现频率是 26.5%；pH 在 5.5～6.5 出现频率为 73.5%。

3. 有效磷　延寿县四级地土壤有效磷平均含量为 27.56 毫克/千克，变幅在 2.9～59.9 克/千克。含量>60 毫克/千克出现频率为零；含量在 40～60 毫克/千克出现频率为

10.63%；含量在20～40毫克/千克出现频率为66.91%；含量在10～20毫克/千克出现频率为22.25%，含量在5～10毫克/千克出现频率为0.19%，含量<5毫克/千克出现频率为0.02%。

4. 速效钾 延寿县四级地速效钾平均含量为51.32毫克/千克，变幅为6～200毫克/千克。含量在150～200毫克/千克出现频率为0.87%，含量在100～150毫克/千克的为1.54%，含量在50～100毫克/千克出现频率为49.97%，含量在30～50毫克/千克出现频率为28.75%，含量<30毫克/千克出现频率为18.86%。

5. 全氮 延寿县四级地土壤全氮平均含量为1.84克/千克，变幅为0.8～4.31克/千克。含量大于2.5克/千克出现频率为8.48%；含量在2～2.5克/千克出现频率为23.95%；含量在1.5～2克/千克出现频率为48.91%；含量在1～1.5克/千克出现频率为17.2%，含量在0.5～1克/千克的为1.47%。

6. 全磷 延寿县四级地全磷平均含量为1.17克/千克，变幅为0.7～1.7克/千克。

7. 全钾 延寿县四级地全钾平均含量为24.12克/千克，变幅为7.3～39.8克/千克。

8. 有效锌 四级地土壤有效锌平均含量为0.92毫克/千克，最低含量为0.04毫克/千克，最高含量为7.51毫克/千克。

9. 有效铁 四级地土壤有效铁平均含量为43.48毫克/千克，最低含量为6.51毫克/千克，最高含量为75.39毫克/千克。

10. 有效铜 四级地土壤有效铜平均含量为0.97毫克/千克，最低含量为0.19毫克/千克，最高含量为2.51毫克/千克。

11. 有效锰 四级地土壤有效锰平均含量为28.91毫克/千克，最低含量为7.3毫克/千克，最高含量为60.8毫克/千克。

12. 有效土层厚度 四级地土壤有效土层厚度平均为21.27厘米，变动范围为7～67厘米。

13. 成土母质 四级地土壤成土母质由岩石半风化物、冲积质、沉积坡积母质组成。

14. 质地 四级地土壤质地由轻黏土、中黏土组成，其中重壤土占3.47%，中黏土占22.48%。轻黏土占71.12%，中壤土占2.93%。

15. 侵蚀程度 四级地土壤侵蚀程度由无明显、轻度、中度组成。

16. 高程 海拔高度一般在168～373米，平均为232.96米。

17. 地貌构成 四级地土壤地貌构成由侵蚀剥蚀浅山、丘陵漫岗、侵蚀剥蚀低丘陵、起伏的冲积洪积台地与高阶地、河漫滩、倾斜的侵蚀剥蚀高台地、平坦的河流高阶地、侵蚀剥蚀小起伏低山、高河漫滩、倾斜的河流高阶地地貌构成。

第四节　土壤存在的问题

一、土壤养分贫瘠

由于延寿县大豆种植面积连年居高不下，导致大豆重迎茬面积过多，造成土壤养分单一、贫瘠。重迎茬面积年均在30 000公顷以上，主要集中在青川乡、延寿镇、延河镇、六团镇、安山乡、玉河乡、寿山乡，因此实行合理轮作势在必行。

土壤有机质逐年下降，增加土壤有机质问题亟待解决。

二、土壤沙化和黏化

延寿县土壤沙化面积逐年增大，集中表现在玉河乡、寿山乡，面积为 1 000 公顷。

三、土壤流失状况

在暗棕壤区有较严重的水土流失现象。据统计延寿县水土流失面积为 3 000 公顷，约占全县面积的 10.27%。由于乱砍滥伐天然次生林和不合理的开荒更加剧了坡耕地的水土流失速度和强度。主要体现在寿山乡南部村屯，因这些村屯耕地坡度较大而造成的。

四、土层浅薄

由于延寿县机械化程度较高，机械农田作业频繁，使犁底层上升，耕层变薄，全县面积达到 65 000 公顷。

第五节　延寿县耕地土壤改良利用目标

一、总体目标

（一）粮食增产目标

延寿县是黑龙江省粮食的主产区和国家重要的商品粮生产基地，粮食总产量约 3.5 亿千克。本次耕地地力评价结果显示，延寿县中低产田土壤还占有相当的比例，另外高产田土壤也有一定的潜力可挖，因此增产潜力十分巨大，若通过适当措施加以改良，消除或减轻土壤中障碍因素的影响，可使低产变中产，中产变高产，高产变稳产甚至更高产。如果按地力普遍提高一个等级（保守数字），每公顷增产粮食 750 千克计算，延寿县每年可增产粮食 6 000 万千克，这样每年粮食总产可达到 4 亿千克以上。

（二）生态环境建设目标

延寿县耕地土壤在开垦初期，农田生态系统基本上处于稳定状态，然而在新中国成立以后到 20 世纪 80 年代以前的一段时间里，由于“以粮为纲”，过度开垦并采取掠夺式经营，致使生态系统遭到了极大的破坏，导致风灾频繁、旱象严重、水土流失加剧。当前生态环境建设的目标是恢复建立稳定复合的农田生态系统，依据这次耕地地力评价结果，下决心调整农、林、牧结构，彻底改变单纯种植粮食的现状，对坡度大、侵蚀重、地力瘠薄的部分坡耕地要坚决退耕还林还草，此外要大力营造农田防护林，完善农田防护林体系，增加森林覆盖率，这样就使农田生态系统与草地生态系统以及森林生态系统达到合理有机的结合，进而实现农业生产的良性循环和可持续发展。

（三）社会发展目标

延寿县是农业大县，农民的收入以种植业和畜牧业为主。依据这次耕地地力评价结果，针对不同土壤的障碍因素进行改良培肥，可以大幅度提高耕地的生产能力，巩固延寿县国家商品粮基地地位。同时通过合理配置和优化耕地资源，加快种植业和农村产业结构调整，发展粮区畜牧业，可以提高农业生产效益，增加农民收入，全面推进延寿县农村建设小康社会进程。

二、近期目标

本着先易后难、标本兼治、统一规划、综合治理的原则，确定延寿县耕地土壤改良利用近期目标是：从 2011 年，利用 5 年时间，建成高产稳产标准良田 9 000 公顷，使单产平均达到 8 000 千克/公顷。

三、中期目标

2016—2021 年，利用 5 年时间，改造中产田土壤 31 000 公顷，使其大部分达到高产田水平，单产达到 7 500 千克/公顷。

四、远期目标

2022—2027 年，利用 5 年时间，改造低产田土壤 45 000 公顷，使其大部分达到中产田水平，单产超过 6 000 千克/公顷，另外还要退耕还林还草 5 000 公顷，将不适合农业用地坚决退出耕地序列。

第六节　延寿县土壤改良的主要途径

延寿县土地资源丰富，土壤类型较多，生产潜力很大，对农、林、牧、副、渔各业的全面发展极为有利。但是，由于自然条件和人为等因素的影响，有些地方土壤利用不太合理，上面已经提到了延寿县土壤存在的一些问题，这些都是问题的主要方面。但目前多数土壤还存在着许多不被人们所重视的程度不同的限制因素，因此，要尽快采取有效措施，全面规划、改良、培肥土壤，为加速实现农业现代化打下良好的土壤基础。下面将土壤改良的主要途径分述如下：

一、大力植树造林，建立优良的农田生态环境

人类开始农事活动的历史经验证明，森林是农业的保姆，林茂才能粮丰，是优良农田生态环境的集中表现形式。目前延寿县的森林覆盖率和农田防护林的覆盖率很低，只有 18.3%，基础太差，风灾年年发生，因此造林必须有个长足的大发展。为了驯服风沙、保

持水土、为了涵养水源、调节气候、解放秸秆，都必须造林。要造农田防护林、水土保持林、水源涵养林、堤防渠道林等起到抗灾、保收、增产多种作用的森林。要林网化，绿化“三田”“四旁”，同时搞好育苗，各乡（镇）都要拿出一定数量的土地作为育苗基地。本着延寿县的实际情况，在大力发展植树造林的基础上，结合筑路、治水建设“三田”工程，造林要紧紧跟上。在三五年内全县森林覆盖率要达到20%以上，农田防护林覆盖率达到4.8%以上，这样就会使全县林业发生很大变化，农田生态就会大改善，随之而来的将会出现一幅林茂粮丰的大好景象。

二、改革耕作制度实行轮作耕法

延寿县地处黑龙江省东北部，地处三江平原下游，属于大陆性季风气候，合理耕作可以保持和提高土壤肥力，因此要实行大豆、玉米、经济作物三区轮作，同时要大力发展水稻种植面积。

（一）深翻、深松、耙地相结合整地

翻、耙、松相结合整地，有减少土壤风蚀、增强土壤蓄水保墒能力、提高地温、一次播种保全苗等作用。

翻地最好是秋翻，没有条件的也可以进行春翻，争取春季不翻土或少翻土。秋翻可接纳秋雨水，蓄在土壤里，有利蓄水保墒。春季必须翻整的地块，要安排在低洼保墒条件较好的地块，早春顶凌浅翻或顶浆起垄，再者抓住雨后抢翻，随翻随耙，随播随压，连续作业。

耙茬整地是抗旱耕作的一种好形式，我们要积极应用这一整地措施，耙茬整地不直接把表土翻开，有利保墒，又适于机械播种。

深松是整地的一种辅助措施，能起到加深土壤耕作层、打破犁底层、疏松土壤、提高地温、增加土壤蓄水能力的效果。要想使作物吃饱、喝足、住得舒服、抗旱抗涝、风吹不倒，必须加厚活土层，尽量打破犁底层或加深犁底层的部位。为此，深松是完全必要的，是切实可行的。根据深松耕法的经验表明，90%以上的深松面积增产幅度在8%～10%。深松如果能与旱灌结合起来效果更好。尤其是延寿县范围内，应积极应用深松耕法，改变土壤干、瘦、硬和耕层薄、犁底层厚不良性状。

（二）积极推广应用机械播种

机械播种是抗春旱、保全苗的主要措施之一。在延寿县地势平坦的东部乡（镇）地块，便于机械作业。最好是土地规模经营，采用大型播种机械，做到开沟、播种、施肥（化肥）、覆土、镇压一次完成，防止跑墒。机械播种还有播种适时、缩短播期、株距均匀、小苗生长一致等优点。

（三）因土种植，合理布局

根据延寿县土壤情况，东部平原地区要在稳定玉米面积的同时适当提高水稻播种面积；中部丘陵漫岗区除以玉米为主外，还要提高大豆面积，最好做到玉米、大豆合理轮作；西北部地区，粮食作物应以玉米、杂粮为主，经济作物以大豆、葵花、马铃薯为主，逐步建立起玉米、杂粮、经济作物轮作制。同时要把种植绿肥纳入轮作制中，对延寿县不

适宜播种的瘠薄坡耕地、易涝地一定要采取退耕还林或还草政策。

三、增加土壤有机质培肥土壤

土壤有机质是作物养料的重要供给源，增加土壤有机质是改土肥田、提高土壤肥力的最好途径。不断地向土壤中增加新鲜有机质，能够改善土壤质地，增强土壤通气透水性能，提高地温，促进微生物活动，有利速效养分的释放，满足作物生长发育的需要。

（一）种植绿肥饲草肥田

种草和种植绿肥生产近年来在延寿县已经列入生产项目之中，但仅限于在农业、畜牧业、水利部门的零星种植，缺乏统一规划。无论是农业种植绿肥，畜牧种植的牧草、水利种植的护坡护沟草本植物都不同程度起到增加土壤有机质作用。

据测定种绿肥牧草第一年增加土壤有机质0.062%，第二年增加0.071 2%，第三年增加有机质0.091 4%，平均每年增加土壤有机质0.074 8%，相当于每公顷地耕层增加有机质1 683千克，相当于每公顷地施10%有机质含量的优质有机肥15 000千克。另外，每公顷地产鲜根按7 500千克计算，可固定氮素112.5千克，除33.5%自身生长外，每公顷遗留氮素75千克，相当每公顷增施尿素187.5千克。又每公顷产鲜草15 000千克，每6千克鲜草增加土壤有机质0.5千克，则增加土壤有机质0.04%。所以每500千克鲜草氮磷钾含量相当于15千克硫酸铵、6千克过磷酸钙和6千克硫酸钾。除了直接利用根茬肥田，大量的地上部用来养畜，更是一笔大的收入，而且形成一个生物良性循环，即种草养畜肥田，形成了肥田增产增收的新的结构。应该有一个统一规划，按不同土壤，不同地形，采取不同种植方式，以期起到增加肥力，形成生态平衡、新的生物结构，改良土壤培肥地力的作用。农业生产中，以粮草间、轮、套作为主，利用豆科绿肥作物地上部和地下部，改善土壤的有机物和无机物状况，创造一个新的生态环境，增加土壤有机质，改善土壤贫瘠的状况。

对于一些土层薄多砾石的高部位的暗棕壤和白浆土，平原地区的浅位沙砾底草甸土宜采取清种草木樨、沙打旺、紫花苜蓿等绿肥饲草，坡度小水土流失不严重地块可以粮、草轮作，即一年作物，二年种草。对于草甸暗棕壤、中层草甸土，可采取间种形式，玉米-草木樨间作。既有利于调整作物的比例，又有利于农牧业发展，形成新的生态系统，调整农业内部结构。粮草间作、粮草轮作，符合延寿县的实际，影响土壤培肥、改变生态系统的作用大、面宽。将多采取间作的形式，特别是对于农业部门，应将注意力转移到粮草间作方面来。

（二）增施农肥

增施优质农肥，才能补充不断下降的土壤有机质。据记载土壤有机质按0.1%的速率下降，如果每公顷施用10%有机质含量的农肥，每公顷需22 500千克，才能维持土壤有机质的平衡。因此从培肥地力的角度，必须每年施入优质农肥，达到土壤肥力不减，获得高额的产量。

从延寿县现时农业生产水平衡量，一是农肥质量不高，有的地方粪肥有机质含量低于6%；二是数量不足，目前延寿县平均公顷不足1 000千克；三是施肥年份不多，时有时无，更有边远地块从开垦尚没有施过肥。了解土壤对有机质肥料需求的迫切性，更应引起生产者对农牧相依相辅共同发展关系的注意。所以增施有机农肥，走农牧结合道路，提升耕地质量具有必要性和迫切性。

(三) 配方施肥

配方施肥是在以施用有机肥为基础的前提下，根据土壤的供肥性能和作物需肥规律，提出氮、磷、钾和中微量元素的适宜比例、适宜用量和施肥方法。通过采用测土施肥技术可以解决目前农民盲目施肥、经验施肥问题，做到作物缺什么补什么、缺多少补多少、什么时间缺，什么时间补。

(四) 大力发展秸秆还田

秸秆还田是增加土壤有机质、提高土壤肥力的重要手段之一，它对土壤肥力的影响是多方面的，既可为作物提供各种营养，又可改善土壤理化性质。据试验秸秆还田一般可增产 10%左右。抓住当前国家、黑龙江省的有机质提升项目有利契机，广泛宣传，大力推广秸秆还田技术，走种地与养地相结合的道路。秸秆还田最好结合每公顷增施氮肥 55 千克，磷肥 35 千克，以调节微生物活动的适宜碳氮比，加速秸秆的分解。目前，要把秸秆还田作为农业基本建设的一项内容和提高土壤有机质的一项重要措施来抓，为在全县逐步实行秸秆还田创造条件。

第七节　延寿县耕地土壤改良利用对策及建议

农业生产实践过程中，常常把相近似的自然条件和生产水平、种植种类以及生产发展方向归纳成组合，或称之为区域。这对生产活动和生产发展有一定指导意义。土壤改良利用分区，便是把相同土类，相同的土壤利用途径，相近似的改良方式，纳为同一区，以便发挥土壤资源的利用价值。

土壤分区是结合利用改良，综合地形、水文、气候、植被等特点进行，以便于农、林、牧、副、渔各业充分利用土壤资源，合理布局；为因地制宜的评土改土、合理施肥、建设高产稳产农田服务；为部署科学研究利用土壤和科学种田提供依据。

一、分区原则

1. 土壤的成土因素相同，自然地理等条件基本一致。
2. 限制因素大同小异，改良治理措施基本一致。
3. 利用改良相结合，利用方便，有利于重点发展。
4. 利用现状和土壤肥力相似，基本保持土壤类型的一致性。

依据上述原则，将延寿县土壤划分为以下 4 区：

1. 蚂蜒河流域泛滥土宜农宜牧区。
2. 沿河平原草甸土、草甸白浆土宜农区。
3. 丘陵漫岗白浆土宜农、宜牧、宜林区。
4. 低山丘陵暗棕壤宜林区。

二、分区概述

（一）蚂蜒河流域泛滥土宜农宜牧区

该区分布在蚂蜒河沿岸河谷平原，地势低平，面积 17 845.3 公顷，占全县总面积的 5.5%。耕地较多，也零星分布着低洼的草地。土壤速效养分较高，气候温暖，水源充沛，有利于以农为主，农牧结合的发展农业生产。

（二）沿河平原草甸土，草甸白浆土宜农区

该区分布在沿河两岸平原，地势较为平坦。草甸土和草甸白浆土面积 10 886.01 公顷，占全县总土地面积的 23%，耕地较多。主要土壤有草甸土、草甸白浆土、沼泽土。该区土地潜在肥力高，气候温暖，水源充足，适于一季作物生长，适合种植业的发展。该区是延寿县高产土壤的主要分布区。宜于建设高产稳产农田，建成商品粮基地。

（三）丘陵漫岗白浆土宜农、宜牧、宜林区

该区分布在丘陵漫岗和平原之间的过渡地带。坡度较缓，一般 5°～10°，面积 107 324.6公顷，占全县总土地面积的 34%，耕地较多，地形起伏，地貌类型为丘陵漫岗和沟谷平地。土壤主要有白浆土、黑土、草甸土。这里气候条件较好，水源比较丰富，宜于发展以农为主，农林牧并重的农业生产，由于开发时间较长，土壤侵蚀较为严重，加上养用失调，土地肥力减退，耕性变坏，低产耕地面积较大，所以要采取综合措施，抓紧改良治理，加速改造低产田建设成为农林牧齐发展的高产稳产区。

（四）低山丘陵暗棕壤宜林区

该区分布在南北山区和零星的漫岗平地的“林岛”，面积 117 131.7 公顷，占全县总面积的 37.4%，主要土壤有暗棕壤、白浆土和部分的草甸土，成土母质为岩石风化的坡积残积物。土壤质地疏松，黑土层薄，但是物理性状好，土壤肥力较高，降水量较大，地下水资源不足。山区坡度大，宜于发展林业生产，远山区坡度较缓，可以适当发展种植业，大力发展畜牧业和多种经营生产（附表 3－18）。

附表 3－18　土壤资源分区情况

分区	Ⅰ区：蚂蜒河流域泛滥土宜农宜牧区	Ⅱ：沿河平原草甸土、草甸白浆土宜农区	Ⅲ：丘陵漫岗白浆土宜农、宜牧、宜林区	Ⅳ：低山丘陵暗棕壤宜林区
地貌	低河漫滩	高河漫滩一级阶地	丘陵漫岗	低山丘陵
土壤	泛滥土	草甸土、草甸白浆土、沼泽土	白浆土、黑土、草甸土	暗棕壤、草甸土
植被	小叶樟、杂草、作物	小叶樟、杂草、农作物	杂草、农作物、针阔混交林	针阔混交林、杂草
水资源	天然降水充足，地下水资源为富水型	天然降水充足，地下水资源为富水型	天然降水充足，地下水资源为中等富水	天然降水充足，地下水资源不足

（续）

分区	Ⅰ区：蚂蜒河流域 泛滥土 宜农宜牧区	Ⅱ：沿河平原草甸土、 草甸白浆土 宜农区	Ⅲ：丘陵漫岗白浆土 宜农、宜牧、宜林区	Ⅳ：低山丘陵 暗棕壤 宜林区
≥10 ℃ 积温	2 200～2 400 ℃	2 200～2 400 ℃	2 100～2 300 ℃	2 000～2 200 ℃
降水量	550 毫米	550 毫米	610 毫米	760 毫米
无霜期	115～125 天	115～125 天	105～115 天	100～110 天
面积	17 512 公顷	72 573.4 公顷	107 325 公顷	117 984 公顷
利用方向	以农为主、农牧结合	以农为主	以农为主、 农林牧并重	以林为主、农林牧 综合发展

三、建　　议

（一）加强领导、提高认识，科学制订土壤改良规划

进一步加强领导，研究和解决改良过程中重大问题和困难，切实制订出有利于粮食安全，农业可持续发展的改良规划和具体实施措施。财政、金融、土地、水利、计划等部门要协同作战，全力支持这项工作。鼓励和扶持农民积极进行土壤改良，兼顾经济、社会、生态效益，促使土壤良性循环，为今后农业生产奠定坚实基础。

（二）加强宣传、培训，提高农民素质

各级政府应该把耕地改良纳入工作日程，组织科研院所和推广部门的专家，对农民进行专题培训，提高农民素质，使农民深刻认识到耕地改良是为子孙后代造福，是一项长远的增强农业后劲的一项重要措施，农民自发的积极参与土壤改良，才能使这项工程长久地坚持下去。

（三）加大建设高标准良田的投资力度

以振兴东北工业基地为契机，来振兴东北的农业基地，实现工农业并举。中央财政、省市财政应该对延寿县这样的产粮大县给予重点资金支持，完善水利工程、防护林工程、生态工程、科技示范园区等工程的设施建设，防止水土流失。实现“藏粮于土”粮食安全的宏伟目标。

（四）建立耕地质量监测预警系统

为了遏制基本农田的土壤退化、地力下降趋势，国家应立即着手建设黑土监测网络机构，组织专家研究论证，设立监测站和监测点，利用先进的卫星遥感影像作为基础数据，结合耕地现状和 GPS 定位观测，真实反映出延寿县土壤整体的生产能力及其质量的变化。

（五）建立耕地改良示范园区

针对各类土壤障碍因素，建立一批不同模式的土壤改良利用示范园区，抓典型、树样板，辐射带动周边农民，推进土壤改良工作的全面开展。

附录4　延寿县耕地地力评价与种植业结构调整

一、概　　况

延寿县自土地承包到户以来，随着种植品种、种植结构和种植模式的改变，土壤结构发生很大的变化，延寿县开展耕地地力与种植业布局专题调查，目的是了解土壤肥力状况，科学指导农业生产，使延寿县农业向着良性、可持续方向发展。

延寿县是以农业为主的县份，1986 年耕地面积为 45 523 公顷，粮豆薯总产 194 809 吨，截至 2 007 年，各乡（镇）现有耕地面积 92 446.47 公顷，农业在县域经济中占很大比重，水稻是主要栽培作物，2007 年各乡（镇）水稻播种面积 37 470.00 公顷，占全县各乡（镇）总耕地面积的 49.1%，从面积和产量上都有较大的提高。但由于大豆的连年种植，致使大豆单产一直保持在较低水平，2010 年政府鼓励农户种植水稻和玉米，降低大豆的种植面积来调整产业结构，实现种植业的合理轮作，用以促进农民增产增收。

二、开展专题调查的背景

（一）延寿县种植业布局的发展

从延寿县种植业发展情况看，大致分为两个阶段。

1. 家庭承包经营前　多以生产队形式进行集体化耕作，种植业布局以粮食作物和经济作物为主，在一定程度上能够做到合理轮作。

2. 家庭承包经营后　随着新品种和新技术的应用，粮食单产有了大幅提高，但也存在作物由多元化向简单化方向转变。具体表现为：大豆种植面积不断加大，轮作体系被破坏。虽然新的品种和技术的不断应用，水稻单产水平近年来始终维持在每亩 500 千克左右，如遇不利的气象条件，单产呈大幅下滑的趋势。

（二）开展专题调查的必要性

土壤是农作物赖以生存的基础，土壤理化性状的好坏，直接影响作物的产量。因此，开展耕地地力调查，查清耕地的各种营养元素的状况，做出作物适宜性评价结果图。科学指导农业生产，实现农业良性发展，确保粮食安全，为国家千亿斤粮食工程的顺利实现提供保障。

开展耕地地力调查，了解土壤的养分状况，实现平衡施肥，避免盲目施肥带来的产量降低、肥料利用率差和污染环境等一系列问题。可在等量或减少化肥投入情况下提高作物产量，达到节本增效的目的。可提高化肥利用率，防治地下水被污染，提高环境保护质量，对发展生态农业和绿色食品生产都具有一定的益处，能最大限度地保证农业收入的稳步增加。

开展耕地地力调查，为农业提供合理布局，降低由于不良的栽培习惯给农业带来的风险，促进农民增收。近些年，农民在自己的土地上栽培作物的单一化，以及过度依赖化肥，化肥的投入量逐年增加，给土壤环境造成破坏，土壤的养分状况失衡，土壤板结现象日趋严重。做好地力调查，可充分了解土壤状况，降低农民在农业中的过度投入，降低生产成本，真正实现农民增收的目标。

三、专题调查的方法与内容

采用耕地地力调查与测土配方施肥工作相结合，依据《全国耕地地力调查与质量评价技术规程》规定的程序及技术路线实施的。利用延寿县归并土种后的数据的土壤图、基本农田保护图和土地利用现状图叠加产生的图斑作为耕地地力调查的调查单元。延寿县耕地面积为 100 494.52 公顷，样点布设基本覆盖了全县所有的土壤类型。土样采集是在作物成熟收获后进行的。在选定的地块上进行采样，每 66.67 公顷地布一个点，采样深度为 0～20 厘米，每块地平均选取 7～15 个点混合一个样，用四分法留取土样 1 千克做化验分析，并用 GPS 定位仪进行定位。

四、调查结果与分析

延寿县主要土壤类型为草甸土、白浆土、黑土、新积土、暗棕壤、水稻土等，其中，草甸土面积为 28 460.3 公顷，占总耕地面积的 28.32%；白浆土面积为 43 645.12 公顷，占总耕地面积的 43.42%；黑土面积 5 328.19 公顷，占总耕地面积的 5.30%；新积土面积9 820.67公顷，占总耕地面积的 9.77%；暗棕壤面积为 4 933.14 公顷，占总耕地面积的 4.91%；水稻土面积为 3 578.4，占总耕地面积的 3.57%；沼泽土面积为 3 032.32 公顷，占总耕地面积的 3.02%；泥炭土面积为 1 696.38 公顷，占总耕地面积的 1.69%。本次耕地地力调查与评价将延寿县耕地划分为 4 个等级，各等级分布情况见附表 4－1。

附表 4－1　各土类不同地力等级面积统计

单位：公顷

土类	耕地面积	一级	二级	三级	四级
草甸土	28 460.30	17 247.62	2 717.70	5 632.83	2 862.15
白浆土	43 645.12	0	22 747.52	20 897.60	0
暗棕壤	4 933.14	0	0	4 734.89	198.25
沼泽土	3 032.32	0	0	361.46	2 670.86
泥炭土	1 696.38	0	0	3.51	1 692.87
黑土	5 328.19	3 163.19	2 165.00	0	0
新积土	9 820.67	0	0	187.96	9 632.71
水稻土	3 578.40	0	0	373.83	3 204.57
合计	100 494.52	20 410.81	27 630.22	32 192.08	20 261.41

由附表 4－1 看出，延寿县耕地土壤的等级在下降。20 世纪 80 年代初，延寿县土壤

有机质含量较为丰富，速效养分高，一级地面积较大，但现有耕地调查显示三级地的面积占较大比重，一级地的面积在下降（附表 4-2）。

附表 4-2　延寿县各乡（镇）不同地力等级面积统计

单位：公顷

乡（镇）	面积	一级地	二级地	三级地	四级地
延寿镇	11 315.60	2 501.68	1 992.08	4 718.31	2 103.53
延河镇	13 405.12	1 409.27	3 488.95	5 769.16	2 737.74
寿山乡	8 568.76	852.07	3 763.54	2 974.94	978.21
安山乡	9 856.00	1 966.42	2 991.51	2 282.44	2 615.63
玉河乡	13 670.90	2 425.45	2 210.35	6 111.96	2 923.14
加信镇	9 727.51	3 793.33	2 013.51	1 790.55	2 130.12
青川乡	10 671.19	1 680.98	5 208.00	2 926.00	856.21
中和镇	5 949.05	1 552.71	657.90	1 090.61	2 647.83
六团镇	16 072.20	3 971.10	5 248.13	3 662.57	3 190.40
太平川种畜场	1 258.19	257.80	56.25	865.54	78.60
合计	100 494.52	20 410.81	27 630.22	32 192.08	20 261.41

延寿县土壤有机质含量在 1982 年时，平均值为 37.9 克/千克，但到 2011 年下降到 33.98 克/千克，降低 3.92 克/千克，降幅 11%。综合看来，土壤各方面的性状部分呈下降的趋势（附表 4-3）。

附表 4-3　2010 年延寿县不同等级耕地相关属性平均值

项目	一级地	二级地	三级地	四级地
pH	6.49	6.48	6.47	6.48
有机质（克/千克）	33.98	34.01	31.70	31.89
有效磷（毫克/千克）	33.06	33.07	25.73	27.56
速效钾（毫克/千克）	49.40	59.68	47.66	51.32
有效锌（毫克/千克）	0.91	1.33	0.88	0.92
全氮（克/千克）	1.88	2.04	1.87	1.84
全磷（克/千克）	1.16	1.22	1.16	1.17
全钾（克/千克）	24.44	23.96	24.24	24.12
有效铜（毫克/千克）	1.02	1.03	0.94	0.97
有效锰（毫克/千克）	32.58	29.30	29.06	28.91
有效铁（毫克/千克）	45.94	43.41	42.94	43.48
碱解氮（毫克/千克）	201.05	196.67	199.81	195.96

五、延寿县种植业布局

种植业是延寿县域经济的重要组成部分，在县域经济中占较大比重，纵观延寿县农业发展，耕地面积在不断扩大，粮食单产和总产都有较大的提升，土地经营向规模化和产业化逐步迈进，为适应新形势下市场的需求，种植业结构在不断发生变化。

（一）二十世纪八十年代后延寿县种植业结构情况

1. 水稻　延寿县水稻种植可追溯到1923年，至2005年，已有82年种植历史。1983年水稻旱育稀植栽培技术传入延寿，当年亩产318.5千克，创延寿水稻亩产历史记录，此后水稻种植面积剧增。1986年达到14 709.7公顷，位居三大主栽作物之首。种植区域主要分布在蚂蜒河、亮珠河两河流域。随着水利设施的增加和机电井的开发，到1990年，水稻种植已遍布全县各乡（镇）。水稻新品种不断引进，种植新技术不断应用，亩产逐年提高。2000年，全县水稻种植面积16 162公顷，亩产608千克。2005年，种植面积增至32 287公顷，是1986年的2.2倍，亩产495.6千克，是1986年的1.6倍。

2. 玉米　延寿县三大主栽作物之一。至2005年境内已有144年种植史。由于耕作粗放、种子退化，亩产长期在150千克左右徘徊。1986年种植面积14 169.8公顷，亩产提高到304千克，主要品种为龙召一号、龙单5号。主要栽培方法为刨埯穴种、机械点播、大垄双覆，各乡（镇）均有大面积种植。1998年亩产达到549千克，总产102 485吨，为历史高峰期。1999年，种植结构调整，玉米种植面积减少。2000年玉米种植面积10 483公顷，总产61 279吨。2001—2005年种植面积在1万公顷至1.133万公顷之间，品种以饲料型为主，2005年亩产486千克。

3. 大豆　延寿三大主栽作物之一，境内种植历史悠久，遍布全县。1986年种植面积14 201.7公顷，亩产134千克，总产28 666吨，主栽品种绥农14、黑农43。主要采用垄三栽培技术。1987年开始，诸多丰产素在大豆种植上广泛应用，缓解了重迎茬，种植面积增加。1993年后，实行精量点播、优化配方施肥、药物防病除草灭虫，产量提高明显。1997年，种植面积17 307公顷，亩产154.5千克，亩产创历史纪录。2000年，全县推广高油大豆。2003年，全县种植大豆17 289公顷，2004年31 704公顷，2005年31 755.7公顷。

4. 其他物作物

（1）小麦：至2005年境内有89年种植史。1958—1983年，全县年平均种植2 000公顷左右。家庭联产承包后，面积逐年减少。1986年，只有太安、玉河、青川、平安等乡（镇）的边远村屯种植700多公顷。1996年在全县绝种。

（2）高粱：20世纪50～60年代，种植面积在4 000～6 000公顷。家庭联产承包后，随着农业机械化程度的提高，大牲畜饲养量下降，作为饲养作物的高粱逐渐淡出延寿农作物行列。1986年种植160公顷，2005年仅存45公顷。

（3）谷子：1986年全县种植293公顷，1995年绝种。

（4）杂粮：境内杂粮主要是糜子和荞麦。1986年全县种植杂粮11 943亩，亩产111千克，总产1 329吨。2000年种植458公顷，亩产114千克，总产7 820吨。2005年种植

482公顷，亩产76千克，总产546吨。

（5）杂豆：1992年全县种植155.3公顷，亩产83.5千克，2005年种植133.3公顷，亩产153千克，总产306吨。

（二）在种植业结构调整中应以优化品种、扩大规模、增加效益为主要方向

1. 种植结构调整 1986年以前，种植结构单一，以粮为主。粮豆薯总面积45 523.3公顷，占全县播种总面积78.5%。其中玉米、水稻、大豆三大作物种植面积43 083公顷，占粮豆薯总面积94.6%。从1987年开始，以"促进农村经济全面发展"为指导方针，压缩粮食作物，扩大麻、烟、瓜果、蔬菜等经济作物种植面积，发展饲料作物。1988年，经济作物种植面积7 847.27公顷，占粮豆薯总面积18.7%。逐步建立起粮、经、饲三元种植结构。1994—2000年，以市场为导向，发展"两高（高产高效）一优（优质）"农业，"稳水稻、减大豆、增玉米、保烤烟，扩大经济作物"，推进经济结构型调整。水稻发展绿色无公害优质米，玉米按饲料专用型、食用型优化结构，大豆按油脂型、豆制品型优化种植；经济作物扩大亚麻、烤烟、万寿菊、两瓜、蔬菜、青饲料种植面积。2001—2005年，按照"以市场为导向、实现农业增产、农民增收、集体增值、农村稳定"的方针调整种植结构，向绿色、专用、特色型转变。到2005年，全县粮、经、饲三元种植比例调整为5∶2∶3，经济作物比1986年增长16个百分点。

2. 农业内部结构调整 从1989年开始，延寿县加快发展以畜牧业为主的多种经济生产。通过引进繁育优良品种、实行科学养殖、规模生产、集约经营等措施，使全县畜牧养殖业得到平衡发展。到2005年，全县猪、牛、禽饲养量分别达到15万头、2.5万头、4万头、84.5万只，畜牧业产值实现1.86亿元；全县养鱼水面19 800公顷，水产品产量2 100吨，渔业产值2 200万元；植树造林6.7万公顷，林业多种经营产值2 872万元。到2005年，全县农林牧渔产值调整为4.5∶2.5∶2.2∶0.8。

3. 农村产业结构调整 2000—2005年，为适应农业市场化新形势，县政府采取措施，逐步优化农村产业结构，农村第一二三产业得到协调均衡发展。到2005年，全县农村经济收入176 088万元，比2000年增长8%。其中，第一产业收入60 674万元，比2004年增长7.9%；第二产业收入91 561万元，比2004年增长3.7%；第三产业收入23 861万元，比2004年增长10.5%。

通过种植结构、农业内部结构、农村产业结构调整，延寿县农业和农村经济结构已趋于合理，为第十一个五年计划经济发展奠定了基础。

六、种植结构调整存在的问题

1. 有关政策的扶持和保护力度不够 延寿县现行的农业政策在行政措施、经济手段等方面对种植业虽能有一定的扶持，但由于政府财力的限制，扶持的力度不够，种植业还处于较低的水平。

2. 品种结构复杂，主产业不突出 目前，延寿县种植业中以水稻为主，其次是大豆和玉米，但没有形成一定的品种规模优势，品种过多过杂，没有主栽品种，单一品种的面积小。品种过多和分散经营造成延寿县无法形成品牌，大大地限制了优势的特色产品的

发展。

3. 农业基础设施落后　虽然技术力量较为雄厚，但由于硬件设施的不完备，雨养农业的现状还是制约了种植业的发展。

4. 农产品加工水平落后，流通环节不畅　大豆、玉米、水稻是延寿县种植业主要产品，但几乎没有深加工途径，主要以输出为主，农产品的附加值极低。

七、对策与建议

通过开展全县耕地地力调查与质量评价，基本查清了全县耕地类型的地力状况及农业生产现状，为延寿县农业发展及种植业结构优化提供了较可靠的科学依据。种植业结构调整除了因地种植外，还要与延寿县的经济、社会发展紧密联系相连。

（一）国民经济和社会发展的需求

随着人民群众生活水平和消费层次不断提高，对自身的生活质量，已由原来的数量满足型向质量提高型转变。大力推进农业和农村经济结构的战略性调整，使农业增效、农民增收已经成为农业和农村的重要任务。因此，种植业生产结构和布局的调整要以市场为导向，按市场定生产，发展优势项目。在农村种植业结构调整中，应做到因地制宜、扬长避短，实现人无我有、人有我优、人优我廉。现有条件下，应在传统的大豆和水稻上做文章，生产绿色水稻、绿色大豆、高油大豆，还有市场较为抢手的芽豆，发挥传统产业的优势，逐步开拓南方市场，形成特色产业，做到基地和企业相结合，形成产供销一条龙这样一个良好的链条，只有这样发展，农村种植业在市场上才能立于不败之地。

（二）科学发展，使农业向着良性轨道运行

1.“良种良法”配套　积极推进单产水平的提高和专用化生产。选择先进科学技术是调整种植结构，发展优质、低耗、高效农业的基础。加速科技进步、加强技术创新，是提高农产品市场竞争力的根本途径。优化结构，促进产业升级，除了解决好品种问题之外，还需要有相应配套的现代农业技术作为支撑。应重点加强与新品种相对应的施肥培肥技术、耕作技术等。为促进主要作物专业化生产和满足不同社会需求，重点是发展高油与高蛋白大豆、优质水稻、各种加工专用型与饲用型玉米。

2. 加强标准化生产　从大豆、玉米、水稻等重点粮食作物抓起，把先进适用技术综合组装配套，转化成易于操作的农艺措施，让农民看得见、摸得着、学得来、用得上，用生产过程的标准化保证粮食产品质量的标准化。从种子、整地、播种、田间管理、收获和加工等关键环节抓起，快速提高单位面积产量。在有条件的地方，实行粮食的标准化生产，为高标准搞好春耕生产提供了基础和条件。粮食标准化生产的实施要搞好技术培训，加大高产优质高效粮食生产栽培技术的培训力度，确保技术到村、到户、到田间地头。

（三）加强农业基础设施建设，提高农业抵御自然灾害的能力

1. 加强农业基础设施的投入和体制创新　通过加强农业基础设施的投入和体制创新，以及增加财政用于农业特别是农田水利设施投资的比例，改变延寿县农田水利基础设施落后的面貌。加强基本农田建设。以基本农田建设为重点，改善局地土壤条件，拦蓄降水，减少径流和土壤流失，提高保水保土保肥能力。

2. 改良土壤 通过深松、精耙中耕、培肥改土、合理轮作等措施，促进土壤养分活化。同时使土壤理化性质得以改善，增加土壤储水，提高土壤蓄水保墒能力。不断加大有机肥的投入量，保持和提高土壤肥力。对中低产田可以通过农艺、生物综合措施进行改良，使其逐步变成高产稳产农田。营造经济型生态林，改善生态环境。同时要控制工业废料对农田的污染。

3. 发展绿色和特色产业 提高农产品质量安全水平是调整农业结构的有效途径，不仅仅是要调整各种农产品数量比例关系，更重要的是要调整农产品品质结构，全面提高农产品质量。减少劣质品种的生产、选择优质品种、探索最佳种植模式等，已成为当前农业结构调整的重点。必须大力发展“优质高效”农业，扩大优质产品在整个农产品中所占的比重，实现农产品生产以大路货产品为主向以优质专用农产品为主的转变。

针对延寿县的实际情况，做大做强绿色水稻、玉米、蔬菜生产的主导产业，同时按照延寿县农村经济发展的战略要求，强化耕地质量管理与保护，优化土地资源，因地制宜，提出科学的建议，具有十分重要的意义。

附录 5　延寿县耕地地力评价工作报告

延寿县地处黑龙江省东北部，松花江下游，三江平原下游，2007 年，全县耕地面积为 100 494.52 公顷，基本农田 100 000 公顷，2008 年粮食总产 4.5 亿千克，农民人均收入达到 4 050 元。县辖 5 镇 4 乡，106 个行政村（屯），总人口 26.8 万人，其中农业人口 19.3 万人。是黑龙江省重要的商品粮基地县，2008 年被评为全国绿色食品标准化生产基地县。

2008 年延寿县被正式确定为国家测土配方施肥资金补贴项目县。几年来，在黑龙江省土壤肥料管理站的正确指导和亲切关怀下，在县委、县政府的高度重视和正确领导下，全县各乡（镇）村领导和群众积极配合下，由农业技术推广中心组织 5 个工作组 20 多名科技人员在全县 9 个乡（镇）106 个行政村开展了项目实施工作。按照省测土配方施肥采集土样、土样干燥后进行化验检测出全县耕地土壤中各种养分含量及其他因子数据。县政府也先后派科技人员去桦南、方正、肇源、安达、五常、阿城、双城及周边县（市）测土配方施肥园区参观学习。同时，积极组织科技人员参加省土壤肥料管理站召开的 GPS 卫星定位及采样标准技术培训等各种会议，为项目的实施积累了人才技术保障。通过电视台跟踪报道，使测土配方施肥项目既宣传的轰轰烈烈，每个工作环节又落实的扎扎实实。四年来开展了测土配方施肥电视讲座 20 多次，建立测土配方施肥科技示范户 6 000 户。采集化验土样 8 000 个，按省土壤肥料管理站要求采集评价耕地样点 1 311 个，施肥建议卡入户率达 98%。全县推广测土配方施肥面积 54 000 公顷，辐射面积达到 100 494.52 公顷，累计应用配方肥 2 000 吨。使化肥施用量下降 6%～8%，肥料利用率提高了 5 个百分点左右，粮食增产 10%以上，每亩减少化肥投入资金 7.50 元，粮食增产 51.6 千克，增收 62.5 元，合计公顷净增收 1 050.0 元，全县累计推广测土配方施肥面积 54 000 公顷，累计增收 5 670 万元。目前，全县形成了以农业技术推广中心为核心、乡（镇）农技站为主线、村农民科技示范户为重点的测土配方施肥项目实施网络。为全县 9 个乡（镇）106 个行政村 8 万户农民提供测土配方技术服务，并于 2011 年 12 月完成了耕地地力评价工作。

一、项目实施的目的意义

延寿县的耕地地力调查与评价工作，是按照农业部办公厅、财政部办公厅、农办农［2005］43 号文件、黑龙江省农业委员会、黑龙江省财政厅、黑农委联发［2005］192 号文件精神，按照全国农业技术推广服务中心《耕地地力评价指南》的要求，延寿县于 2008 年正式开展工作。

组织实施好测土配方施肥，对于提高延寿县粮食单产，降低生产成本，实现粮食稳定增产和农民持续增收具有重要的现实意义。

耕地地力评价是测土配方施肥补贴项目实施的一项重要内容，测土配方施肥不仅仅只是一项技术，而且是一项惠农政策。延寿县在 20 世纪 80 年代初进行过第二次土壤普查，在以后的30多年中，农村经营管理体制，耕作制度、作物品种、肥料使用种类和数量、种植结构、产量水平、病虫害防治手段等许多方面都发生了巨大的变化。农村部分地区盲目施肥、过量施肥现象严重。这些变化对耕地的土壤肥力以及环境质量必然会产生巨大的影响。然而，自第二次土壤普查以来，延寿县的耕地土壤却没有进行过全面的调查。目前延寿县农村仍以小农经济为主，千家万户地块分割，种植制度、肥力水平和种田水平的千差万别造成了土壤特性在不同空间位置上的量值不相等。传统统计方法仅凭经验将土地划分为若干较为均一的区域，以均值概括土壤特性的全貌。因此，开展耕地地力评价工作，对延寿县优化种植业结构，建立各种专用农产品生产基地，推广先进的农业技术，确保粮食安全是非常必要的。

（一）保障国家粮食生产安全的需要

按照党中央“一定要毫不松懈地抓好粮食生产，为维护国家粮食安全做出更大的贡献”的指示精神，确保国家粮食生产安全，解决13亿中国人的吃饭问题，使广大人民群众由温饱型向更高生活水准迈进，那就要进一步增加粮食产量，必须建立在良好的土壤环境条件下，为农作物提供最佳的生产空间，解决耕地数量减少与需粮增长的矛盾。延寿县耕地面积一直维持在100 494.52公顷，多年来，粮食产量一直在4.0亿千克左右徘徊。调整种植业结构，特别是通过测土配方施肥项目的实施后，使粮食产量有了大幅度地提高，达到历史最高水平，2008年实现了4.5亿千克，比1998年增产1.2亿千克，增长31.6%。因此，按照省委“八大经济区”建设的总目标，以三江平原农业开发区及千亿斤粮食产能工程为重点，通过科学分析，准确掌握延寿县耕地生产能力，运用现有成果因地制宜加强延寿县耕地质量建设，指导延寿县种植业调整，3～5年的努力，使全县水稻面积实现66 600公顷，力争使粮豆薯总产实现7.5亿千克，成为名副其实的全省产粮大县、农产品加工大县。

（二）实现农业可持续发展的必然需要

土地是人们赖以生存和发展的最根本的物质基础，是一切物质生产最基本的源泉。切实保护好耕地，对于提高耕地综合生产能力，保障粮食安全具有深远的历史意义和重大的现实意义。延寿县是全国粮食生产基地县，随着工业化、城镇化建设步伐的加快，大量的无机肥料的应用，生活废弃物的堆积，工业废水的污染对农业和整个生态环境造成了极大的负面影响。近几年来，延寿县高度重视环境保护工作，特别是实现测土配方施肥以来，于2009年5月，延寿县被评为国家环境保护生态县。因此，开展耕地地力评价，有利于更科学合理地利用有限的耕地资源，全面提高本县耕地综合生产能力，遏制耕地质量退化，确保地力不断向好的方向发展。

（三）开展耕地地力评价工作是提高耕地质量的需要

随着测土配方施肥项目的常规化，就能不断地获得新的数据，不断更新耕地资源管理信息系统，及时有效地掌握耕地地力状态。因此，耕地地力评价是加强耕地地力建设必不可少的基础工作。利用“高新”技术和现代化手段对耕地地力进行监测和管理是农业现代化的一个重要标志。通过采用当前国际上公认的“3S”耕地地力调查的先进技术，对耕地地力进行调查和地力评价，不仅克服了传统调查与评价周期长、精度低、时效差的弊端，而且及时有效地将调查成果应用于延寿县农业结构调整、绿色无公害农产品产地建设，为农民科学施肥提供技术指导，为管理者指导生产提供决策支持理论依据，从而推进了延寿县优势农产品生产向优势产地集中。同时，应用现代科技手段，创建网络平台，通过计算机网络可简便快捷地为涉农企业、农技推广和广大农户提供及时有效的咨询服务。

实践证明，组织实施好测土配方施肥，对于提高肥料利用率，减少肥料浪费，保护农业生态环境，改善耕地养分状况，实现农业可持续发展具有深远影响。多年来，延寿县耕地地力经历了从盲目开发到科学可持续利用的过程，适时开展测土配方施肥项目是发展效益农业、绿色生态农业、可持续发展农业的有力举措。

二、工作组织

根据《全国测土配方施肥技术规范》和省土壤肥料管理站的具体要求，组织人员开展此项工作。

（一）成立领导组织，强化协助实施力度

延寿县成立了工作领导小组，由农业副县长任组长，县农业局局长任副组长，成员包括县农业技术推广中心和各涉农部门领导等。领导小组负责组织协调，制订工作方案，落实人员，安排资金，指导全面工作。领导小组下设延寿县测土配方施肥项目工作办公室，由县农业技术推广中心主任任组长，成员由县推广中心的有关人员组成，按照省土壤肥料管理站的统一安排，具体组织实施各项工作任务。

1. 成立专家顾问组　由省土壤肥料管理站、东北农业大学、省农业科学院成立了专家顾问组，负责技术指导、实施方案审定、评价指标选定、指标权重值测定和单因子隶属度评估和成果资料审查。遇到问题及时向专家请教，并得到了专家们的大力支持，尤其是在数字化建设方面、软件的应用方面得到了哈尔滨万图信息技术开发公司的鼎力相助，使工作得以顺利开展。

2. 成立技术指导小组　技术指导小组组长由县技术推广中心主任担任，副组长由业务副主任、土壤肥料管理站站长、化验室主任担任，成员由中心业务骨干组成，负责外业卫星定位仪和土样采集等技术指导和室内土壤化验、数据录入、分析配方等工作。制订了"延寿县测土配方施肥工作方案""延寿县测土配方施肥技术方案""延寿县野外调查及采样技术规程"。同时负责科技人员及农民的技术培训。

（二）成立专业队，按质量标准进行野外调查

延寿县测土配方施肥严格按照测土、配方、配肥、供肥、施肥指导 5 个环节开展工作。

1. 在外业调查之前，按照黑龙江省土壤肥料管理站要求，根据延寿县土壤的实际结果，对全县的土壤分类做了系统的整理。本次调查，全县共分为 8 个土类，15 个亚类，24 个土属，53 个土种。其中耕地面积中白浆土和草甸土面积占总耕地面积的 71.75%，土壤呈微酸性，pH 大都在 7 以下。

2. 2008 年 4 月 25 日，由延寿县农业技术推广中心组织召开"延寿县测土配方施肥技术培训会"，由农业技术推广中心主管业务副主任、土壤肥料管理站站长、化验室主任等

同志讲授野外采集土样、入户调查表格的填写和GPS定位仪的使用方法等，将各样点土样装入特制布袋中，填写好标签，内外各1份，标明编号、采样地点、时间、采集人、土类等项目。标签应用铅笔填写，不得以钢笔填写，同时要避开路边、田埂、沟边、肥堆等特殊部位。这次培训班有县、乡骨干47人参加。

3. 野外调查和土样采集同时进行。2008年第一次采集土样4 000个，至2012年先后采集土样8 000个，及时下发配方施肥建议卡，推广应用配方肥2 000吨。按乡（镇）、村、屯划区办法。采用GPS定位仪定位，确定经纬度。每个采样点都附有一套采样点基本情况调查表和农业生产情况调查表，其中内容包括立地条件、剖面性状、土地整理、污染情况、土壤管理；肥料、农药、种子、机械投入等方面内容，采样点涉及全县9个乡（镇）106个行政村。

野外调查包括入户调查、实地调查，采集土样以及填写各种表格等多项工作，调查范围广、项目多、要求严、时间紧。为保证工作进度和质量，野外调查专业队由延寿县农业技术推广中心负责技术指导。在野外调查阶段，县农业技术推广中心组织分片检查，由中心主任带队，发现问题及时纠正解决。外业工作共分两个阶段进行，在每一个阶段工作完成以后，都进行检查验收。在化验期间，技术指导小组对化验结果进行抽检，以保证数据的准确性，同时及时将数据录入计算机。按省土壤肥料管理站要求，制订配方、派专人到配肥站监督肥料生产，并及时送到农民家中；生产期间科技人员跟踪进行技术指导服务，确保项目的实施。

该项工作由延寿县农业委员会、国土资源局、水务局、环保局、林业局、统计局、气象局、财政局等部门协调完成。

（三）收集材料，为项目实施做好准备工作

从2010年5月开始，搜集延寿县土壤方面的材料。确定了骨干技术人员，提前进入工作状态。主要是收集各种资料，其中包括图件资料、有关文字资料、数字资料；同时对资料进行整理、分析、编绘、录入，随后对野外调查和室内化验工作进行了全面安排和准备。

1. 图件资料

（1）从国土资源局收集了延寿县土地利用现状图。

（2）延寿县农业技术推广中心提供了全县各乡（镇）土壤图。

（3）从延寿县民政局收集了延寿县行政区划图。

2. 文字和数据资料

（1）由延寿县土壤肥料管理站提供了第二次土壤普查部分相关资料及数据。

（2）由延寿县史志办公室提供了《延寿县志》等相关资料及数据。

（3）由延寿县国土资源局提供了全县耕地面积、基本农田面积等相关资料及数据。

（4）由延寿县统计局提供了全县农业总产值、农村人均产值、种植业产值、粮食产量（各种作物产量情况）、施肥情况、国民生产总值等相关资料及数据。

（5）由延寿县气象局提供了全县气象资料及数据。

（6）由延寿县水务局提供了水利、水资源、农田灌溉情况和水质污染等相关资料及数据。

（四）按《全国测土配方施肥技术规范》要求开展室内化验

土壤测试是制订肥料配方的重要依据。按照《测土配方施肥技术规范》要求，延寿县按 66.7 公顷耕地采集 1 个土样，选择有代表性的点，对测土配方施肥的效果进行了跟踪调查。室内化验主要做了土壤物理性状分析、土壤养分性状的分析。

1. 土壤物理性状 分析项目包括：土壤容重（环刀法）、土壤含水量（烘干法）的分析和化验土样的制作。

2. 土壤养分性状 分析项目包括：土壤速效养分（碱解扩散法）、pH（电位法）、有机质（油浴加热重铬酸钾氧化容量法）、全氮（凯氏蒸馏法）、全磷（氢氧化钠熔融——钼锑抗比色法）、全钾（氢氧化钠熔融——原子吸收分光光度法）、有效磷（碳酸氢钠提取——钼锑抗比色法）、速效钾（1 mol/L 乙酸铵浸提——原子吸收分光光度计法）。

3. 微量元素 有效铜、有效铁、有效锰、有效锌，DTPA 浸提——原子吸收分光光度法。

（五）调查表的汇总和数据库的录入

1. 调查表的汇总和录入 调查表的汇总主要包括采样点基本情况调查表和农业生产情况调查表的汇总及数据的录入；4 年来共录入 8 000 份，科技人员加班加点工作 270 多天次。

2. 数据库的录入 将土壤养分、物理性状分析项目输入数据库，为建立耕地资源管理信息系统提供依据。

（六）图件的数字化

对收集的图件进行扫描、拼接、定位等整理后，在 ArcInfo、ArcView 绘图软件系统下进行图件的数字化。将数字化的土壤图、土地利用现状图、基本农田保护区规划图在 ArcMap 模块下叠加形成了延寿县评价单元图。

（七）建立延寿县耕地资源管理信息系统

根据化验结果分析，将所有数据和资料收集整理，按样点的 GPS 定位坐标，在 ArcInfo中转换成点位图，采用 Kriging（克立格法）分别对有机质、全氮、有效磷、速效钾等进行空间插值的方法，生成了系列养分图件。

利用省土壤肥料管理站提供的县级耕地资源管理信息系统，建立评价元素的隶属函数，对评价单元赋值、层次分析、计算综合指标值，确定并评价了该县耕地地力等级等相关工作。

三、主要工作成果

1. 文字报告 包括延寿县耕地地力评价工作报告；延寿县耕地地力评价技术报告；延寿县耕地地力评价专题利用报告。

2. 延寿县耕地质量管理信息系统 摸索出延寿县测土配方施肥的经验；完善了测土配方施肥管理体系；形成了延寿县测土配方施肥技术体系；建立了测土配方施肥技术服务体系。

3. 数字化成果图 包括延寿县耕地土壤图；延寿县耕地地力等级图；延寿县土地利

用现状图；延寿县行政区规划图；延寿县大豆适宜性评价图；延寿县采样点图；延寿县土壤有机质分布图；延寿县全氮分布图；延寿县有效磷分布图；延寿县速效钾分布图；延寿县有效锌分布图；延寿县有效锰分布图；延寿县有效铜分布图；延寿县全钾分布图；延寿县全磷分布图；延寿县碱解氮分布图。

四、主要做法与经验

（一）主要做法

1. 因地制宜，根据时间分段进行 延寿县主要农作物的收获时间都在 10 月 1 日左右，到 10 月中旬陆续结束，11 月 5 日前后土壤冻结。从秋收结束到土壤封冻也就是 20 天左右的时间，在这 20 天左右的期间内完成所有的外业任务，比较困难。根据这一实际情况，把外业的所有任务分为入户调查和采集土壤两部分。入户调查安排在秋收前进行。而采集土壤则集中在秋收后土壤封冻前进行，这样，既保证了外业的工作质量，又使外业工作在土壤封冻前顺利完成。

2. 统一计划、合理分工、密切合作 耕地地力评价是由多项任务指标组成，各项任务又相互联系成一个有机的整体。任何一个具体环节出现问题都会影响整体工作的质量。因此，在具体工作中，根据农业部制订的总体工作方案和技术规程，在省土壤肥料管理站的指导下，采取了统一计划，分工合作的方法。省里制订了统一的工作方案，按照这一方案，对各项具体工作内容、质量标准、起止时间都提出了具体而明确的要求，并作了详尽的安排。承担不同工作任务的同志都根据统一安排分别制订了各自的工作计划和工作日程，并注意到了互相之间的协作和各项任务的衔接。

（二）主要经验

1. 全面安排，抓住重点工作 耕地地力评价工作的最终目的是对调查区域内的耕地地力进行科学的评价，这是开展这项工作的重点。所以，从 2007 年的秋季到 2010 年的春季，在努力全面保证工作质量的基础上，突出了耕地地力评价这一重点。除充分发挥专家顾问的作用外，还多方征求意见，对评价指标的选定和各参评指标的权重等进行了多次研究和探讨，提高了耕地地力评价的质量。

2. 发挥县级政府的职能作用，搞好各部门的协调查运作 进行耕地地力评价，需要多方面的资料图件，包括历史资料和现状资料。该项工作涉及农业局、国土资源局、水务局、环保局、林业局、统计局、气象局、财政局等各个部门，在县域内进行这一工作，单靠农业部门很难在这样短的时间内顺利完成，通过县政府协调各部门的工作，保证了在较短的时间内，把资料收集全，并能做到准确无误。

3. 紧密联系生产实际，为当地农业生产服好务 开展耕地地力评价，本身就是与当地农业生产实际联系十分密切的工作，特别是专题报告的选定与撰写，要符合当地农业生产的实际情况，反映当地农业生产发展的需求。因此在调查过程中，联系延寿县农业生产的实际，撰写了四项专题报告，充分应用了本次调查成果。

4. 全面安排，突出重点 耕地地力评价这一工作的最终目的是要对调查区域内的耕地地力进行科学的、实事求是的评价，这是开展这项工作的重点。所以，在努力保证全面工作质量的基础上，突出了耕地地力评价这一重点。除充分发挥专家顾问组的作用外，还多方征求意见，对评价指标的选定、各参评指标的权重等进行了多次研究和探讨，细化每个环节，责任到人，为提高评价的质量奠定了基础。

五、资金使用情况

在资金使用上严格按照国家测土配方施肥项目资金管理办法实施，做到专款专用，不挤不占。4 年来，对全县 106 个行政村 138 个自然村进行土样采集，共采集土样 8 000 个，发放测土配方施肥建议卡 8 000 份，落实“3414”试验点次 27 个，肥效田间试验 18 个，耕地地力定位监测点 27 个，办测土配方施肥培训班 36 次，培训技术人员、乡村干部 300 人次，培训农民 8 600 人次。现将资金使用情况报告如下：

资金国投 200 万元，实际支出 1 988 643.16 元。

1. 测土：分析化验：63 287.50 元
土样采集：31 699.40 元
调查农户施肥：8 843.40 元

2. 配方施肥：农户施肥指导：18 533.56 元
制定肥料配方：3 255.00 元
田间肥效试验：19 012.50 元
数据采集：18 649.00 元
仪器设备：590 795.70 元
培训：28 743.10 元
管理费用：35 824.00 元

六、存在的突出问题建议

1. 专业人员少 本次调查工作要求技术性很高，如图件的数字化，经纬坐标与地理坐标的转换，采样点位图的生成，等高线生成高程、坡度、坡向图等技术及评价信息系统与属性数据、空间数据的挂接、插值等技术都要请上一级的专业技术人员帮助才能完成。

2. 与第二次土壤普查衔接难度大 本次调查评价工作是在第二次土壤普查的基础上开展的，也是为了掌握两次调查之间土壤地力的变化情况，充分利用已有的土壤普查资料开展工作。应该看到本次土壤调查的对象是在土壤类型的基础上，由于人为土地利用的不同，土壤性状发生了一系列的变化，由于本次耕地地力评价技术含量高、全面系统，而第二次土壤普查较为粗浅。参加本次调查有关人员，大多数只能参与取样工作。因此在某些方面衔接难度大。

3. 收集历史资料难度大 延寿县经过多次行政区划变更，历史资料不全，而且由于各部门档案专业人员少，管理不规范，造成了有些资料很难收集，为本次耕地地力评价带来一定的影响。

4. 相关经费不足 本次耕地地力评价工作需要人员多，工作时间长，工作量大，科技含量高。由于当时延寿县是国家级扶贫开发重点县，县级财政很难从资金上给予补助。虽然采取多种办法措施，但投入资金仍然不足。

七、延寿县耕地地力评价工作大事记

1. 2008年3月18—26日，派2名技术人员到双城市参加全省新建项化验员培训班学习。

2. 2008年4月10—11日，派2名技术员到双城市参加全省测土配方施肥采样现场会和实验项目落成会议。

3. 2008年5月，印发延农委字（2008）15号文件，搞好测土配方施肥工作的指导性文件。

4. 2008年9月24—27日，派一名技术员到双城市参加全省配方施肥数据系统培训。

5. 2008年秋季，采样4 000个。

6. 2009年5月13—14日土肥站长参加2008年项目培训。

7. 2009年5月15—22日派两名技术人员参加2008年项目县化验员培训。

8. 2010年4月，省土壤肥料管理站辛洪生科长带省有关专家到农技中心进行项目检查验收。

9. 2010年4月，延寿县农业技术推广中心副主任巩存来去扬州参加全国测土配方施肥地力评价技术培训班。

10. 2010年9月，派站长徐爱艳参加省农委组织的高产高效栽培技术培训班。

11. 2010年10月，延寿县农业技术推广中心组织27名业务站人员进行外业调查和土壤采集工作，采集土样2 000个，历时20天。

12. 2010年月11月20日至于2011年3月15日，对采集的2 000个土样进行了化验，历时115天。

13. 2011年6月10—18日，派巩存来同志到扬州学习县域耕地资源管理系统软件。

14. 2011年1～3月，进行耕地地力评价基础图件的搜集，并完成，交给技术依托单位进行图件矢量化。

15. 2011年9月10日，对基础矢量化的图件进行核对，主要对行政区划图和土壤图进行核对，及时发现问题，及时进行修改。

16. 2011年10月，在技术依托单位的帮助下完成了延寿县工作空间的制作。

17. 2011年12月，耕地地力评价报告初稿完成任务。

延寿县耕地地力评价组织机构

领导小组

组　长：何洪千　县政府副县长

副组长：于永洋　农业局局长

成　员：赵春玲　农业技术推广中心主任

朴文学　农业技术推广中心副主任

张剑秋　农业技术推广中心副主任

张　阳　农业技术推广中心土肥站站长

野外　调查组

组　长：杨永峰

副组长：刘兆东

成　员：谢晓春　臧志英

化验组

组　长：邢艳玲

成　员：臧志英　王春玲　吴冬梅　郭敬艳　李丽君

编写组

主　编：赵春玲

副主编：张剑秋　朴文学　巩存来

参编人员：

张　阳　徐爱艳　邢艳玲　隋炜静　王春玲　吴东梅　郭敬艳

刘兆东　谢晓春　臧志英　杨永峰　汪延学　韩明时　朴　昊

邱绍鲁　王志杰　鞠春莉　朱雪艳　金成仙　谷延俊　徐　敏

于双城　刘　宝　陈绍昆　李丽君　李晓龙　朱英伟　王丽莉

曹瑞丰　朱雪冰　巩存华　刘　皓　刘晓雷

附录6 延寿县村级土壤属性统计表

附表6-1 村级土壤碱解氮养分含量统计表

单位：毫克/千克

村名称	一级地平均值	二级地平均值	三级地平均值	四级地平均值	样本数	平均值	最小值	最大值
城郊村	169.11	161.36	184.39	145.96	72	164.79	125.80	231.10
城东村	156.78	—	—	161.43	21	159.88	154.21	186.70
城南村	171.62	—	137.24	185.68	36	175.05	118.95	193.20
同安村	93.30	156.73	169.19	174.41	145	165.78	72.50	243.31
双金村	178.18	179.50	165.00	213.80	32	195.62	147.84	268.60
兴让村	189.89	198.14	193.92	146.12	115	186.72	100.70	267.40
长发村	192.75	207.38	214.19	176.08	56	204.15	131.90	267.40
玉山村	177.57	160.78	173.47	147.60	89	172.88	147.60	267.40
金河村	189.01	160.96	164.93	160.33	239	164.79	112.70	217.30
黑山村	—	172.42	211.20	212.55	117	200.24	139.90	257.10
班石村	175.05	187.32	181.01	184.26	86	181.52	154.40	231.01
洪福村	—	142.00	158.69	156.23	90	157.55	140.00	175.27
永安村	155.60	163.22	154.43	178.40	126	158.50	40.30	251.90
新友村	—	185.80	168.30	185.32	68	175.73	120.80	250.38
洪山村	—	188.01	183.91	175.59	129	185.20	152.31	231.80
红旗村	181.31	183.03	182.62	183.12	83	182.69	161.00	265.60
六团村	172.52	205.89	175.86	162.83	57	185.40	162.05	225.40
凌河村	229.57	187.87	—	192.83	25	202.32	156.13	273.70
永兴村	186.14	166.50	175.58	192.04	78	177.18	117.70	271.70
团结村	169.76	170.51	169.49	158.07	164	166.59	138.87	244.40
和平村	194.90	206.80	195.34	184.67	106	194.55	143.10	235.10
新合村	170.84	194.24	190.01	156.83	129	183.81	129.70	257.60
双龙村	207.22	200.97	191.87	171.10	216	199.66	140.90	281.80
奎兴村	209.34	174.32	181.17	157.90	287	183.46	139.50	301.90
桃山村	189.30	188.47	189.04	186.30	159	188.79	128.80	241.30
兴胜村	205.60	218.04	176.83	224.64	23	211.16	156.95	230.01
东安村	197.64	194.75	—	174.40	36	192.32	142.85	281.80
双安村	177.06	203.93	170.01	—	51	177.04	148.50	233.40
延新村	—	148.84	164.54	147.48	71	153.46	117.70	257.60
太安村	177.71	177.07	178.15	—	47	177.68	129.10	257.60

（续）

村名称	一级地平均值	二级地平均值	三级地平均值	四级地平均值	样本数	平均值	最小值	最大值
富源村	171.49	149.11	184.13	—	76	162.37	112.70	260.80
中和村	202.54	169.96	203.90	181.49	120	184.69	142.90	293.70
先锋村	—	149.45	208.96	212.56	36	201.99	104.70	222.20
万江村	189.84	196.05	186.62	206.82	132	193.04	88.50	293.70
胜利村	130.85	150.83	152.33	167.00	108	152.70	100.65	249.60
崇和村	168.82	211.42	131.51	227.47	120	172.68	80.50	273.70
富荣村	—	—	151.43	—	5	151.43	140.30	157.00
加信村	162.25	167.36	129.10	121.77	130	153.72	88.50	249.60
长富村	187.87	191.97	158.39	—	75	176.77	88.50	243.62
同德村	247.87	251.59	195.52	247.13	141	246.91	88.50	344.15
富民村	202.88	197.30	137.83	186.83	178	188.44	88.50	418.60
民主村	197.88	188.62	186.41	197.68	111	191.00	135.25	253.57
新建村	171.13	181.21	189.90	—	152	179.03	112.70	225.40
金凤村	188.05	188.36	190.86	190.79	121	189.31	152.90	206.50
福安村	187.52	199.56	—	192.04	68	188.82	112.70	209.30
太和村	177.28	—	150.08	172.23	51	168.58	112.80	253.57
安山村	136.80	211.77	198.56	156.92	42	205.48	136.80	246.00
适中村	163.92	169.28	239.33	164.02	74	174.04	144.90	336.10
腰排村	178.86	188.54	174.92	204.44	88	189.13	136.80	234.50
兴山村	—	202.80	179.09	186.84	117	184.68	148.50	297.90
金平村	217.00	—	197.76	209.56	49	209.43	145.53	250.27
兴福村	199.82	221.40	192.92	205.76	39	198.41	178.53	264.59
富星村	135.70	198.23	241.30	172.60	81	203.51	126.40	339.00
华炉村	219.19	235.58	209.49	178.76	34	219.97	135.70	281.80
集贤村	212.19	261.60	214.99	235.83	86	236.59	131.90	313.90
双合村	207.42	205.46	192.98	186.99	56	192.80	154.73	297.35
光明村	200.97	191.21	197.62	216.63	26	202.25	164.15	257.01
四合村	—	175.84	200.02	180.45	100	186.52	120.80	265.10
寿山村	200.41	212.85	208.66	172.89	89	208.02	128.80	340.80
长志村	288.66	302.58	297.43	343.97	84	306.32	164.30	404.85
宝山村	231.90	218.04	251.15	205.00	242	236.08	128.80	423.50
双星村	181.28	196.36	207.18	133.52	107	188.87	131.90	256.57
三星村	173.75	207.59	215.88	182.86	126	201.57	128.80	289.80
双志村	224.27	221.63	255.73	—	78	245.95	144.90	389.30
玉河村	226.02	240.52	226.88	257.75	112	234.02	169.30	369.98
新城村	263.69	277.55	308.87	261.21	113	292.22	148.90	418.60
火星村	209.57	172.96	241.91	237.82	88	229.11	134.33	401.30
黄玉村	170.83	285.07	203.54	174.92	209	199.16	94.00	418.60
合心村	303.04	202.86	173.45	164.00	250	210.65	112.70	479.60

（续）

村名称	一级地平均值	二级地平均值	三级地平均值	四级地平均值	样本数	平均值	最小值	最大值
文化村	164.25	169.27	185.77	285.36	114	187.51	161.00	341.25
延明村	189.64	208.76	198.50	196.48	104	200.83	132.68	238.10
朝奉村	189.54	183.73	178.66	201.20	97	191.29	115.37	294.50
东光村	151.59	144.60	146.23	139.38	58	146.47	80.50	268.60
福利村	187.85	170.42	192.96	181.02	52	187.91	145.60	213.90
长胜村	196.12	195.84	208.19	195.87	64	201.66	179.75	227.40
延兴村	238.83	211.17	235.61	245.77	147	234.99	154.81	346.10
中胜村	—	199.96	183.09	229.78	50	210.28	179.10	346.10
长安村	331.81	252.91	310.19	345.64	171	316.96	136.30	479.60
延中村	—	—	179.01	—	10	179.01	162.48	195.90
延河村	259.87	177.19	248.23	246.47	100	245.21	165.70	341.80
横山村	—	260.18	206.51	204.01	123	214.85	161.00	332.00
福安村 1	199.17	196.15	191.67	198.84	185	194.97	175.75	284.10
顺兴村	207.09	196.26	193.91	176.43	102	196.85	104.70	354.20
东明村	—	257.47	233.08	212.84	32	232.72	169.90	281.80
平安村	280.50	284.69	272.76	276.30	127	276.66	193.20	354.20
盘龙村	168.83	166.65	161.69	165.09	217	163.93	132.80	284.89
兴安村	174.12	175.68	171.35	168.22	95	171.96	72.50	257.60
永胜村	247.83	215.09	204.94	207.05	182	210.26	132.15	281.80
团山村	—	240.80	168.21	175.83	35	172.46	163.56	240.80
万宝村	186.92	212.93	176.61	197.11	140	191.70	132.80	281.80
新发村	174.29	182.48	215.96	190.69	86	195.49	155.70	275.71
南村	—	—	259.59	—	32	259.59	169.90	284.89
新华村	—	164.33	166.21	153.35	39	164.47	136.80	257.60
新生村	160.54	160.55	206.48	151.85	78	194.00	132.20	305.90
新兴村	252.26	264.75	241.71	—	231	247.08	139.90	362.30
星光村	195.01	—	136.80	215.15	62	209.34	136.80	354.20
石城村	183.45	190.07	213.18	224.97	188	201.23	92.60	305.90
合福村	167.11	176.29	175.99	173.08	90	173.00	123.40	205.45
兴隆村	175.47	181.65	184.18	212.41	106	185.40	123.40	281.80
新胜村	177.36	193.17	192.60	168.80	126	190.31	131.30	337.50
百合村	184.21	204.57	181.65	195.90	179	190.06	144.90	293.80
北宁村	206.78	207.10	203.19	216.42	125	207.37	112.70	318.00
北顺村	193.45	187.96	186.75	185.33	159	189.16	92.60	281.80
北安村	185.71	179.85	187.41	178.70	140	185.49	150.30	226.07
新民村	203.29	199.58	179.65	192.59	70	194.51	64.40	290.50
共和村	218.64	205.71	204.57	204.62	87	205.39	124.60	245.50
太平川种畜场	251.08	218.02	212.04	208.83	209	219.00	152.90	309.40

附表 6-2　村级土壤全氮养分含量统计表

单位：克/千克

村名称	一级地平均值	二级地平均值	三级地平均值	四级地平均值	样本数	平均值	最小值	最大值
城郊村	2.28	2.17	2.17	1.92	72	2.14	1.57	2.65
城东村	2.28	—	—	2.11	21	2.17	1.68	2.36
城南村	1.80	—	1.84	1.59	36	1.68	1.56	2.04
同安村	1.40	2.11	2.35	2.15	145	2.25	0.90	3.38
双金村	2.09	1.56	1.50	1.99	32	2.00	1.24	2.57
兴让村	1.95	2.26	1.91	1.81	115	1.96	1.42	2.40
长发村	2.05	2.12	2.03	1.91	56	2.04	1.42	2.24
玉山村	1.94	1.83	1.95	1.56	89	1.94	1.24	2.16
金河村	2.35	1.84	1.85	1.88	239	1.89	1.12	2.88
黑山村	—	2.42	2.61	2.60	117	2.55	2.17	2.85
班石村	1.87	3.60	2.15	2.09	86	2.24	1.70	4.10
洪福村	—	2.27	2.04	2.02	90	2.04	1.60	2.60
永安村	2.03	2.31	2.15	2.46	126	2.21	1.49	3.19
新友村	—	2.47	2.08	2.95	68	2.28	1.42	3.19
洪山村	—	2.14	2.13	2.52	129	2.18	1.05	3.31
红旗村	3.59	3.70	3.07	3.14	83	3.26	1.76	4.31
六团村	1.79	2.35	1.98	2.32	57	2.17	1.42	2.60
凌河村	2.36	2.11	—	1.75	25	1.98	1.51	4.01
永兴村	2.38	2.11	1.86	1.95	78	1.99	1.42	2.65
团结村	1.83	2.17	2.43	2.82	164	2.48	1.40	4.04
和平村	1.90	2.25	1.93	2.04	106	1.99	1.02	2.60
新合村	2.81	2.39	2.29	1.81	129	2.23	1.40	3.51
双龙村	2.33	2.21	1.98	1.92	216	2.18	0.73	3.73
奎兴村	2.50	2.12	2.09	1.67	287	2.17	1.10	5.42
桃山村	2.25	2.72	2.47	2.41	159	2.55	1.80	3.78
兴胜村	1.65	1.43	1.38	1.85	23	1.64	0.73	2.01
东安村	1.86	1.82	—	2.47	36	1.91	1.51	3.01
双安村	2.31	2.61	2.45	—	51	2.41	1.51	2.89
延新村	—	2.37	2.63	2.19	71	2.42	1.74	3.51
太安村	3.41	3.07	2.59	—	47	2.92	1.39	3.78
富源村	2.03	2.04	2.30	—	76	2.09	1.70	2.97
中和村	1.84	1.68	1.69	1.97	120	1.89	1.63	2.97
先锋村	—	1.58	1.66	1.50	36	1.59	1.02	2.20

（续）

村名称	一级地平均值	二级地平均值	三级地平均值	四级地平均值	样本数	平均值	最小值	最大值
万江村	2.02	2.12	1.97	2.00	132	2.01	1.30	3.31
胜利村	2.01	2.10	1.79	1.88	108	1.90	1.41	2.33
崇和村	1.65	1.64	2.03	1.99	120	1.73	0.93	2.98
富荣村	—	—	1.36	—	5	1.36	1.36	1.36
加信村	1.50	1.58	1.21	1.82	130	1.52	1.04	3.34
长富村	1.27	1.53	1.25	—	75	1.36	0.81	2.05
同德村	1.21	1.11	1.87	1.32	141	1.26	0.93	3.02
富民村	1.78	1.42	2.58	1.65	178	1.78	1.02	3.62
民主村	2.19	2.15	2.30	1.87	111	2.20	1.47	2.98
新建村	1.86	1.68	1.63	—	152	1.74	1.34	2.64
金凤村	2.03	1.87	2.52	1.87	121	2.08	1.37	3.51
福安村	1.47	1.54	—	1.17	68	1.43	1.04	2.14
太和村	1.66	—	1.67	1.09	51	1.59	1.02	2.34
安山村	1.93	1.94	1.94	1.99	42	1.94	1.81	2.17
适中村	1.81	2.03	2.27	1.86	74	1.98	1.00	4.13
腰排村	1.73	1.73	1.57	1.61	88	1.64	1.00	2.39
兴山村	—	2.05	2.07	1.90	117	2.05	0.81	3.04
金平村	2.37	—	2.06	1.93	49	2.09	1.13	3.15
兴福村	2.00	1.35	2.14	1.71	39	1.99	1.32	4.68
富星村	1.90	1.96	1.87	1.97	81	1.94	1.07	2.32
华炉村	3.12	2.40	1.92	1.94	34	2.52	1.28	5.32
集贤村	2.12	1.97	2.00	1.97	86	1.99	1.66	2.56
双合村	2.14	1.68	1.56	1.73	56	1.73	1.02	3.15
光明村	1.77	1.94	2.00	2.06	26	1.96	1.64	2.48
四合村	—	1.76	1.90	1.85	100	1.83	1.04	3.22
寿山村	2.51	2.35	2.02	2.27	89	2.17	1.12	3.18
长志村	1.98	2.09	1.91	1.99	84	1.98	1.53	2.70
宝山村	2.19	2.35	2.16	2.39	242	2.24	1.04	3.99
双星村	2.41	2.23	2.03	2.03	107	2.16	1.44	4.53
三星村	1.82	2.69	2.45	2.37	126	2.52	1.17	4.01
双志村	1.91	2.22	2.10	—	78	2.11	1.36	3.00
玉河村	1.70	2.03	1.66	1.86	112	1.78	0.98	2.76
新城村	1.79	1.85	1.48	1.80	113	1.61	1.02	2.61
火星村	1.96	2.25	1.70	1.88	88	1.89	1.40	2.63

（续）

村名称	一级地平均值	二级地平均值	三级地平均值	四级地平均值	样本数	平均值	最小值	最大值
黄玉村	1.49	1.52	1.51	1.53	209	1.52	0.98	2.02
合心村	1.30	1.28	1.27	1.10	250	1.28	0.63	1.68
文化村	1.43	1.60	1.66	2.05	114	1.66	1.10	2.45
延明村	1.62	1.09	1.74	1.42	104	1.41	0.80	2.49
朝奉村	1.66	1.38	1.53	1.59	97	1.54	0.80	2.32
东光村	1.85	1.25	1.89	1.69	58	1.86	1.25	2.17
福利村	1.35	0.99	1.43	1.79	52	1.41	0.98	2.42
长胜村	1.58	1.70	1.77	1.58	64	1.68	1.17	2.12
延兴村	1.90	1.71	1.67	1.78	147	1.77	1.10	2.63
中胜村	—	1.89	1.99	2.16	50	2.00	1.80	3.01
长安村	1.38	1.21	1.34	1.69	171	1.36	1.16	1.84
延中村	—	—	2.00	—	10	2.00	1.66	2.45
延河村	1.33	1.47	1.59	1.68	100	1.58	1.14	2.31
横山村	—	1.75	1.52	1.31	123	1.53	0.90	3.38
福安村1	2.24	1.91	1.69	1.64	185	1.81	1.03	2.59
顺兴村	1.63	1.71	1.37	1.25	102	1.53	0.98	1.98
东明村	—	1.98	1.66	1.42	32	1.66	1.05	2.32
平安村	1.70	1.53	1.44	1.59	127	1.54	1.03	1.92
盘龙村	1.62	1.88	2.11	1.87	217	1.96	1.26	4.66
兴安村	1.81	1.93	1.84	1.82	95	1.85	1.24	2.75
永胜村	1.63	2.00	1.41	1.58	182	1.67	1.04	2.25
团山村	—	2.14	1.19	1.27	35	1.24	1.06	2.14
万宝村	1.76	1.76	1.39	1.67	140	1.59	0.85	2.10
新发村	1.98	1.96	1.75	1.91	86	1.88	0.85	2.10
南村	—	—	1.53	—	32	1.53	1.41	1.96
新华村	—	1.86	1.40	1.17	39	1.40	0.99	2.01
新生村	1.76	2.15	1.67	1.78	78	1.78	1.02	2.31
新兴村	1.59	1.77	1.42	—	231	1.50	1.16	2.31
星光村	1.67	—	0.99	1.49	62	1.52	0.99	1.90
石城村	2.12	1.98	2.18	1.87	188	2.04	1.25	4.90
合福村	2.15	2.35	2.23	2.05	90	2.19	1.35	3.69
兴隆村	1.97	2.02	2.01	1.85	106	1.98	1.26	2.77
新胜村	2.29	2.47	2.07	1.58	126	2.27	1.18	4.24
百合村	2.03	2.28	1.58	0.85	179	1.91	0.79	4.10

（续）

村名称	一级地平均值	二级地平均值	三级地平均值	四级地平均值	样本数	平均值	最小值	最大值
北宁村	2.05	2.11	1.89	1.77	125	1.97	1.26	2.91
北顺村	1.89	2.08	1.78	1.96	159	1.92	0.84	3.02
北安村	1.85	2.06	1.54	1.19	140	1.73	0.97	2.90
新民村	2.54	2.30	1.64	1.69	70	2.11	1.37	3.46
共和村	1.83	1.71	1.53	1.50	87	1.61	0.79	3.22
太平川种畜场	2.06	2.35	2.18	1.90	209	2.15	1.08	3.52

附表 6-3　村级土壤 pH 统计表

村名称	一级地平均值	二级地平均值	三级地平均值	四级地平均值	样本数	平均值	最小值	最大值
城郊村	6.61	6.51	6.51	6.81	72	6.62	6.20	7.10
城东村	6.61	—	—	6.62	21	6.62	6.40	6.70
城南村	6.48	—	6.70	6.36	36	6.44	6.30	6.80
同安村	6.90	6.52	6.64	6.57	145	6.61	6.30	7.00
双金村	6.71	6.60	6.40	6.51	32	6.60	6.20	6.90
兴让村	6.51	6.40	6.33	6.38	115	6.37	6.10	6.80
长发村	6.52	6.30	6.50	6.57	56	6.49	6.20	6.90
玉山村	6.58	6.32	6.46	6.20	89	6.46	6.00	6.80
金河村	6.48	6.39	6.32	6.27	239	6.33	6.00	6.70
黑山村	—	6.55	6.69	6.67	117	6.64	6.30	6.80
班石村	6.42	6.84	6.54	6.62	86	6.57	6.10	7.00
洪福村	—	6.05	6.41	6.33	90	6.38	6.00	6.80
永安村	6.65	6.57	6.55	6.60	126	6.56	6.20	6.90
新友村	—	6.52	6.46	6.40	68	6.48	6.00	6.70
洪山村	—	6.56	6.56	6.56	129	6.56	6.20	6.90
红旗村	6.53	6.48	6.60	6.61	83	6.58	6.30	6.80
六团村	6.39	6.41	6.48	6.50	57	6.44	6.30	6.60
凌河村	6.43	6.43	—	6.30	25	6.36	6.10	6.50
永兴村	6.47	6.56	6.41	6.34	78	6.44	6.00	6.80
团结村	6.35	6.50	6.37	6.48	164	6.42	6.00	6.80
和平村	6.49	6.41	6.39	6.65	106	6.48	6.00	6.80
新合村	6.50	6.41	6.47	6.43	129	6.44	6.00	6.80
双龙村	6.44	6.45	6.45	6.50	216	6.45	6.00	6.80
奎兴村	6.42	6.33	6.37	6.17	287	6.36	6.00	6.80
桃山村	6.40	6.39	6.39	6.40	159	6.39	6.30	6.70

（续）

村名称	一级地平均值	二级地平均值	三级地平均值	四级地平均值	样本数	平均值	最小值	最大值
兴胜村	6.25	6.32	6.52	6.15	23	6.27	6.10	6.70
东安村	6.46	6.46	—	6.44	36	6.46	6.00	6.80
双安村	6.42	6.32	6.39	—	51	6.39	6.20	6.50
延新村	—	6.55	6.47	6.59	71	6.53	6.40	6.70
太安村	6.46	6.39	6.41	—	47	6.41	6.20	6.70
富源村	6.43	6.41	6.38	—	76	6.41	6.30	6.70
中和村	6.36	6.66	6.50	6.44	120	6.46	6.00	6.70
先锋村	—	6.50	6.52	6.36	36	6.46	6.10	6.90
万江村	6.45	6.43	6.36	6.49	132	6.41	6.20	6.90
胜利村	6.35	6.43	6.23	6.19	108	6.26	5.90	6.70
崇和村	6.37	6.38	6.25	6.43	120	6.36	6.00	6.50
富荣村	—	—	6.54	—	5	6.54	6.00	6.80
加信村	6.63	6.68	6.29	6.32	130	6.56	6.00	6.90
长富村	6.41	6.61	6.63	—	75	6.58	6.00	6.90
同德村	6.68	6.67	6.55	6.73	141	6.70	6.00	6.90
富民村	6.42	6.55	6.26	6.50	178	6.45	6.00	6.90
民主村	6.39	6.33	6.42	6.28	111	6.38	6.10	6.60
新建村	6.60	6.38	6.38	—	152	6.45	6.00	6.90
金凤村	6.51	6.46	6.53	6.47	121	6.49	6.00	6.90
福安村	6.40	6.38	—	6.19	68	6.37	6.10	6.80
太和村	6.41	—	6.44	6.47	51	6.43	6.10	6.80
安山村	6.60	6.51	6.52	6.55	42	6.52	6.30	6.80
适中村	6.43	6.53	6.39	6.49	74	6.49	5.90	6.90
腰排村	6.56	6.60	6.51	6.42	88	6.50	6.10	6.90
兴山村	—	6.57	6.26	6.28	117	6.33	5.90	7.00
金平村	6.45	—	6.33	6.33	49	6.37	6.10	6.80
兴福村	6.34	6.80	6.39	6.39	39	6.38	6.00	6.80
富星村	6.80	6.73	6.68	6.77	81	6.73	6.50	6.80
华炉村	6.45	6.49	6.53	6.60	34	6.49	6.20	6.80
集贤村	6.50	6.42	6.38	6.29	86	6.38	6.10	6.80
双合村	6.43	6.66	6.37	6.52	56	6.48	6.00	6.80
光明村	6.50	6.63	6.60	6.60	26	6.60	6.30	6.70
四合村	—	6.57	6.38	6.58	100	6.49	6.00	6.90
寿山村	6.35	6.45	6.46	6.40	89	6.45	6.10	6.80
长志村	6.36	6.46	6.48	6.66	84	6.50	6.30	6.90

（续）

村名称	一级地平均值	二级地平均值	三级地平均值	四级地平均值	样本数	平均值	最小值	最大值
宝山村	6.56	6.33	6.40	6.32	242	6.40	6.00	6.90
双星村	6.43	6.44	6.47	6.31	107	6.43	6.30	6.60
三星村	6.40	6.28	6.33	6.41	126	6.33	6.00	7.00
双志村	6.45	6.37	6.40	—	78	6.40	6.10	6.70
玉河村	6.28	6.28	6.34	6.22	112	6.30	6.00	6.80
新城村	6.41	6.49	6.41	6.38	113	6.42	6.10	6.90
火星村	6.42	6.17	6.43	6.47	88	6.44	6.10	6.70
黄玉村	6.48	6.54	6.55	6.48	209	6.53	6.20	6.80
合心村	6.41	6.35	6.32	6.40	250	6.35	6.10	6.80
文化村	6.24	6.33	6.40	6.25	114	6.39	6.10	6.80
延明村	6.58	6.58	6.52	6.53	104	6.54	6.10	6.70
朝奉村	6.56	6.36	6.42	6.48	97	6.46	6.00	6.90
东光村	6.66	6.50	6.52	6.63	58	6.54	6.10	6.90
福利村	6.46	6.30	6.46	6.34	52	6.43	6.10	6.60
长胜村	6.42	6.58	6.38	6.30	64	6.37	6.10	6.90
延兴村	6.49	6.48	6.50	6.41	147	6.47	6.10	6.80
中胜村	—	6.50	6.20	6.48	50	6.47	6.10	6.50
长安村	6.59	6.50	6.55	6.40	171	6.55	6.10	6.80
延中村	—	—	6.24	—	10	6.24	6.00	6.50
延河村	6.49	6.70	6.71	6.67	100	6.68	6.00	7.00
横山村	—	6.48	6.54	6.61	123	6.54	6.30	7.00
福安村1	6.50	6.50	6.54	6.58	185	6.53	6.20	6.80
顺兴村	6.69	6.71	6.69	6.63	102	6.69	6.00	6.90
东明村	—	6.40	6.56	6.56	32	6.52	6.10	6.90
平安村	6.64	6.63	6.66	6.62	127	6.64	6.40	7.00
盘龙村	6.68	6.38	6.48	6.41	217	6.48	6.10	6.90
兴安村	6.52	6.59	6.64	6.54	95	6.56	6.40	7.00
永胜村	6.55	6.44	6.24	6.62	182	6.37	5.90	6.80
团山村	—	6.50	6.53	6.56	35	6.53	6.50	6.70
万宝村	6.80	6.68	6.59	6.56	140	6.61	6.40	6.80
新发村	6.77	6.63	6.55	6.55	86	6.59	6.10	6.90
南村	—	—	6.43	—	32	6.43	6.30	6.50
新华村	—	6.35	6.75	6.80	39	6.73	6.30	6.90
新生村	6.77	6.75	6.62	6.70	78	6.66	6.50	6.90
新兴村	6.61	6.51	6.58	—	231	6.57	6.40	6.90

（续）

村名称	一级地平均值	二级地平均值	三级地平均值	四级地平均值	样本数	平均值	最小值	最大值
星光村	6.54	—	6.90	6.61	62	6.60	6.10	6.90
石城村	6.47	6.49	6.45	6.57	188	6.49	6.00	6.80
合福村	6.50	6.55	6.53	6.59	90	6.54	6.30	7.00
兴隆村	6.37	6.45	6.43	6.41	106	6.42	6.00	6.80
新胜村	6.39	6.53	6.54	6.54	126	6.52	6.20	6.90
百合村	6.33	6.52	6.42	6.10	179	6.44	6.00	6.80
北宁村	6.45	6.51	6.41	6.33	125	6.43	6.00	6.90
北顺村	6.55	6.53	6.53	6.63	159	6.54	6.00	6.80
北安村	6.36	6.40	6.34	6.20	140	6.36	6.10	6.80
新民村	6.26	6.42	6.52	6.52	70	6.44	6.00	6.80
共和村	6.75	6.58	6.59	6.73	87	6.62	6.20	6.80
太平川种畜场	6.65	6.54	6.63	6.68	209	6.63	6.40	6.90

附表 6－4　村级土壤有机质养分含量统计表

单位：克/千克

村名称	一级地平均值	二级地平均值	三级地平均值	四级地平均值	样本数	平均值	最小值	最大值
城郊村	38.79	35.56	38.29	36.64	72	37.54	27.30	42.90
城东村	38.73	—	—	36.51	21	37.25	29.80	39.00
城南村	33.76	—	37.76	31.42	36	32.95	28.10	39.70
同安村	38.23	39.13	34.32	33.71	145	35.16	9.20	42.00
双金村	36.06	32.80	28.30	35.23	32	35.30	25.40	42.10
兴让村	39.28	40.05	35.72	33.82	115	36.65	27.90	45.10
长发村	40.10	41.55	35.73	38.80	56	38.00	35.00	46.00
玉山村	34.41	29.70	33.92	26.30	89	33.65	25.40	39.40
金河村	36.65	31.32	32.29	29.83	239	31.86	24.60	42.10
黑山村	—	34.93	36.69	35.98	117	36.02	27.60	39.40
班石村	30.48	39.86	33.56	29.93	86	33.52	27.90	41.50
洪福村	—	39.90	36.49	37.20	90	36.78	30.10	40.20
永安村	36.06	42.51	39.29	39.10	126	40.33	28.40	49.40
新友村	—	41.53	39.76	37.94	68	40.25	21.30	44.90
洪山村	—	42.11	39.73	38.15	129	40.83	29.40	49.20
红旗村	36.25	35.85	36.85	37.90	83	37.02	29.50	43.60
六团村	29.73	30.78	34.27	33.37	57	31.83	26.80	44.50
凌河村	33.13	32.25	—	30.94	25	31.76	28.90	37.20

（续）

村名称	一级地平均值	二级地平均值	三级地平均值	四级地平均值	样本数	平均值	最小值	最大值
永兴村	35.00	32.35	30.37	32.46	78	31.74	26.70	39.20
团结村	29.33	31.25	35.57	33.48	164	34.15	27.00	46.90
和平村	30.22	31.46	32.17	34.65	106	32.16	23.10	47.10
新合村	32.27	32.78	31.53	28.98	129	31.42	26.10	40.10
双龙村	35.57	35.21	32.67	31.10	216	34.68	18.50	49.20
奎兴村	33.42	32.85	31.98	28.20	287	32.53	21.80	39.50
桃山村	31.89	32.77	32.36	31.70	159	32.46	28.20	40.10
兴胜村	33.05	28.88	31.74	33.11	23	31.89	18.50	39.60
东安村	35.10	32.43	—	33.80	36	32.99	28.70	43.30
双安村	30.71	32.42	31.31	—	51	31.18	28.70	34.60
延新村	—	33.75	32.61	32.52	71	33.17	29.50	39.20
太安村	33.73	32.97	33.39	—	47	33.30	28.40	47.70
富源村	31.45	31.52	33.19	—	76	31.86	29.80	44.60
中和村	32.87	28.16	26.30	32.22	120	31.65	25.30	42.10
先锋村	—	33.10	28.50	25.22	36	27.95	23.60	40.10
万江村	34.00	33.28	30.31	33.09	132	31.71	23.90	49.30
胜利村	29.67	29.41	28.65	31.07	108	29.74	6.00	44.60
崇和村	32.51	32.10	32.11	28.32	120	32.07	19.60	38.20
富荣村	—	—	27.94	—	5	27.94	26.30	31.20
加信村	36.24	37.44	37.52	38.33	130	36.75	27.20	45.40
长富村	34.24	32.03	26.62	—	75	30.19	19.90	38.80
同德村	30.06	26.56	31.28	33.15	141	30.87	19.60	45.40
富民村	32.35	30.89	36.58	33.66	178	33.28	27.10	45.40
民主村	38.47	36.48	40.72	31.60	111	38.26	25.10	43.40
新建村	36.41	36.58	39.34	—	152	36.90	22.60	45.50
金凤村	33.24	33.23	36.96	32.08	121	33.87	25.10	45.60
福安村	36.75	34.15	—	38.76	68	36.86	22.60	41.30
太和村	33.99	—	35.37	28.50	51	33.65	27.80	41.30
安山村	32.10	34.52	31.38	34.40	42	34.01	30.10	36.80
适中村	39.34	39.58	34.60	42.33	74	39.43	28.20	48.10
腰排村	39.68	33.15	32.11	34.64	88	34.04	20.10	43.80
兴山村	—	33.91	32.65	33.15	117	32.95	12.00	42.10
金平村	42.53	—	40.48	39.66	49	40.70	31.60	56.90
兴福村	32.71	29.50	32.48	33.38	39	32.66	23.60	44.90
富星村	27.90	29.65	29.83	28.89	81	29.58	25.40	39.90

（续）

村名称	一级地平均值	二级地平均值	三级地平均值	四级地平均值	样本数	平均值	最小值	最大值
华炉村	39.43	42.63	39.74	34.10	34	40.31	27.90	48.30
集贤村	40.96	36.94	37.32	37.72	86	37.59	35.10	43.40
双合村	37.64	30.30	30.72	33.96	56	33.23	20.30	42.80
光明村	35.90	37.86	38.97	36.26	26	37.13	30.20	44.20
四合村	—	34.28	31.04	33.23	100	32.83	28.20	40.20
寿山村	32.30	33.30	30.60	30.28	89	31.62	28.10	40.10
长志村	30.64	32.66	30.14	31.01	84	31.03	26.30	42.00
宝山村	38.13	38.75	32.77	31.77	242	35.40	25.50	46.40
双星村	33.97	34.45	32.27	35.98	107	34.19	28.30	42.30
三星村	32.45	36.04	33.38	35.42	126	35.17	25.50	41.30
双志村	32.70	33.59	32.68	—	78	32.86	29.40	40.20
玉河村	33.71	34.26	31.91	32.02	112	32.81	24.10	43.30
新城村	33.04	34.24	36.41	31.63	113	35.12	27.30	40.20
火星村	30.75	38.63	31.31	27.27	88	29.08	21.70	41.20
黄玉村	32.19	37.68	33.99	33.07	209	33.89	25.30	40.10
合心村	33.58	29.83	28.03	33.90	250	29.83	19.40	42.50
文化村	35.39	27.23	32.85	34.53	114	32.92	18.40	37.80
延明村	31.35	23.28	27.45	26.97	104	26.08	19.80	39.10
朝奉村	38.65	35.93	35.85	40.19	97	38.21	18.40	49.60
东光村	38.69	38.70	33.74	36.63	58	34.71	26.40	42.30
福利村	33.02	38.30	31.04	33.24	52	32.53	26.50	40.20
长胜村	29.50	31.48	34.32	30.33	64	32.23	25.50	40.40
延兴村	30.53	35.64	34.18	30.00	147	32.23	24.10	48.80
中胜村	—	39.08	26.53	34.53	50	36.60	21.60	48.80
长安村	32.60	24.90	29.57	32.78	171	30.49	22.40	36.10
延中村	—	—	31.31	—	10	31.31	23.10	36.10
延河村	24.30	26.24	30.54	26.07	100	29.17	10.20	40.50
横山村	—	29.27	22.51	16.07	123	22.61	9.20	41.30
福安村1	33.03	30.11	27.90	30.74	185	29.60	19.20	45.30
顺兴村	29.77	32.13	24.81	23.88	102	28.25	18.00	48.40
东明村	—	31.99	26.28	22.53	32	26.47	10.20	33.30
平安村	37.75	32.78	29.00	34.74	127	32.58	21.60	46.00
盘龙村	34.26	14.74	23.09	19.44	217	22.58	11.20	39.40
兴安村	33.73	35.43	32.51	37.55	95	35.47	25.10	45.30
永胜村	32.23	35.62	31.44	28.45	182	32.81	15.00	48.40

（续）

村名称	一级地平均值	二级地平均值	三级地平均值	四级地平均值	样本数	平均值	最小值	最大值
团山村	—	30.60	15.89	18.03	35	16.92	13.70	30.60
万宝村	26.27	26.83	18.50	25.17	140	23.10	12.00	48.60
新发村	27.78	28.70	27.26	30.13	86	28.55	13.50	48.60
南村	—	—	24.88	—	32	24.88	11.20	28.70
新华村	—	24.75	31.37	21.76	39	29.79	20.10	39.10
新生村	35.87	36.39	33.75	34.10	78	34.41	25.80	49.70
新兴村	34.45	39.25	29.33	—	231	31.71	20.10	49.70
星光村	36.64	—	23.40	34.79	62	35.02	23.40	40.20
石城村	35.07	33.40	34.41	31.61	188	33.66	24.80	46.30
合福村	33.65	31.82	31.62	29.99	90	31.82	19.30	42.20
兴隆村	34.11	33.58	33.39	34.51	106	33.80	19.30	41.20
新胜村	33.71	35.61	32.34	26.15	126	33.83	22.30	43.70
百合村	32.76	36.69	29.17	18.50	179	32.39	8.10	47.50
北宁村	33.76	32.29	29.19	27.85	125	30.93	17.30	44.50
北顺村	27.79	31.82	27.02	28.90	159	29.04	20.30	47.40
北安村	32.79	35.22	29.92	23.10	140	31.72	18.90	43.60
新民村	28.50	34.60	27.85	32.42	70	32.37	21.10	44.10
共和村	26.50	27.90	23.21	24.98	87	25.65	8.90	41.20
太平川种畜场	37.43	32.76	33.98	30.55	209	34.34	21.70	44.10

附表 6-5　村级土壤有效磷养分含量统计表

单位：毫克/千克

村名称	一级地平均值	二级地平均值	三级地平均值	四级地平均值	样本数	平均值	最小值	最大值
城郊村	22.45	22.29	17.61	20.44	72	20.88	15.60	31.20
城东村	16.84	—	—	21.19	21	19.74	16.70	35.40
城南村	29.80	—	23.80	36.40	36	32.81	22.10	39.10
同安村	30.28	23.10	19.89	25.43	145	21.61	14.30	38.60
双金村	21.64	14.90	25.00	28.14	32	24.79	13.90	34.90
兴让村	19.83	28.82	21.36	18.84	115	22.14	10.90	32.70
长发村	21.41	25.98	17.74	19.90	56	19.98	10.90	31.20
玉山村	15.60	16.62	15.60	16.50	89	15.67	13.60	21.30
金河村	21.78	18.17	17.21	17.25	239	17.66	13.70	32.80
黑山村	—	31.90	19.13	24.43	117	24.07	13.50	36.20
班石村	24.68	20.66	22.56	20.18	86	22.28	17.50	31.20

（续）

村名称	一级地平均值	二级地平均值	三级地平均值	四级地平均值	样本数	平均值	最小值	最大值
洪福村	—	28.05	19.36	19.21	90	19.51	16.30	29.40
永安村	25.98	25.82	24.03	25.93	126	24.90	13.70	32.70
新友村	—	31.44	22.54	27.28	68	26.03	11.20	33.20
洪山村	—	28.20	21.84	23.96	129	25.47	13.80	36.20
红旗村	33.58	31.70	21.67	20.47	83	24.25	16.30	36.20
六团村	32.40	41.47	26.11	38.04	57	35.98	13.40	46.10
凌河村	27.29	25.98	—	27.05	25	26.94	18.90	59.00
永兴村	40.97	41.40	30.72	37.84	78	36.50	9.30	84.70
团结村	32.17	42.19	39.91	31.89	164	37.81	21.40	84.60
和平村	27.51	41.94	23.59	28.50	106	28.40	13.20	91.30
新合村	27.27	41.53	37.39	30.98	129	37.18	16.30	64.60
双龙村	36.81	39.48	27.58	22.20	216	36.26	9.50	92.20
奎兴村	30.90	36.63	29.21	16.70	287	32.18	12.80	67.50
桃山村	28.34	32.06	31.00	29.35	159	31.03	17.50	58.40
兴胜村	47.20	46.30	23.80	54.85	23	45.57	19.70	82.50
东安村	32.74	40.62	—	35.28	36	38.78	18.70	93.20
双安村	32.99	37.02	41.25	—	51	37.19	27.00	63.70
延新村	—	43.64	33.32	36.55	71	39.14	16.30	66.00
太安村	34.73	36.91	31.30	—	47	33.98	16.30	44.30
富源村	36.15	38.15	40.48	—	76	38.11	22.60	49.60
中和村	35.18	20.80	26.10	30.52	120	30.00	13.90	51.90
先锋村	—	38.72	29.56	25.18	36	29.25	24.40	53.20
万江村	29.21	33.28	25.41	32.86	132	28.77	13.70	91.30
胜利村	29.50	43.21	25.58	33.73	108	30.89	20.10	50.60
崇和村	29.88	26.51	38.04	28.08	120	30.55	14.40	67.40
富荣村	—	—	30.44	—	5	30.44	21.30	35.00
加信村	45.80	45.13	29.07	37.89	130	42.98	20.60	58.30
长富村	46.19	45.20	31.92	—	75	39.74	28.20	73.70
同德村	38.84	36.65	45.18	43.87	141	41.15	28.60	67.80
富民村	49.71	68.92	50.99	46.47	178	49.70	29.00	93.00
民主村	56.39	51.68	62.78	38.82	111	56.21	23.10	93.00
新建村	52.43	51.20	31.20	—	152	48.85	15.30	94.40
金凤村	35.56	41.49	32.56	35.60	121	36.15	16.40	63.20
福安村	36.19	42.73	—	25.38	68	35.14	20.30	56.30
太和村	62.57	—	59.56	41.17	51	58.75	25.30	91.30

（续）

村名称	一级地平均值	二级地平均值	三级地平均值	四级地平均值	样本数	平均值	最小值	最大值
安山村	40.10	33.95	27.98	34.25	42	33.26	22.10	40.10
适中村	30.50	30.07	25.31	29.52	74	29.64	10.60	38.90
腰排村	28.09	33.86	28.92	31.57	88	31.00	15.10	68.30
兴山村	—	34.95	30.74	31.12	117	31.64	17.60	46.60
金平村	23.50	—	24.02	31.34	49	27.44	15.10	59.10
兴福村	21.27	28.60	21.34	28.86	39	23.05	16.40	38.90
富星村	32.10	30.20	27.49	32.64	81	29.89	19.60	39.70
华炉村	23.44	22.79	24.61	26.00	34	23.67	19.10	32.10
集贤村	22.44	27.44	20.83	27.27	86	24.99	17.40	35.60
双合村	22.70	20.14	21.09	20.58	56	20.94	11.70	32.10
光明村	32.80	28.48	27.03	27.33	26	28.58	20.10	35.30
四合村	—	31.70	22.15	35.73	100	27.84	18.90	45.90
寿山村	35.10	30.93	23.61	18.90	89	26.32	18.20	46.70
长志村	37.36	33.10	27.81	21.91	84	29.11	2.90	92.90
宝山村	31.12	34.33	24.04	18.39	242	28.12	10.00	45.40
双星村	28.53	27.75	29.42	28.40	107	28.23	19.70	35.70
三星村	22.60	24.40	24.71	23.17	126	24.08	10.00	46.70
双志村	29.81	34.27	29.21	—	78	30.24	16.00	47.50
玉河村	27.67	27.78	25.34	31.43	112	27.16	19.60	34.10
新城村	23.27	25.78	20.73	21.03	113	21.89	10.00	40.60
火星村	24.72	25.00	22.75	24.77	88	24.49	13.80	34.60
黄玉村	23.03	26.65	19.90	22.69	209	21.45	11.30	31.10
合心村	23.94	29.07	30.91	16.50	250	28.76	14.80	41.20
文化村	20.77	40.37	23.50	29.68	114	24.00	14.20	58.80
延明村	21.65	13.84	19.97	19.34	104	17.82	10.50	35.60
朝奉村	18.21	13.25	13.89	14.63	97	14.89	10.50	58.50
东光村	19.90	19.60	17.70	17.90	58	18.05	11.90	24.90
福利村	24.70	29.84	24.88	20.10	52	24.67	15.50	31.90
长胜村	33.70	32.16	18.51	25.47	64	23.37	10.00	39.10
延兴村	29.00	24.76	21.69	29.99	147	26.72	13.20	39.10
中胜村	—	26.56	21.20	29.15	50	27.22	15.00	35.60
长安村	26.12	30.60	27.95	31.46	171	27.55	17.60	34.60
延中村	—	—	24.26	—	10	24.26	21.30	25.60
延河村	27.11	27.84	20.90	17.95	100	21.21	11.80	30.50
横山村	—	37.17	27.02	27.42	123	28.73	12.00	55.60

（续）

村名称	一级地平均值	二级地平均值	三级地平均值	四级地平均值	样本数	平均值	最小值	最大值
福安村 1	20.42	27.08	26.08	23.14	185	25.04	11.20	58.90
顺兴村	30.00	31.77	26.59	23.90	102	28.84	15.70	37.20
东明村	—	29.89	22.80	20.29	32	23.64	16.40	30.20
平安村	20.89	17.85	15.95	20.68	127	18.41	11.20	42.10
盘龙村	24.75	25.81	26.16	25.06	217	25.65	15.90	32.70
兴安村	29.02	27.74	22.96	26.59	95	27.07	11.20	35.60
永胜村	27.00	29.29	21.75	28.01	182	25.65	16.90	43.40
团山村	—	28.60	17.38	18.82	35	18.11	15.10	28.60
万宝村	26.71	30.26	20.96	21.23	140	23.03	12.70	73.30
新发村	25.58	26.57	20.45	18.75	86	22.26	13.20	61.30
南村	—		29.77	—	32	29.77	26.80	30.60
新华村	—	46.80	25.87	17.36	39	25.85	11.20	53.60
新生村	22.67	22.45	18.78	24.90	78	19.81	10.80	30.20
新兴村	20.90	25.39	23.10	—	231	23.24	10.80	31.90
星光村	23.60	—	11.20	19.70	62	20.44	11.20	26.30
石城村	47.18	36.92	32.59	33.61	188	36.27	13.20	74.70
合福村	34.80	27.38	22.55	22.11	90	26.63	12.30	51.80
兴隆村	41.90	39.09	35.53	35.59	106	38.38	17.50	83.60
新胜村	32.61	38.74	34.35	24.99	126	36.03	17.60	60.80
百合村	28.10	32.40	24.17	16.30	179	27.72	11.50	51.30
北宁村	44.20	37.74	25.08	22.75	125	32.82	8.30	74.70
北顺村	33.86	29.44	24.70	16.95	159	28.87	16.80	62.00
北安村	46.92	44.23	29.30	20.40	140	38.21	16.50	99.40
新民村	33.56	38.93	40.02	37.44	70	38.71	22.20	52.40
共和村	26.95	34.56	33.29	28.78	87	32.75	22.20	52.40
太平川种畜场	20.35	23.06	24.68	22.48	209	23.72	11.60	33.50

附表 6-6 村级土壤速效钾养分含量统计表

单位：毫克/千克

村名称	一级地平均值	二级地平均值	三级地平均值	四级地平均值	样本数	平均值	最小值	最大值
城郊村	33.40	35.31	33.20	33.53	72	33.74	25.00	54.00
城东村	39.71	—	—	44.00	21	42.57	38.00	61.00
城南村	56.60	—	47.60	67.29	36	61.58	44.00	77.00
同安村	57.25	57.32	37.46	50.00	145	43.42	18.00	79.00

（续）

村名称	一级地平均值	二级地平均值	三级地平均值	四级地平均值	样本数	平均值	最小值	最大值
双金村	40.86	36.00	42.00	96.38	32	68.50	20.00	200.00
兴让村	39.00	41.10	36.35	32.39	115	36.92	27.00	51.00
长发村	38.11	39.33	31.54	53.00	56	35.75	20.00	62.00
玉山村	25.44	30.60	24.69	31.00	89	25.17	20.00	41.00
金河村	47.00	32.51	30.05	31.78	239	31.88	21.00	59.00
黑山村	—	53.79	31.66	39.41	117	39.88	21.00	62.00
班石村	33.40	59.00	29.54	33.56	86	32.58	18.00	74.00
洪福村	—	33.50	42.50	43.21	90	42.52	22.00	53.00
永安村	35.13	40.98	41.12	45.00	126	40.78	27.00	72.00
新友村	—	40.08	36.08	39.00	68	37.71	24.00	43.00
洪山村	—	47.29	48.89	40.57	129	47.13	31.00	93.00
红旗村	97.91	102.83	40.52	29.65	83	53.07	26.00	122.00
六团村	60.70	78.17	52.08	84.09	57	70.75	34.00	98.00
凌河村	56.00	65.50	—	64.36	25	62.20	20.00	96.00
永兴村	64.00	74.88	72.83	52.35	78	67.92	20.00	116.00
团结村	78.67	77.67	75.63	80.34	164	77.30	55.00	103.00
和平村	58.36	77.44	47.66	58.42	106	57.11	24.00	97.00
新合村	85.33	73.14	70.19	61.18	129	69.59	52.00	98.00
双龙村	67.87	66.96	73.34	97.00	216	68.98	22.00	148.00
奎兴村	57.62	71.50	57.63	46.67	287	62.73	13.00	104.00
桃山村	59.81	64.43	69.25	74.50	159	65.59	40.00	100.00
兴胜村	17.00	61.60	54.80	28.45	23	40.39	14.00	97.00
东安村	85.20	85.12	—	65.80	36	82.44	42.00	118.00
双安村	74.68	69.50	79.17	—	51	76.10	60.00	96.00
延新村	—	66.42	57.82	65.92	71	63.66	43.00	82.00
太安村	51.00	56.06	61.52	—	47	57.53	40.00	80.00
富源村	70.55	81.00	75.13	—	76	77.01	53.00	104.00
中和村	69.92	44.89	65.00	77.55	120	70.79	41.00	148.00
先锋村	—	57.40	42.33	48.85	36	46.78	29.00	81.00
万江村	69.63	77.36	67.90	76.93	132	71.78	37.00	102.00
胜利村	67.05	75.27	47.36	102.64	108	72.64	29.00	148.00
崇和村	62.89	65.42	57.18	96.00	120	65.09	14.00	98.00
富荣村	—	—	45.00	—	5	45.00	35.00	50.00
加信村	32.52	38.80	38.08	26.50	130	32.72	14.00	68.00

（续）

村名称	一级地平均值	二级地平均值	三级地平均值	四级地平均值	样本数	平均值	最小值	最大值
长富村	24.13	38.48	45.97	—	75	38.61	13.00	79.00
同德村	37.70	43.40	25.75	25.79	141	32.44	14.00	86.00
富民村	38.03	70.50	25.89	30.91	178	35.76	6.00	118.00
民主村	40.10	38.79	41.35	46.67	111	40.77	14.00	118.00
新建村	32.18	30.59	25.95	—	152	30.48	14.00	56.00
金凤村	39.70	41.27	53.93	43.67	121	44.12	24.00	82.00
福安村	23.00	18.25	—	34.78	68	24.28	14.00	46.00
太和村	41.10	—	43.20	46.14	51	42.41	20.00	58.00
安山村	62.00	130.24	65.17	76.00	42	116.74	44.00	202.00
适中村	53.31	54.51	52.00	89.80	74	58.78	20.00	145.00
腰排村	55.00	55.27	47.54	49.55	88	50.94	15.00	114.00
兴山村	—	56.42	63.82	59.18	117	61.86	37.00	91.00
金平村	50.80	—	28.50	34.13	49	38.08	15.00	121.00
兴福村	50.67	60.00	52.78	54.38	39	52.64	25.00	62.00
富星村	87.00	77.76	67.82	85.29	81	76.56	40.00	102.00
华炉村	44.15	43.60	38.90	67.00	34	43.12	15.00	87.00
集贤村	17.14	104.27	26.92	90.65	86	70.15	15.00	202.00
双合村	67.43	47.00	37.27	47.28	56	47.09	14.00	129.00
光明村	82.75	70.10	67.67	74.89	26	73.42	34.00	116.00
四合村	—	53.04	46.19	45.50	100	49.64	33.00	103.00
寿山村	65.50	66.94	48.78	45.20	89	55.69	36.00	96.00
长志村	71.25	68.09	61.53	54.07	84	62.92	33.00	127.00
宝山村	62.84	60.32	56.80	44.56	242	58.29	24.00	101.00
双星村	77.67	77.91	73.39	63.06	107	74.71	34.00	199.00
三星村	70.50	66.80	56.27	64.50	126	63.66	28.00	93.00
双志村	57.00	70.60	68.80	—	78	67.94	42.00	112.00
玉河村	40.43	42.85	45.20	32.33	112	42.04	25.00	63.00
新城村	37.85	41.92	33.09	40.83	113	35.58	17.00	62.00
火星村	46.55	37.33	41.58	53.90	88	49.82	30.00	70.00
黄玉村	51.09	51.63	48.03	51.03	209	49.40	32.00	71.00
合心村	43.64	49.18	53.19	56.00	250	49.84	14.00	72.00
文化村	47.00	59.33	46.64	46.00	114	46.97	20.00	78.00
延明村	42.75	57.97	40.97	51.66	104	50.19	25.00	66.00
朝奉村	50.26	39.43	40.13	46.45	97	44.56	24.00	94.00

（续）

村名称	一级地平均值	二级地平均值	三级地平均值	四级地平均值	样本数	平均值	最小值	最大值
东光村	47.13	32.00	38.80	46.25	58	40.34	24.00	59.00
福利村	42.77	35.40	46.41	45.43	52	44.31	30.00	54.00
长胜村	60.80	66.80	52.43	53.50	64	54.61	40.00	71.00
延兴村	61.06	52.75	46.03	59.00	147	55.14	26.00	84.00
中胜村	—	58.89	32.33	71.11	50	61.94	24.00	90.00
长安村	54.60	30.00	44.83	58.40	171	47.88	20.00	66.00
延中村	—	—	50.30	—	10	50.30	30.00	60.00
延河村	28.86	35.60	34.49	30.19	100	33.46	20.00	46.00
横山村	—	59.80	42.02	30.68	123	43.16	22.00	90.00
福安村 1	48.84	60.63	50.54	39.25	185	50.70	13.00	123.00
顺兴村	39.86	40.57	37.06	40.88	102	39.16	12.00	67.00
东明村	—	28.14	26.31	31.67	32	28.22	16.00	44.00
平安村	58.83	58.06	52.14	57.65	127	55.66	16.00	101.00
盘龙村	60.20	34.32	39.22	41.84	217	41.97	26.00	78.00
兴安村	60.25	56.88	42.64	51.19	95	53.93	18.00	90.00
永胜村	41.50	69.28	57.18	57.76	182	61.82	22.00	82.00
团山村	—	80.00	38.88	45.20	35	41.86	34.00	80.00
万宝村	67.22	66.50	40.82	46.64	140	49.25	16.00	77.00
新发村	58.50	61.56	45.72	42.67	86	50.73	25.00	71.00
南村	—	—	32.22	—	32	32.22	30.00	33.00
新华村	—	69.50	56.47	35.60	39	54.46	29.00	79.00
新生村	49.00	48.12	47.54	50.00	78	47.76	26.00	68.00
新兴村	48.82	42.00	42.17	—	231	42.94	19.00	68.00
星光村	38.71	—	29.00	40.38	62	39.82	15.00	71.00
石城村	61.24	56.98	53.85	53.64	188	56.03	21.00	146.00
合福村	54.50	58.65	48.57	55.00	90	53.56	2.00	98.00
兴隆村	68.27	56.87	46.92	43.50	106	55.21	12.00	120.00
新胜村	37.11	45.87	37.20	32.88	126	41.67	16.00	74.00
百合村	64.14	65.26	62.06	59.00	179	63.55	40.00	126.00
北宁村	54.17	52.31	51.23	49.10	125	51.88	25.00	127.00
北顺村	53.63	59.11	56.92	57.33	159	56.72	28.00	92.00
北安村	37.41	47.24	45.17	36.00	140	42.36	22.00	94.00
新民村	49.20	76.23	68.41	52.20	70	70.69	39.00	135.00
共和村	54.50	82.59	60.63	67.11	87	71.17	36.00	132.00
太平川种畜场	38.05	43.00	34.72	26.75	209	35.17	12.00	98.00

附表6-7　村级土壤全磷养分含量统计表

单位：克/千克

村名称	一级地平均值	二级地平均值	三级地平均值	四级地平均值	样本数	平均值	最小值	最大值
城郊村	1.10	1.10	1.09	1.11	72	1.10	1.00	1.20
城东村	1.10	—	—	1.12	21	1.11	1.10	1.20
城南村	1.18	—	1.24	1.20	36	1.20	1.10	1.30
同安村	1.45	1.24	1.15	1.16	145	1.18	0.80	1.50
双金村	1.09	1.10	1.10	1.18	32	1.14	0.90	1.30
兴让村	1.11	1.10	1.10	1.10	115	1.10	1.10	1.20
长发村	1.10	1.10	1.01	1.17	56	1.06	0.80	1.20
玉山村	0.96	1.06	0.96	1.10	89	0.97	0.80	1.10
金河村	1.17	1.12	1.11	1.12	239	1.12	1.00	1.40
黑山村	—	1.16	1.10	1.12	117	1.12	1.10	1.20
班石村	1.10	1.14	1.05	1.08	86	1.06	0.70	1.20
洪福村	—	1.10	1.10	1.11	90	1.10	0.90	1.20
永安村	1.10	1.10	1.12	1.13	126	1.11	1.00	1.20
新友村	—	1.08	1.09	1.02	68	1.08	1.00	1.10
洪山村	—	1.22	1.23	1.11	129	1.21	1.10	1.90
红旗村	1.20	1.20	1.17	1.11	83	1.15	1.10	1.70
六团村	1.27	1.48	1.20	1.53	57	1.39	1.10	1.60
凌河村	1.21	1.28	—	1.33	25	1.29	1.10	1.60
永兴村	1.27	1.35	1.33	1.24	78	1.31	1.10	1.70
团结村	1.48	1.47	1.42	1.50	164	1.45	1.20	1.60
和平村	1.17	1.46	1.10	1.26	106	1.21	1.00	2.00
新合村	1.47	1.36	1.34	1.25	129	1.33	1.20	1.70
双龙村	1.31	1.29	1.30	1.70	216	1.30	1.10	1.70
奎兴村	1.20	1.42	1.30	1.27	287	1.33	0.70	1.60
桃山村	1.25	1.26	1.30	1.35	159	1.28	1.00	1.60
兴胜村	0.90	1.28	1.20	1.16	23	1.17	0.70	1.60
东安村	1.44	1.46	—	1.38	36	1.45	1.10	1.70
双安村	1.44	1.32	1.50	—	51	1.45	1.20	1.70
延新村	—	1.25	1.17	1.25	71	1.23	1.10	1.40
太安村	1.10	1.12	1.17	—	47	1.14	1.00	1.40
富源村	1.31	1.39	1.33	—	76	1.36	1.20	1.60
中和村	1.33	1.13	1.20	1.34	120	1.30	1.10	1.60
先锋村	—	1.34	1.14	1.16	36	1.18	1.10	1.60

（续）

村名称	一级地平均值	二级地平均值	三级地平均值	四级地平均值	样本数	平均值	最小值	最大值
万江村	1.30	1.38	1.24	1.29	132	1.28	1.10	1.70
胜利村	1.29	1.48	1.17	1.27	108	1.26	1.10	1.60
崇和村	1.31	1.34	1.26	1.60	120	1.33	0.70	1.70
富荣村	—	—	1.16	—	5	1.16	1.10	1.20
加信村	1.09	1.09	1.09	0.97	130	1.08	0.80	1.20
长富村	0.97	1.10	1.08	—	75	1.06	0.70	1.40
同德村	1.07	1.13	1.03	0.99	141	1.04	0.80	1.50
富民村	1.11	1.33	0.92	1.02	178	1.07	0.80	1.60
民主村	1.13	1.10	1.09	1.22	111	1.12	0.80	1.40
新建村	1.09	1.03	0.92	—	152	1.03	0.70	1.20
金凤村	1.13	1.13	1.19	1.18	121	1.15	1.10	1.60
福安村	0.88	0.78	—	0.99	68	0.89	0.70	1.10
太和村	1.15	—	1.11	1.14	51	1.14	1.00	1.30
安山村	1.20	1.24	1.17	1.20	42	1.23	1.10	1.30
适中村	1.13	1.20	1.11	1.18	74	1.17	1.10	1.60
腰排村	1.18	1.23	1.16	1.15	88	1.18	0.70	1.70
兴山村	—	1.21	1.26	1.18	117	1.24	1.10	1.60
金平村	0.99	—	0.91	0.99	49	0.97	0.70	1.20
兴福村	1.13	1.20	1.16	1.15	39	1.15	0.80	1.20
富星村	1.60	1.43	1.26	1.57	81	1.41	1.10	1.70
华炉村	1.12	1.16	1.10	1.40	34	1.13	0.80	1.60
集贤村	0.79	1.18	0.89	1.02	86	1.02	0.70	1.40
双合村	1.19	1.14	1.10	1.15	56	1.14	0.70	1.40
光明村	1.40	1.33	1.27	1.36	26	1.34	1.00	1.70
四合村	—	1.14	1.13	1.10	100	1.13	1.10	1.30
寿山村	1.20	1.27	1.14	1.12	89	1.19	1.10	1.60
长志村	1.20	1.18	1.19	1.18	84	1.18	1.10	1.40
宝山村	1.22	1.20	1.20	1.11	242	1.20	0.90	1.60
双星村	1.43	1.35	1.43	1.22	107	1.35	1.10	1.60
三星村	1.30	1.26	1.19	1.26	126	1.24	1.10	1.60
双志村	1.19	1.18	1.20	—	78	1.19	1.10	1.40
玉河村	1.12	1.14	1.13	1.10	112	1.13	1.00	1.20
新城村	1.09	1.13	1.06	1.13	113	1.08	0.80	1.20
火星村	1.16	1.10	1.13	1.19	88	1.17	1.10	1.30

（续）

村名称	一级地平均值	二级地平均值	三级地平均值	四级地平均值	样本数	平均值	最小值	最大值
黄玉村	1.15	1.16	1.15	1.15	209	1.15	1.10	1.20
合心村	1.12	1.14	1.15	1.20	250	1.14	0.80	1.20
文化村	1.16	1.17	1.20	1.15	114	1.20	1.10	1.30
延明村	1.15	1.17	1.13	1.17	104	1.16	1.10	1.20
朝奉村	1.18	1.12	1.13	1.17	97	1.15	1.10	1.60
东光村	1.16	1.10	1.15	1.20	58	1.15	1.10	1.40
福利村	1.12	1.10	1.14	1.11	52	1.13	1.10	1.20
长胜村	1.18	1.20	1.14	1.15	64	1.15	1.10	1.20
延兴村	1.21	1.26	1.16	1.18	147	1.20	1.10	1.60
中胜村	—	1.40	1.20	1.42	50	1.39	1.10	1.70
长安村	1.17	1.10	1.15	1.20	171	1.15	1.10	1.30
延中村	—	—	1.20	—	10	1.20	1.10	1.30
延河村	1.10	1.10	1.10	1.10	100	1.10	1.10	1.10
横山村	—	1.32	1.16	1.11	123	1.18	1.00	1.70
福安村 1	1.12	1.14	1.14	1.10	185	1.13	0.70	1.20
顺兴村	1.05	1.05	1.02	1.13	102	1.05	0.70	1.20
东明村	—	1.07	0.99	1.01	32	1.01	0.70	1.10
平安村	1.23	1.22	1.15	1.20	127	1.19	0.70	1.60
盘龙村	1.18	1.10	1.13	1.12	217	1.13	1.10	1.20
兴安村	1.27	1.25	1.15	1.16	95	1.21	0.80	1.60
永胜村	1.08	1.18	1.19	1.18	182	1.18	0.90	1.20
团山村	—	1.20	1.11	1.13	35	1.12	1.10	1.20
万宝村	1.20	1.19	1.11	1.14	140	1.14	0.70	1.20
新发村	1.17	1.20	1.14	1.13	86	1.16	1.10	1.20
南村	—	—	1.10	—	32	1.10	1.10	1.10
新华村	—	1.20	1.18	1.10	39	1.17	1.10	1.20
新生村	1.13	1.14	1.13	1.10	78	1.13	1.00	1.20
新兴村	1.14	1.14	1.11	—	231	1.12	0.80	1.20
星光村	1.05	—	1.10	1.06	62	1.06	0.80	1.20
石城村	1.15	1.17	1.15	1.16	188	1.16	1.00	1.50
合福村	1.11	1.16	1.10	1.20	90	1.14	0.70	1.60
兴隆村	1.18	1.13	1.10	1.11	106	1.13	0.70	1.20
新胜村	1.06	1.10	1.00	0.99	126	1.06	0.70	1.20
百合村	1.24	1.22	1.25	1.20	179	1.24	1.10	1.70

（续）

村名称	一级地平均值	二级地平均值	三级地平均值	四级地平均值	样本数	平均值	最小值	最大值
北宁村	1.13	1.15	1.18	1.18	125	1.16	1.00	1.60
北顺村	1.16	1.18	1.18	1.20	159	1.18	1.10	1.60
北安村	1.13	1.22	1.15	1.10	140	1.15	1.10	1.70
新民村	1.14	1.21	1.35	1.20	70	1.24	1.10	1.70
共和村	1.20	1.21	1.24	1.23	87	1.22	1.10	1.70
太平川种畜场	1.14	1.10	1.13	1.10	209	1.13	0.70	1.70

附表 6-8　村级土壤全钾养分含量统计表

单位：克/千克

村名称	一级地平均值	二级地平均值	三级地平均值	四级地平均值	样本数	平均值	最小值	最大值
城郊村	27.83	30.14	29.73	18.88	72	26.28	14.40	39.30
城东村	23.97	—	—	24.89	21	24.59	22.50	33.40
城南村	28.86	—	25.96	31.26	36	29.86	20.00	35.60
同安村	25.58	18.85	26.24	24.93	145	24.74	10.80	39.00
双金村	20.78	21.70	17.20	16.94	32	18.78	12.40	26.40
兴让村	25.74	17.18	19.51	20.34	115	19.97	15.40	39.50
长发村	26.06	26.75	23.96	22.57	56	24.90	11.50	29.50
玉山村	22.16	21.40	21.94	21.80	89	21.93	13.90	25.80
金河村	30.16	24.03	24.39	22.37	239	24.24	15.90	39.20
黑山村	—	20.07	17.80	17.17	117	18.32	12.70	25.30
班石村	35.40	34.71	33.10	29.43	86	32.98	19.20	39.30
洪福村	—	38.65	33.41	34.35	90	33.82	29.20	39.30
永安村	29.73	25.79	27.03	27.40	126	26.73	19.60	34.20
新友村	—	20.98	21.21	21.40	68	21.14	14.60	27.60
洪山村	—	28.04	24.62	21.33	129	26.09	13.20	39.60
红旗村	31.39	29.51	30.18	29.68	83	30.06	23.40	36.30
六团村	22.32	30.47	21.02	18.22	57	24.69	16.20	36.00
凌河村	26.79	30.43	—	25.40	25	26.59	19.20	37.30
永兴村	33.27	30.61	27.82	26.05	78	28.51	16.20	38.20
团结村	24.87	19.67	24.63	29.13	164	25.12	16.40	34.30
和平村	24.05	29.81	25.83	18.54	106	24.36	16.10	36.00
新合村	21.23	28.16	27.77	24.79	129	27.10	15.90	39.60
双龙村	22.83	23.33	20.23	16.20	216	22.48	16.20	36.00
奎兴村	23.85	23.09	22.64	24.93	287	23.05	16.20	36.20

（续）

村名称	一级地平均值	二级地平均值	三级地平均值	四级地平均值	样本数	平均值	最小值	最大值
桃山村	28.05	24.73	24.41	24.30	159	25.15	18.20	35.70
兴胜村	22.35	26.88	26.14	24.78	23	25.32	19.60	33.20
东安村	28.22	24.07	—	19.50	36	24.01	16.20	31.20
双安村	25.01	21.78	23.54	—	51	23.97	16.80	34.10
延新村	—	27.44	22.80	21.67	71	24.95	12.20	38.20
太安村	25.14	28.41	25.61	—	47	26.53	17.40	34.30
富源村	34.50	30.37	30.54	—	76	31.49	12.80	39.20
中和村	20.52	15.92	21.30	22.48	120	21.05	7.30	39.80
先锋村	—	30.58	20.98	14.75	36	20.06	12.00	39.00
万江村	23.54	22.98	19.62	22.66	132	21.16	9.30	39.40
胜利村	31.59	20.35	31.38	24.43	108	27.98	15.50	39.30
崇和村	26.70	28.53	31.75	27.68	120	27.68	13.20	39.30
富荣村	—	—	23.44	—	5	23.44	19.20	31.90
加信村	24.50	24.03	19.39	27.23	130	24.33	13.90	39.20
长富村	24.92	29.49	27.37	—	75	27.61	13.20	39.60
同德村	23.44	25.20	22.98	21.20	141	22.68	13.20	38.00
富民村	20.30	23.96	22.58	21.70	178	21.41	11.60	39.40
民主村	24.33	22.82	26.95	20.86	111	24.67	11.60	39.40
新建村	24.32	23.73	23.12	—	152	23.84	14.00	38.50
金凤村	19.98	19.95	21.24	18.75	121	20.02	11.60	31.90
福安村	26.79	24.53	—	30.18	68	27.10	19.20	32.40
太和村	21.76	—	23.19	26.29	51	22.80	18.30	35.70
安山村	29.90	19.62	24.60	29.65	42	21.05	12.70	29.90
适中村	21.76	23.48	20.57	27.23	74	23.34	12.30	33.20
腰排村	19.41	24.10	16.70	21.77	88	20.61	7.30	32.00
兴山村	—	18.14	27.35	19.04	117	24.68	7.30	35.20
金平村	19.20	—	17.91	20.06	49	19.36	8.60	26.60
兴福村	23.48	10.20	21.96	26.83	39	23.12	10.20	30.10
富星村	20.10	20.69	22.88	18.23	81	20.92	8.70	34.10
华炉村	18.49	12.13	12.41	20.60	34	14.89	4.50	30.90
集贤村	14.60	20.92	17.15	12.58	86	17.03	10.20	30.10
双合村	23.51	26.94	27.79	24.27	56	25.36	16.20	37.90
光明村	22.63	21.98	22.23	24.80	26	23.08	17.00	29.00
四合村	—	23.48	16.44	26.03	100	20.61	9.70	29.70

(续)

村名称	一级地平均值	二级地平均值	三级地平均值	四级地平均值	样本数	平均值	最小值	最大值
寿山村	22.55	19.52	21.39	23.44	89	20.84	13.60	29.90
长志村	28.58	31.07	28.21	27.47	84	28.90	21.30	38.90
宝山村	23.36	25.31	23.68	23.31	242	24.16	11.00	35.00
双星村	17.60	17.50	17.65	11.78	107	16.68	10.30	30.10
三星村	24.40	23.88	25.42	19.58	126	22.96	11.50	31.30
双志村	26.41	27.93	23.53	—	78	24.67	15.60	38.20
玉河村	27.50	27.08	26.87	23.77	112	26.62	22.10	35.40
新城村	21.14	22.30	19.43	21.67	113	20.26	14.60	29.40
火星村	26.83	26.87	29.20	23.63	88	25.30	7.50	35.20
黄玉村	29.34	24.55	30.81	30.02	209	30.01	21.30	38.50
合心村	27.81	29.90	30.53	34.20	250	29.76	20.70	35.30
文化村	17.11	29.43	24.35	24.20	114	24.03	11.30	35.10
延明村	26.00	23.08	28.04	24.15	104	25.03	14.60	39.00
朝奉村	29.76	32.57	33.11	31.86	97	31.81	15.00	39.00
东光村	33.43	32.10	29.87	31.98	58	30.54	21.00	35.50
福利村	32.00	35.00	28.42	32.86	52	30.55	19.40	38.50
长胜村	35.50	35.50	28.11	31.86	64	30.67	19.40	37.50
延兴村	27.49	26.24	25.70	29.84	147	27.57	16.20	39.10
中胜村	—	22.91	34.70	24.28	50	24.14	20.20	39.00
长安村	23.89	20.10	22.94	22.18	171	23.17	11.30	30.20
延中村	—	—	29.39	—	10	29.39	28.70	31.20
延河村	34.36	35.56	25.92	26.51	100	27.09	14.30	37.10
横山村	—	26.62	25.28	24.21	123	25.33	10.20	39.50
福安村1	30.70	30.93	27.86	26.58	185	28.74	12.90	39.50
顺兴村	23.96	22.48	22.50	23.18	102	22.95	7.90	36.30
东明村	—	23.00	20.99	19.80	32	21.10	16.40	39.10
平安村	30.46	26.95	24.56	29.04	127	27.15	12.10	36.30
盘龙村	20.31	28.86	27.31	26.64	217	26.44	12.20	36.50
兴安村	19.45	18.76	24.44	19.87	95	20.01	11.00	33.20
永胜村	24.30	14.13	16.90	16.23	182	15.86	10.20	36.20
团山村	—	11.80	25.73	23.64	35	24.74	11.80	27.80
万宝村	16.12	19.21	24.25	26.38	140	23.72	10.90	38.10
新发村	21.55	23.42	21.62	23.28	86	22.64	10.10	38.10
南村	—	—	22.42	—	32	22.42	20.00	31.00

（续）

村名称	一级地平均值	二级地平均值	三级地平均值	四级地平均值	样本数	平均值	最小值	最大值
新华村	—	19.75	16.61	11.66	39	16.13	11.00	28.10
新生村	25.07	12.65	22.84	21.00	78	20.68	9.90	34.30
新兴村	19.47	18.25	19.20	—	231	19.07	9.90	33.70
星光村	24.31	—	11.00	22.89	62	23.02	10.80	38.10
石城村	26.92	26.63	25.42	25.06	188	26.07	18.00	36.00
合福村	25.75	26.16	27.64	26.57	90	26.61	10.40	39.30
兴隆村	28.37	28.03	27.16	27.58	106	27.83	9.90	36.30
新胜村	26.88	25.58	28.06	27.49	126	26.58	18.30	38.10
百合村	18.97	20.47	19.21	21.00	179	19.60	4.40	35.40
北宁村	25.89	23.60	21.21	19.32	125	22.68	10.20	33.70
北顺村	21.93	22.94	24.44	27.75	159	23.27	10.90	37.00
北安村	18.29	16.50	16.05	23.50	140	17.09	9.80	26.80
新民村	25.18	25.52	22.72	23.10	70	24.65	16.90	35.60
共和村	22.05	21.84	27.19	24.52	87	24.24	16.60	35.00
太平川种畜场	20.83	20.81	21.41	25.29	209	21.51	11.60	38.30

附表 6-9　村级土壤有效锌养分含量统计表

单位：毫克/千克

村名称	一级地平均值	二级地平均值	三级地平均值	四级地平均值	样本数	平均值	最小值	最大值
城郊村	0.52	0.53	0.44	1.10	72	0.66	0.07	1.42
城东村	0.64	—	—	0.67	21	0.66	0.42	0.78
城南村	0.50	—	0.48	0.43	36	0.46	0.36	0.59
同安村	0.33	1.30	0.86	0.98	145	0.94	0.15	2.33
双金村	0.79	0.46	1.18	1.16	32	0.97	0.46	2.01
兴让村	0.52	0.82	0.50	0.51	115	0.56	0.22	1.26
长发村	0.67	0.68	0.53	0.61	56	0.60	0.12	1.23
玉山村	0.32	0.34	0.30	0.30	89	0.31	0.12	0.61
金河村	1.00	0.59	0.49	0.58	239	0.56	0.22	1.46
黑山村	—	1.26	0.76	1.00	117	0.96	0.29	1.67
班石村	0.74	1.79	0.70	0.54	86	0.77	0.28	2.13
洪福村	—	1.08	0.47	0.41	90	0.47	0.26	1.20
永安村	0.78	1.00	0.91	1.02	126	0.94	0.34	2.29
新友村	—	0.99	0.93	0.60	68	0.93	0.22	2.01
洪山村	—	1.03	0.75	0.86	129	0.91	0.10	2.29

（续）

村名称	一级地平均值	二级地平均值	三级地平均值	四级地平均值	样本数	平均值	最小值	最大值
红旗村	3.13	3.27	1.33	1.15	83	1.78	0.32	4.00
六团村	0.57	1.62	0.64	1.37	57	1.18	0.26	2.10
凌河村	0.58	0.67	—	0.79	25	0.71	0.12	1.29
永兴村	0.91	1.62	1.02	0.70	78	1.13	0.12	4.68
团结村	0.77	1.54	0.72	0.77	164	0.86	0.05	4.67
和平村	0.67	1.40	0.60	1.43	106	0.92	0.03	2.10
新合村	1.87	1.72	1.68	0.79	129	1.50	0.34	3.24
双龙村	0.76	1.19	0.81	0.79	216	1.03	0.12	2.58
奎兴村	0.90	1.28	1.01	0.47	287	1.09	0.11	2.20
桃山村	0.93	1.05	0.95	0.79	159	0.99	0.22	2.13
兴胜村	0.17	0.57	0.40	0.30	23	0.37	0.12	1.46
东安村	0.97	1.32	—	0.79	36	1.20	0.36	3.25
双安村	1.14	1.15	1.20	—	51	1.17	0.46	2.14
延新村	—	1.04	0.66	0.57	71	0.84	0.47	2.68
太安村	1.18	1.29	0.89	—	47	1.09	0.30	1.54
富源村	1.48	0.85	1.46	—	76	1.14	0.26	2.40
中和村	0.72	0.70	1.03	1.24	120	1.04	0.29	2.23
先锋村	—	1.28	0.88	0.65	36	0.85	0.34	2.57
万江村	1.19	1.34	0.86	1.11	132	1.03	0.10	2.52
胜利村	0.63	0.37	0.53	0.80	108	0.63	0.17	1.23
崇和村	0.61	0.47	0.90	0.95	120	0.67	0.06	2.12
富荣村	—	—	0.47	—	5	0.47	0.03	0.69
加信村	0.75	0.46	1.39	0.87	130	0.81	0.14	2.35
长富村	0.33	0.54	0.45	—	75	0.46	0.04	1.57
同德村	0.44	0.42	0.54	0.23	141	0.33	0.04	1.92
富民村	0.40	0.76	0.65	0.46	178	0.48	0.05	2.50
民主村	1.60	1.59	2.05	0.78	111	1.70	0.24	2.57
新建村	0.63	0.72	0.40	—	152	0.65	0.09	2.55
金凤村	0.82	0.85	1.27	0.83	121	0.93	0.10	5.19
福安村	0.93	0.56	—	1.66	68	1.00	0.28	2.06
太和村	0.65	—	1.05	0.25	51	0.71	0.04	1.89
安山村	0.87	1.24	0.97	0.86	42	1.17	0.36	2.68
适中村	1.11	1.71	0.81	0.73	74	1.36	0.23	3.48
腰排村	0.91	1.41	0.93	0.76	88	0.99	0.11	2.32

（续）

村名称	一级地平均值	二级地平均值	三级地平均值	四级地平均值	样本数	平均值	最小值	最大值
兴山村	—	3.08	1.34	2.14	117	1.77	0.12	11.00
金平村	0.77	—	0.46	0.52	49	0.58	0.11	1.50
兴福村	1.39	1.37	1.18	1.13	39	1.24	0.67	1.63
富星村	2.03	1.40	1.18	1.75	81	1.40	0.20	2.13
华炉村	1.40	0.70	0.55	1.20	34	0.94	0.18	2.03
集贤村	0.76	1.27	0.86	1.13	86	1.07	0.19	2.13
双合村	0.76	0.69	0.81	0.76	56	0.77	0.15	2.01
光明村	1.21	1.33	1.23	1.20	26	1.25	0.62	1.57
四合村	—	1.31	0.99	0.77	100	1.14	0.15	2.30
寿山村	2.37	1.99	1.18	1.07	89	1.50	0.09	4.19
长志村	1.68	1.90	1.66	2.43	84	1.87	0.31	5.58
宝山村	1.49	1.40	0.94	1.22	242	1.18	0.06	3.31
双星村	2.07	2.31	2.04	1.17	107	2.08	0.05	4.19
三星村	1.07	1.07	0.61	1.24	126	1.01	0.08	4.19
双志村	0.81	0.99	1.10	—	78	1.05	0.09	2.13
玉河村	0.70	1.00	0.74	0.77	112	0.80	0.23	2.16
新城村	1.09	1.30	0.44	1.44	113	0.74	0.06	4.34
火星村	0.92	0.82	1.27	0.94	88	0.98	0.12	2.50
黄玉村	0.75	0.68	0.50	0.72	209	0.60	0.08	1.11
合心村	0.41	0.69	0.76	1.10	250	0.67	0.05	1.12
文化村	0.33	1.28	0.64	0.56	114	0.64	0.04	1.52
延明村	1.72	0.50	1.04	0.89	104	0.84	0.09	2.50
朝奉村	0.68	0.32	0.51	0.63	97	0.55	0.06	1.91
东光村	0.58	0.05	0.65	0.58	58	0.62	0.05	1.20
福利村	0.41	0.55	0.44	0.52	52	0.45	0.16	0.95
长胜村	0.41	0.57	0.41	0.32	64	0.39	0.08	0.80
延兴村	0.88	0.83	0.68	0.68	147	0.76	0.17	1.56
中胜村	—	0.95	0.49	1.13	50	0.99	0.17	1.56
长安村	0.27	0.23	0.25	0.21	171	0.26	0.04	0.87
延中村	—	—	1.11	—	10	1.11	0.85	1.68
延河村	0.75	0.86	0.74	0.83	100	0.76	0.25	1.19
横山村	—	2.04	1.43	1.55	123	1.55	0.12	2.64
福安村 1	0.64	1.64	1.28	0.90	185	1.21	0.13	2.52
顺兴村	1.09	1.33	1.09	0.94	102	1.15	0.01	2.22

（续）

村名称	一级地平均值	二级地平均值	三级地平均值	四级地平均值	样本数	平均值	最小值	最大值
东明村	—	1.89	0.70	0.46	32	0.90	0.27	2.01
平安村	0.75	0.65	0.52	0.79	127	0.66	0.13	2.23
盘龙村	0.89	1.18	0.77	1.36	217	0.99	0.06	2.29
兴安村	1.07	1.26	1.12	0.98	95	1.09	0.23	2.24
永胜村	1.86	1.21	1.11	1.65	182	1.23	0.01	2.44
团山村	—	1.52	1.51	1.53	35	1.52	1.50	1.56
万宝村	1.86	2.01	1.35	1.24	140	1.45	0.19	6.55
新发村	1.78	2.07	1.24	1.47	86	1.61	0.19	5.30
南村	—	—	1.11	—	32	1.11	1.06	1.30
新华村	—	1.14	0.46	0.46	39	0.49	0.06	1.22
新生村	0.99	1.32	0.93	0.70	78	1.01	0.33	1.69
新兴村	0.82	1.60	0.54	—	231	0.76	0.06	2.22
星光村	1.46	—	0.27	0.97	62	1.07	0.20	2.31
石城村	2.18	2.26	2.49	1.74	188	2.25	0.36	9.06
合福村	1.43	1.67	1.21	1.17	90	1.35	0.21	2.96
兴隆村	1.91	1.64	1.39	1.43	106	1.61	0.41	5.26
新胜村	0.98	1.64	1.29	0.58	126	1.41	0.34	3.06
百合村	0.85	1.51	0.75	0.56	179	1.03	0.02	3.06
北宁村	1.65	1.74	1.19	0.97	125	1.42	0.06	4.67
北顺村	1.34	1.74	1.12	1.36	159	1.42	0.16	3.46
北安村	1.43	1.42	0.53	0.31	140	1.01	0.09	4.27
新民村	2.17	2.76	2.24	1.70	70	2.52	1.05	5.29
共和村	1.75	2.11	2.17	2.15	87	2.13	1.30	5.26
太平川种畜场	0.59	1.07	0.70	0.42	209	0.68	0.23	2.73

附表 6-10　村级土壤有效铜养分含量统计表

单位：毫克/千克

村名称	一级地平均值	二级地平均值	三级地平均值	四级地平均值	样本数	平均值	最小值	最大值
城郊村	0.74	0.69	0.67	0.69	72	0.70	0.31	0.95
城东村	0.58	—	—	0.57	21	0.57	0.55	0.62
城南村	0.69	—	0.84	0.76	36	0.75	0.54	1.44
同安村	1.18	1.30	1.08	1.10	145	1.12	0.56	1.65
双金村	0.60	0.59	0.53	0.87	32	0.73	0.33	1.87
兴让村	0.71	1.09	0.91	0.84	115	0.90	0.42	1.72

（续）

村名称	一级地平均值	二级地平均值	三级地平均值	四级地平均值	样本数	平均值	最小值	最大值
长发村	0.95	0.97	0.87	0.81	56	0.90	0.56	1.45
玉山村	0.81	0.66	0.80	0.75	89	0.79	0.33	1.08
金河村	0.70	0.66	0.67	0.64	239	0.66	0.41	1.71
黑山村	—	1.01	1.10	1.07	117	1.07	0.46	1.32
班石村	0.69	1.16	0.94	1.11	86	0.96	0.64	1.45
洪福村	—	0.55	0.48	0.42	90	0.46	0.37	0.85
永安村	0.73	0.74	0.70	0.79	126	0.72	0.45	1.17
新友村	—	0.88	0.75	0.99	68	0.81	0.46	1.18
洪山村	—	1.05	0.99	0.94	129	1.02	0.56	1.93
红旗村	0.94	1.26	0.78	0.75	83	0.86	0.39	2.10
六团村	0.98	0.97	0.76	0.90	57	0.91	0.48	1.32
凌河村	1.05	0.94	—	1.29	25	1.17	0.47	2.09
永兴村	1.07	1.07	1.17	1.29	78	1.16	0.88	1.54
团结村	1.15	0.84	0.87	0.70	164	0.83	0.39	1.33
和平村	0.89	1.05	0.91	1.04	106	0.96	0.46	1.55
新合村	1.14	1.05	1.08	1.13	129	1.08	0.55	1.24
双龙村	1.06	1.06	1.13	1.46	216	1.08	0.22	1.50
奎兴村	0.99	0.92	0.97	0.80	287	0.95	0.49	1.43
桃山村	1.15	1.22	1.31	1.17	159	1.24	0.24	2.08
兴胜村	1.42	1.41	1.31	1.46	23	1.41	1.21	1.90
东安村	1.23	1.28	—	0.73	36	1.20	0.56	1.45
双安村	1.23	1.31	1.24	—	51	1.24	0.98	1.41
延新村	—	1.10	1.25	1.15	71	1.16	0.88	1.36
太安村	1.06	0.96	1.14	—	47	1.06	0.82	1.29
富源村	1.07	1.17	1.00	—	76	1.11	0.72	1.34
中和村	1.01	0.58	0.80	0.89	120	0.87	0.54	1.45
先锋村	—	0.82	0.82	0.63	36	0.75	0.58	1.24
万江村	0.98	1.04	0.79	1.07	132	0.91	0.54	1.86
胜利村	1.23	1.16	1.02	0.96	108	1.06	0.44	1.35
崇和村	1.17	1.10	1.17	1.28	120	1.17	0.37	1.39
富荣村	—	—	0.50	—	5	0.50	0.36	0.57
加信村	1.09	1.08	0.89	0.91	130	1.05	0.58	1.81
长富村	1.12	0.96	1.05	—	75	1.03	0.54	1.30
同德村	1.13	1.11	1.31	1.17	141	1.15	0.75	1.48

（续）

村名称	一级地平均值	二级地平均值	三级地平均值	四级地平均值	样本数	平均值	最小值	最大值
富民村	1.23	1.03	1.25	1.09	178	1.16	0.36	1.86
民主村	1.24	1.23	1.12	1.13	111	1.18	0.36	2.09
新建村	1.01	0.94	1.20	—	152	1.00	0.55	1.61
金凤村	1.18	1.13	1.20	1.26	121	1.19	0.56	1.69
福安村	0.58	0.49	—	0.67	68	0.59	0.37	1.36
太和村	1.03	—	0.97	1.17	51	1.03	0.68	1.51
安山村	1.04	0.78	0.95	0.99	42	0.82	0.59	1.08
适中村	1.19	0.97	1.29	1.22	74	1.08	0.63	1.98
腰排村	0.62	1.07	0.82	0.81	88	0.86	0.37	1.34
兴山村	—	1.07	1.23	1.09	117	1.19	0.77	1.75
金平村	0.90	—	0.77	0.86	49	0.85	0.47	1.77
兴福村	1.44	0.80	1.21	1.28	39	1.29	0.65	2.30
富星村	0.81	0.86	0.86	0.83	81	0.86	0.56	1.20
华炉村	1.52	1.26	1.08	1.08	34	1.30	0.51	2.49
集贤村	1.47	1.23	1.15	1.50	86	1.30	0.51	2.51
双合村	0.68	0.84	1.00	0.95	56	0.92	0.29	1.36
光明村	0.78	0.84	0.83	0.82	26	0.82	0.55	1.19
四合村	—	0.95	1.07	1.02	100	1.01	0.61	1.41
寿山村	1.06	1.13	0.84	0.93	89	0.96	0.65	2.57
长志村	0.89	0.98	1.02	1.12	84	1.01	0.78	1.30
宝山村	0.99	1.16	0.91	0.78	242	1.00	0.14	1.55
双星村	0.96	1.44	1.00	0.90	107	1.25	0.56	2.57
三星村	0.82	1.32	0.98	0.84	126	1.09	0.35	2.57
双志村	2.45	1.35	0.92	—	78	1.16	0.34	4.90
玉河村	1.53	1.36	1.41	1.49	112	1.43	0.77	1.89
新城村	0.91	1.02	0.98	0.71	113	0.95	0.55	1.30
火星村	0.82	0.62	0.71	0.94	88	0.87	0.31	1.56
黄玉村	0.75	1.00	0.86	0.78	209	0.84	0.41	1.52
合心村	0.86	0.73	0.71	0.89	250	0.75	0.51	1.41
文化村	0.93	0.62	0.76	0.47	114	0.76	0.35	1.02
延明村	0.97	0.82	0.82	0.87	104	0.84	0.35	1.17
朝奉村	1.08	0.99	0.66	1.44	97	1.14	0.53	1.98
东光村	0.74	1.10	0.76	0.81	58	0.77	0.56	1.16
福利村	0.87	1.04	1.00	0.80	52	0.94	0.64	1.78

（续）

村名称	一级地平均值	二级地平均值	三级地平均值	四级地平均值	样本数	平均值	最小值	最大值
长胜村	0.60	0.65	1.00	0.68	64	0.82	0.54	1.78
延兴村	0.93	1.04	1.36	0.79	147	1.01	0.54	2.17
中胜村	—	1.25	1.04	1.08	50	1.17	0.95	1.57
长安村	0.79	0.71	0.75	0.50	171	0.76	0.31	1.02
延中村	—	—	0.67	—	10	0.67	0.35	0.87
延河村	0.91	1.19	0.84	0.85	100	0.87	0.70	1.26
横山村	—	1.00	0.89	0.88	123	0.91	0.56	1.44
福安村 1	1.61	1.03	0.99	1.20	185	1.12	0.56	1.98
顺兴村	1.01	1.05	0.97	1.03	102	1.01	0.67	1.88
东明村	—	1.44	1.06	1.13	32	1.16	0.70	1.45
平安村	0.89	0.97	1.01	1.10	127	1.01	0.58	1.98
盘龙村	1.32	0.81	0.97	0.83	217	0.95	0.55	1.66
兴安村	1.17	1.22	1.06	1.27	95	1.21	0.75	1.98
永胜村	0.81	0.89	1.32	0.98	182	1.09	0.32	2.01
团山村	—	0.86	0.84	0.86	35	0.84	0.81	0.93
万宝村	1.11	1.05	0.84	1.04	140	0.98	0.68	1.59
新发村	1.15	1.10	1.25	1.15	86	1.17	0.56	1.88
南村	—	—	0.83	—	32	0.83	0.71	0.86
新华村	—	0.95	1.22	0.69	39	1.13	0.64	1.66
新生村	1.00	1.09	0.93	1.16	78	0.97	0.56	1.58
新兴村	1.04	0.95	0.89	—	231	0.92	0.64	1.66
星光村	1.01	—	0.73	1.04	62	1.03	0.54	1.64
石城村	1.34	1.11	1.11	1.03	188	1.12	0.59	2.03
合福村	1.14	1.03	0.94	1.00	90	1.02	0.17	1.36
兴隆村	1.47	1.32	1.30	1.49	106	1.38	0.17	2.30
新胜村	1.20	1.12	1.01	0.67	126	1.06	0.51	1.52
百合村	0.89	0.95	0.82	1.15	179	0.88	0.39	1.87
北宁村	1.21	1.04	0.97	0.95	125	1.04	0.12	2.03
北顺村	0.76	0.95	1.09	1.16	159	0.94	0.33	1.78
北安村	0.72	0.89	0.79	0.90	140	0.78	0.33	1.32
新民村	0.90	1.06	0.83	0.92	70	0.98	0.67	1.44
共和村	0.77	0.73	0.69	0.82	87	0.73	0.34	1.33
太平川种畜场	0.75	1.21	0.89	1.18	209	0.90	0.48	2.10

附表 6-11 村级土壤有效锰养分含量统计表

单位：毫克/千克

村名称	一级地平均值	二级地平均值	三级地平均值	四级地平均值	样本数	平均值	最小值	最大值
城郊村	25.30	34.75	33.04	22.56	72	27.89	11.60	60.20
城东村	24.99	—	—	26.35	21	25.90	22.70	38.90
城南村	37.07	—	33.44	44.44	36	40.87	29.80	55.80
同安村	36.25	28.05	37.98	33.36	145	35.49	13.20	58.50
双金村	17.99	19.40	19.00	21.31	32	19.72	16.10	41.60
兴让村	24.06	42.85	33.70	24.62	115	32.78	20.40	62.10
长发村	34.13	42.37	33.50	21.53	56	34.02	17.70	52.60
玉山村	34.63	22.28	34.35	19.60	89	33.54	17.20	42.60
金河村	25.73	27.01	24.38	24.24	239	24.84	15.60	62.10
黑山村	—	26.19	40.30	34.43	117	34.85	19.20	50.20
班石村	31.72	22.43	34.52	36.56	86	33.59	19.20	46.30
洪福村	—	30.15	21.89	20.86	90	21.75	17.40	34.70
永安村	38.06	24.03	27.99	28.43	126	27.10	13.20	52.10
新友村	—	33.14	34.10	33.06	68	33.69	28.00	42.90
洪山村	—	31.10	31.68	35.26	129	31.75	16.20	58.10
红旗村	23.65	20.31	25.02	24.16	83	23.84	13.20	37.90
六团村	28.62	30.63	27.19	28.42	57	29.13	20.20	32.10
凌河村	23.03	21.80	—	31.02	25	27.31	12.30	57.80
永兴村	35.43	24.03	26.29	39.49	78	29.27	10.20	57.80
团结村	29.68	24.99	24.60	18.62	164	23.24	9.70	50.30
和平村	23.26	30.34	27.40	29.13	106	27.26	12.80	56.50
新合村	27.20	21.77	24.66	27.76	129	24.41	10.20	30.70
双龙村	31.33	29.66	28.86	25.10	216	29.71	7.30	58.50
奎兴村	22.81	23.59	26.94	26.43	287	24.93	4.50	48.70
桃山村	28.65	26.38	31.37	25.30	159	28.59	11.40	68.20
兴胜村	54.00	52.28	48.26	53.08	23	51.94	29.10	69.00
东安村	34.20	27.83	—	23.82	36	28.16	10.20	54.00
双安村	24.90	19.40	21.50	—	51	22.72	9.60	29.90
延新村	—	24.31	19.04	24.17	71	22.65	14.20	35.30
太安村	19.36	18.12	23.38	—	47	20.71	12.30	51.90
富源村	22.61	23.30	20.49	—	76	22.53	11.20	30.30
中和村	33.13	31.42	27.70	22.51	120	26.24	7.30	38.80
先锋村	—	32.46	31.02	27.58	36	29.98	16.90	36.30

（续）

村名称	一级地平均值	二级地平均值	三级地平均值	四级地平均值	样本数	平均值	最小值	最大值
万江村	20.58	19.95	24.96	23.49	132	23.42	7.30	56.40
胜利村	32.36	56.17	30.28	24.05	108	31.26	12.90	68.20
崇和村	27.07	23.72	25.28	19.27	120	25.83	9.30	41.30
富荣村	—	—	25.50	—	5	25.50	25.10	26.30
加信村	43.88	39.24	36.94	36.08	130	41.75	16.40	57.20
长富村	35.98	33.60	38.53	—	75	36.21	22.30	49.50
同德村	36.28	37.59	43.90	33.21	141	35.19	27.30	62.50
富民村	45.44	53.87	45.32	39.51	178	43.36	16.40	69.00
民主村	40.36	42.61	36.42	33.08	111	38.83	22.60	50.30
新建村	39.98	31.86	34.60	—	152	34.96	18.90	59.30
金凤村	37.96	36.49	28.72	40.45	121	36.00	18.10	52.40
福安村	39.75	42.40	—	36.26	68	39.44	22.40	59.30
太和村	42.29	—	37.83	45.09	51	41.36	30.90	57.90
安山村	31.20	26.35	36.03	36.45	42	28.33	18.10	41.70
适中村	28.91	26.97	29.51	34.54	74	28.65	10.30	56.40
腰排村	18.59	33.08	25.23	31.91	88	28.87	13.60	59.00
兴山村	—	35.10	34.54	34.54	117	34.65	15.00	47.80
金平村	24.16	—	23.67	31.10	49	27.46	13.60	52.40
兴福村	34.31	34.20	30.93	30.63	39	31.99	18.10	38.90
富星村	31.00	32.37	34.18	31.04	81	32.60	19.80	57.80
华炉村	32.73	42.15	37.92	37.90	34	37.18	19.90	48.50
集贤村	21.86	20.48	25.99	21.16	86	22.44	16.80	38.00
双合村	28.36	39.02	43.21	38.73	56	38.66	15.40	56.50
光明村	21.18	26.09	26.53	27.56	26	25.89	12.10	35.30
四合村	—	27.26	30.45	40.75	100	29.44	20.40	51.70
寿山村	32.60	28.03	23.04	23.74	89	25.14	18.80	51.30
长志村	22.08	25.27	28.58	32.99	84	27.84	11.30	44.20
宝山村	31.88	36.76	30.04	22.90	242	32.21	18.40	78.70
双星村	26.77	24.12	26.55	23.30	107	24.59	7.50	30.10
三星村	30.90	34.41	28.88	23.70	126	29.81	8.70	56.10
双志村	41.79	30.95	30.98	—	78	32.08	21.60	56.40
玉河村	25.01	26.42	23.02	26.95	112	24.71	10.20	40.20
新城村	21.00	22.63	27.98	18.97	113	25.27	7.90	43.20
火星村	20.82	16.33	20.94	22.11	88	21.43	9.90	38.20

（续）

村名称	一级地平均值	二级地平均值	三级地平均值	四级地平均值	样本数	平均值	最小值	最大值
黄玉村	34.00	36.92	36.56	34.41	209	35.79	24.50	52.10
合心村	40.27	37.87	37.73	31.00	250	38.29	23.40	68.50
文化村	52.99	30.30	33.99	24.53	114	34.73	10.20	62.20
延明村	21.70	17.70	18.05	20.21	104	18.81	9.90	39.20
朝奉村	32.00	30.86	24.23	39.53	97	33.63	19.00	62.20
东光村	24.38	33.40	31.95	31.03	58	30.87	19.30	41.20
福利村	31.45	19.06	32.92	30.43	52	30.89	17.00	39.20
长胜村	40.74	38.68	33.29	35.29	64	35.04	17.00	43.20
延兴村	32.17	24.44	30.49	33.05	147	30.57	11.00	51.90
中胜村	—	20.15	50.53	22.32	50	22.79	12.30	61.50
长安村	43.65	18.30	35.08	35.28	171	37.39	10.20	62.20
延中村	—	—	22.80	—	10	22.80	10.80	33.80
延河村	14.76	28.78	19.98	22.70	100	20.49	10.20	32.20
横山村	—	21.40	24.95	22.54	123	24.00	10.90	52.10
福安村 1	40.38	17.28	19.34	30.84	185	23.69	11.20	50.60
顺兴村	22.01	27.31	20.47	23.80	102	23.16	9.80	51.70
东明村	—	16.00	21.16	27.30	32	21.76	12.90	39.50
平安村	17.34	17.56	19.03	19.92	127	18.86	9.40	46.10
盘龙村	37.85	31.77	32.86	27.93	217	31.91	4.40	51.50
兴安村	35.26	23.35	29.49	33.11	95	30.77	13.20	58.50
永胜村	18.48	29.99	25.73	20.88	182	26.74	10.40	51.70
团山村	—	21.70	19.99	19.88	35	20.01	18.40	21.70
万宝村	16.17	15.08	17.92	17.26	140	17.05	9.90	46.10
新发村	18.22	17.03	23.87	21.17	86	20.57	9.90	46.10
南村	—	—	21.39	—	32	21.39	18.90	30.30
新华村	—	24.55	33.57	20.54	39	31.44	10.70	51.50
新生村	21.33	19.56	18.19	23.80	78	18.68	14.20	33.10
新兴村	25.23	27.24	17.49	—	231	20.16	9.90	51.50
星光村	25.16	—	30.40	27.16	62	26.76	9.90	35.40
石城村	41.40	39.03	41.68	35.82	188	39.70	22.40	95.80
合福村	37.14	34.36	32.65	29.63	90	33.47	19.40	42.60
兴隆村	38.99	38.52	33.44	46.86	106	38.65	20.50	56.70
新胜村	29.42	29.68	26.12	25.35	126	28.26	12.70	39.30
百合村	34.18	34.15	32.02	50.30	179	33.28	16.90	50.30

（续）

村名称	一级地平均值	二级地平均值	三级地平均值	四级地平均值	样本数	平均值	最小值	最大值
北宁村	40.00	32.35	29.99	32.48	125	33.47	20.40	53.30
北顺村	26.13	30.48	33.10	32.92	159	30.05	18.00	61.10
北安村	31.42	33.94	30.35	40.30	140	31.44	19.00	58.30
新民村	25.18	35.57	27.00	33.42	70	32.60	20.20	52.70
共和村	35.40	26.85	23.95	27.93	87	26.27	16.90	52.70
太平川种畜场	30.20	28.31	32.21	39.14	209	32.11	13.20	59.60

附表 6-12　村级土壤有效铁养分含量统计表

单位：毫克/千克

村名称	一级地平均值	二级地平均值	三级地平均值	四级地平均值	样本数	平均值	最小值	最大值
城郊村	44.60	43.02	38.89	41.95	72	42.43	32.10	52.87
城东村	45.46	—	—	45.11	21	45.23	44.60	46.72
城南村	46.19	—	44.13	47.50	36	46.67	42.25	52.22
同安村	40.65	41.07	45.82	43.64	145	44.51	30.90	54.32
双金村	35.63	43.28	36.65	37.93	32	37.05	32.46	43.80
兴让村	40.62	46.68	40.31	34.91	115	40.66	27.97	58.62
长发村	39.15	39.40	43.99	45.59	56	41.94	32.54	56.16
玉山村	47.59	33.95	44.23	31.68	89	43.85	26.73	56.16
金河村	40.07	35.18	33.64	33.17	239	34.18	25.79	58.62
黑山村	—	42.71	47.63	44.62	117	45.50	35.14	54.32
班石村	39.19	54.20	42.18	48.57	86	43.65	28.61	60.60
洪福村	—	36.50	34.37	33.69	90	34.20	31.94	41.23
永安村	41.21	39.73	39.86	41.77	126	39.94	26.88	51.02
新友村	—	40.98	40.85	41.92	68	40.98	34.72	47.17
洪山村	—	43.28	42.80	48.07	129	43.63	26.99	60.70
红旗村	45.29	47.48	47.03	47.47	83	47.02	35.12	54.23
六团村	43.08	42.32	39.79	46.82	57	42.79	32.03	50.11
凌河村	39.51	42.28	—	45.28	25	43.19	36.14	69.43
永兴村	54.26	47.91	47.08	54.67	78	49.58	37.09	69.43
团结村	45.35	45.05	51.03	41.14	164	47.29	35.66	75.87
和平村	42.54	43.87	48.67	39.68	106	44.46	30.81	73.32
新合村	42.85	44.93	43.71	41.17	129	43.55	35.64	53.16
双龙村	50.16	49.83	49.67	43.12	216	49.73	36.86	66.42
奎兴村	45.37	46.07	43.91	33.73	287	44.88	25.98	73.92

（续）

村名称	一级地平均值	二级地平均值	三级地平均值	四级地平均值	样本数	平均值	最小值	最大值
桃山村	48.31	47.46	46.77	45.34	159	47.31	36.13	71.26
兴胜村	68.03	58.08	55.73	65.09	23	61.79	41.21	69.43
东安村	51.55	46.20	—	45.03	36	46.78	35.61	68.17
双安村	43.31	46.00	49.04	—	51	46.21	40.21	63.93
延新村	—	48.55	41.67	46.39	71	46.02	40.12	63.06
太安村	50.65	49.28	46.05	—	47	48.10	36.28	72.51
富源村	43.27	42.48	44.27	—	76	43.06	37.08	63.94
中和村	46.39	40.09	36.93	44.19	120	43.93	34.34	58.96
先锋村	—	38.59	39.61	39.76	36	39.52	25.13	49.33
万江村	50.06	43.12	43.09	42.99	132	43.49	34.01	73.35
胜利村	51.72	63.31	46.45	48.51	108	49.93	33.90	71.25
崇和村	50.93	49.02	55.89	42.16	120	50.71	36.14	73.91
富荣村	—	—	38.82	—	5	38.82	36.21	40.12
加信村	55.80	59.44	53.89	51.06	130	55.23	38.18	70.52
长富村	57.68	51.46	58.89	—	75	55.95	39.23	66.72
同德村	56.69	56.91	61.03	56.57	141	56.80	44.78	67.66
富民村	60.30	60.27	58.22	56.82	178	58.53	35.23	75.39
民主村	55.44	56.85	53.49	46.65	111	54.34	39.25	62.56
新建村	56.92	49.30	57.18	—	152	52.94	33.67	68.59
金凤村	50.48	53.42	47.15	53.98	121	51.03	36.73	73.21
福安村	45.69	43.50	—	47.03	68	45.74	39.25	68.59
太和村	55.91	—	53.48	65.04	51	56.45	42.02	69.46
安山村	53.12	40.26	46.98	50.67	42	42.02	33.01	53.12
适中村	38.49	37.70	43.00	36.05	74	38.15	27.08	55.34
腰排村	32.08	41.56	32.59	37.59	88	36.54	22.92	55.66
兴山村	—	32.89	44.44	38.20	117	41.48	24.70	53.90
金平村	40.79	—	36.84	43.27	49	41.20	24.61	65.29
兴福村	41.72	38.34	41.49	45.38	39	42.28	29.53	56.32
富星村	41.23	39.35	39.57	39.78	81	39.48	24.42	52.32
华炉村	47.54	44.88	38.26	42.20	34	43.87	28.41	59.85
集贤村	43.01	41.17	43.37	41.61	86	42.11	33.01	47.82
双合村	34.84	40.43	45.88	39.67	56	40.80	26.12	50.45
光明村	34.67	36.48	36.76	35.23	26	35.80	30.45	42.74
四合村	—	40.63	41.87	43.95	100	41.36	29.41	51.18

（续）

村名称	一级地平均值	二级地平均值	三级地平均值	四级地平均值	样本数	平均值	最小值	最大值
寿山村	41.71	42.69	35.80	35.70	89	38.48	29.50	61.88
长志村	39.63	34.94	39.76	39.43	84	38.37	18.69	54.75
宝山村	40.92	42.62	43.12	37.54	242	42.46	28.20	66.21
双星村	38.78	43.64	38.83	44.92	107	42.66	33.13	74.61
三星村	45.49	51.39	47.12	43.54	126	47.91	29.50	69.46
双志村	47.78	42.98	45.56	—	78	45.30	29.49	63.27
玉河村	54.33	49.66	49.24	50.30	112	50.44	30.25	69.97
新城村	34.28	36.85	42.68	31.83	113	39.48	6.51	52.23
火星村	42.21	45.52	38.47	38.77	88	39.82	23.12	58.21
黄玉村	45.99	47.43	52.84	47.52	209	50.41	35.43	61.23
合心村	43.44	42.00	42.32	46.85	250	42.47	37.44	65.91
文化村	60.73	38.55	49.11	45.85	114	49.43	35.24	67.21
延明村	33.83	34.92	31.44	35.83	104	34.15	19.58	49.36
朝奉村	45.18	48.15	41.02	53.80	97	48.80	35.24	67.21
东光村	41.62	52.13	46.14	45.21	58	45.56	35.62	53.11
福利村	41.82	33.75	47.79	45.37	52	44.62	33.12	58.41
长胜村	43.73	41.69	51.55	46.86	64	48.41	36.28	58.41
延兴村	45.29	39.05	47.49	47.28	147	45.28	25.67	61.54
中胜村	—	36.49	51.87	44.36	50	40.40	29.37	58.21
长安村	42.07	40.62	41.69	44.59	171	41.87	36.14	67.21
延中村	—	—	45.34	—	10	45.34	39.41	48.87
延河村	40.88	56.11	39.34	39.35	100	40.29	29.24	60.31
横山村	—	39.59	38.64	37.10	123	38.56	27.97	51.98
福安村 1	50.13	33.07	32.55	41.78	185	36.64	19.52	63.62
顺兴村	37.59	39.60	36.97	42.84	102	38.37	27.59	60.31
东明村	—	34.55	37.68	38.75	32	37.29	15.32	42.16
平安村	27.11	36.80	41.28	34.80	127	36.60	10.56	63.62
盘龙村	46.34	38.26	46.49	36.95	217	42.98	30.16	72.19
兴安村	40.92	38.87	37.86	44.05	95	41.23	27.11	63.62
永胜村	29.09	39.21	34.44	31.01	182	35.87	17.16	50.44
团山村	—	35.49	33.05	33.53	35	33.26	32.66	35.49
万宝村	28.85	32.36	30.60	33.24	140	31.84	18.16	48.82
新发村	27.34	28.20	39.24	35.15	86	33.80	16.84	53.61
南村	—	—	40.49	—	32	40.49	37.01	41.47

（续）

村名称	一级地平均值	二级地平均值	三级地平均值	四级地平均值	样本数	平均值	最小值	最大值
新华村	—	38.85	45.49	34.50	39	43.74	31.59	53.08
新生村	33.78	32.40	38.28	41.13	78	36.86	19.15	51.23
新兴村	43.34	40.17	42.14	—	231	41.93	30.13	53.08
星光村	45.01	—	31.59	45.68	62	45.30	29.15	70.34
石城村	49.09	44.88	49.07	43.33	188	46.46	29.36	106.80
合福村	44.89	47.73	45.65	44.43	90	45.56	32.45	57.42
兴隆村	45.50	46.67	49.73	51.47	106	47.86	29.24	72.15
新胜村	51.43	49.76	47.98	35.52	126	48.41	29.13	72.54
百合村	42.29	38.12	35.26	50.12	179	37.73	28.34	50.13
北宁村	50.01	46.51	41.92	40.54	125	44.92	29.24	75.74
北顺村	33.95	40.28	40.66	40.89	159	38.51	21.26	75.74
北安村	35.84	38.41	35.74	35.94	140	36.18	25.21	55.18
新民村	42.92	41.49	36.73	41.69	70	40.45	30.10	52.49
共和村	39.42	35.06	37.00	37.65	87	36.37	26.36	51.73
太平川种畜场	40.09	47.01	42.89	48.08	209	42.85	25.78	56.51

图书在版编目（CIP）数据

黑龙江省延寿县耕地地力评价 / 赵春玲主编 .—北京：中国农业出版社，2020.7
ISBN 978-7-109-26776-3

Ⅰ.①黑… Ⅱ.①赵… Ⅲ.①耕作土壤-土壤肥力-土壤调查-延寿县②耕作土壤-土壤评价-延寿县 Ⅳ.①S159.235.4②S158

中国版本图书馆 CIP 数据核字（2020）第 061442 号

黑龙江省延寿县耕地地力评价
HEILONGJIANGSHENG YANSHOUXIAN GENGDI DILI PINGJIA

中国农业出版社出版
地址：北京市朝阳区麦子店街 18 号楼
邮编：100125
责任编辑：杨桂华 廖 宁
版式设计：王 晨 责任校对：周丽芳
印刷：中农印务有限公司
版次：2020 年 7 月第 1 版
印次：2020 年 7 月北京第 1 次印刷
发行：新华书店北京发行所
开本：787mm×1092mm 1/16
印张：16.75 插页：8
字数：420 千字
定价：108.00 元
